W0259366

Neue
Mechanische Technologie
der
Textilindustrie

Von

Dr.-Ing. E. h. **G. Rohn**

In drei Bänden

Dritter Band

Die Ausrüstung der textilen Waren

Mit einem Anhange

Die Filz- und Watten-Herstellung

Mit 196 Textfiguren

Berlin
Verlag von Julius Springer
1918

Die Ausrüstung der textilen Waren

Mit einem Anhange

Die Filz- und Watten-Herstellung

Ein Hand- und Hilfsbuch für den Unterricht an Textilschulen und technischen Lehranstalten, sowie zur Selbstausbildung in der Faserstofftechnologie

Von

Dr.-Ing. E. h. **G. Rohn**
in Schönau bei Chemnitz

Mit 196 Textfiguren

Berlin
Verlag von Julius Springer
1918

ISBN 978-3-642-89128-1
DOI 10.1007/978-3-642-90984-9

ISBN 978-3-642-90984-9 (eBook)

Vorwort.

Das vorliegende Buch behandelt die dritte Gruppe der Arbeiten zur Herstellung textiler Waren, und ich bringe damit eine neue Darstellung der mechanischen Technologie der Textilindustrie zum Abschluß, wobei ich, der Vollständigkeit halber, als Anhang die Herstellung der ebenfalls als textile Waren zu bezeichnenden Waren ohne Fadenbindung, der Watten und Filze anschließe. Es liegt nunmehr mit den früher erschienenen Büchern*) ein Werk vor, welches einen bedeutenden Zweig deutschen Gewerbefleißes möglichst erschöpfend behandelt und ein zusammenfassendes Bild desselben gibt, sowie einen Überblick über die Arbeiten vermittelt, die zur Herstellung von Waren oder Stoffen zur Anfertigung von Gegenständen zur Bekleidung und zur Lebens- und Wirtschaftsführung, wie auch für technische Zwecke, aus Fasergut nötig sind.

Diese Arbeiten scheiden sich zunächst in drei wesentliche Gruppen, die Verarbeitung des Rohstoffes oder Fasergutes zum Zwischengut, dem Garn, das seine Verarbeitung zu den Rohwaren findet, die dann zu veredeln oder auszurüsten sind. Neben dieser Unterscheidung, welche die Teilung des Werkes in drei Bücher bedingt hat, teilt sich die Textilindustrie noch, besondere Gewerbszweige bildend, je nach der zu be- oder verarbeitenden Faserart und der entsprechenden Warengattung, wie deren, in der Ver-

---

*) Die Spinnerei in technologischer Darstellung von G. Rohn, Berlin 1910, Verlag von Julius Springer, und Die Garnverarbeitung von G. Rohn, Berlin 1917, Verlag von Julius Springer.

arbeitungsart liegenden Unterschieden, in verschiedene Richtungen, die aber eine gleiche technologische, d. h. technischdenkrichtige Grundlage haben.

Aus dieser Erkenntnis heraus ist zur Bewältigung und Übersichtlichkeit des großen Werkumfanges bei der technologischen, ordnenden und einteilenden, sowie in das Wesen eingehenden, beschreibenden Behandlung der Arbeiten der Textilindustrie das Allgemeine und von den meist als auseinander und getrennt angesehenen Richtungen das Einende vorangestellt. Dieser leitende und dem nützlichen Fortschritte dienende Gedanke kommt auch bei dem vorliegenden Buche zum Ausdruck. Die Ausrüstungsarbeiten werden gewöhnlich als der chemischen Technologie zugehörig angesehen, weil vielfach dabei chemische Wirkungen mitspielen, und es findet sich deshalb, trotz der umfangreichen Fachliteratur, gerade auf dem Gebiete der die Textilwaren ausrüstenden Behandlung eine umfassendere Betrachtung der dabei vorkommenden rein mechanischen Arbeiten als Werk für sich in der angegebenen Behandlungsart noch nicht, doch hat sich dieselbe wie in den früheren Büchern, trotz scheinbaren Hindernissen auch für den Verfolg der dritten Arbeitsgruppe der Textilindustrie ergeben. Wie früher besteht die vorliegende Darstellung der Ausrüstungsarbeiten mit Maschinen, deren Vorhandensein die Industrie kennzeichnet, aus einer das Allgemeine behandelnden ersten Hälfte und einer, die eingehenderen Sonderbetrachtungen umfassenden, zweiten Hälfte, wobei sich diese Hälften wieder in einzelne Hauptteile zerlegen.

Die Vielseitigkeit der Ausrüstungsarbeiten, die in der Hauptsache in eine Naß- und Trockenbehandlung mit dazwischen stehender Trocknerei zu teilen sind, sind, wie dies auch schon bei der Garnverarbeitung der Fall gewesen ist, ohne Rücksicht auf die Faserart der Waren betrachtet, doch ist, wo die Arbeiten eine dieser Faserarten allein oder besonders angehen, dies bemerkt. Die Arbeiten werden mit Bildern, welche, wie in den früheren Büchern. nur die die Arbeit ausführenden Maschinenteile zeigen, mit Hinweglassung alles zum Verständnis der eigentlichen Tätigkeit Unwesentlicheren, erläutert. Die Zeichnungen zu den Bildern sind wie früher eigens entworfen und selbst angefertigt, womit ich, wie dies in den früheren Büchern bereits seine Anerkennung gefunden hat, ein Förderungsmittel für das Verständnis beim Unterricht des behandelten Gegenstandes biete. Neu ist hier die Zusammenstellung der, die verschiedenen Ausführungen einer Arbeit bewirkenden Maschineneinrichtungen oder Bauarten in Tafeln, welche den prüfenden Vergleich leicht ermöglichen. Zur Mitbetrachtung sind dabei auch neuere in praktische Anwendung gekommene, noch geschützte Ausführungen gegeben, um die Richtungen, in denen sich die fortschreitende Schaffenskraft betätigt, anzudeuten, welche durch die technologische Vergleichung überhaupt in den vorliegenden drei Büchern für die ganzen Gewerbe der Textilindustrie ihre Förderung finden möge.

Auch das vorliegende Buch soll und wird die besonderen Lehrbücher der Ausrüstungstechnik nicht entbehrlich machen, es wird aber mit seiner Kenntnisnahme eine Grundlage für deren eingehenderes Verständnis bieten und wie die früheren Bücher eine geschlossene Übersicht der mechanischen Arbeiten der Ausrüstung und Zurichtung, wie der bisher in Handbüchern selten behandelten Watten- und Filzerzeugung geben, was auch vor und neben dem Eingehen in die chemischen Fragen der Warenbehandlung empfehlenswert erscheint.

Wie die früheren Bücher ist auch das vorliegende in möglichst deutschen Ausdrücken geschrieben, und ich habe dabei wieder für die fremdsprachlichen Bezeichnungen der Arbeiten und der Maschinen zu deren Ausführung deutsche Worte, welche möglichst dem technologischen Sinn entsprechen, gewählt. Es sind dies, wie früher, persönliche Vorschläge zur Reinigung der fachlichen Bezeichnungen von älteren noch anhängenden fremden Ausdrücken eines selbständigen deutschen Gewerbes, wie es die deutsche Textilindustrie nach der eigenen Ausbildung der Arbeitsverfahren und der eigenen Herstellung ihrer Arbeitsmaschinen, im besonderen Grade die Färberei und Druckerei und Zweige der Trockenbehandlung, ist.

Was ich sonst noch in den Vorworten der vorangegangenen Bücher über die neue technologische Behandlung des gegebenen

Stoffes angeführt habe, hat auch für das vorliegende Buch Geltung. Es ist ein und derselbe leitende Gedanke bei der Darstellung der drei Arbeitsgruppen, nur daß derselbe durch die in den Zwischenzeiten der Fertigstellung der Bücher gemachten Erfahrungen eine gewisse Erweiterung erfahren hat. Die Vereinigung der drei Bücher als ein ganzes Werk erscheint deshalb gerechtfertigt, eines Werkes, das dem Fortschritte der gewaltigen deutschen Textilindustrie und nicht minder dem des deutschen mustergültigen und angesehenen Baues von Arbeitsmaschinen der Textilindustrie, dem deutschen Textilmaschinenbau, dienen soll.

Schönau bei Chemnitz, im Juni 1918.

Dr.-Ing. G. Rohn.

Inhaltsübersicht.

Zweite Hälfte. Die besonderen Vorrichtungen und Maschinen der Ausrüstungsarbeiten.

Seite

Anhang.

Verzeichnis der Bilder.

Erste Hälfte.

Erster Teil.

Zweiter Teil.

Zweite Hälfte.

Erster Teil.

Seite

Zweiter Teil.

Dritter Teil.

Vierter Teil.

Fünfter Teil.

Sechster Teil.

Anhang.

Vorbemerkung.

Die Garnverarbeitungsmaschinen liefern die auf ihnen hergestellten textilen Waren nur in ganz vereinzelten Fällen handels-, gebrauchs- und verarbeitungsfertig ab, und zur Herbeiführung dieses geforderten Zustandes haben die erzeugten Rohwaren einer weiteren Behandlung und Bearbeitung, d. h. einer Veredelung zu unterliegen. Es gilt dabei, nicht nur die dem verarbeiteten Garn etwa noch anhaftenden Fremdkörper und den bei ihrer Herstellung und sonst angenommenen Schmutz zu beseitigen, sondern auch das Fadengefüge in den Waren dichter zu machen und Zwischenräume desselben auszufüllen und besonders, die Waren in ihrem Aussehen zu verändern d. h. zu verbessern. Dies bezieht sich nicht nur auf die Erteilung einer gewünschten Ansichtsfarbe und einer in der Färbung stattfindenden Musterung, sondern auch auf die Herstellung einer dichten und einer haarigen d. h. faserigen oder glatten, sowie einer glänzenden Ansichtsfläche der Waren, und weiter auf die Ordnung der Stücke derselben in die Handelsform. In anderer Hinsicht müssen schon dem Rohstoff, dem Fasergut, und dem Zwischenstoff, dem Garn, vor deren Verarbeitung die gewünschte Färbung und andere der bemerkten Eigenschaften erteilt werden, und dies ist auch bei Zwischenstufen der Garnherstellung, z. B. dem Vorgespinst, nötig.

Alle diese Arbeiten, weil sie die Waren für den Verkauf und die Verarbeitung zu Gegenständen der Kleidung, der Zierde und des Schmuckes und der Lebensnotwendigkeit ausrüsten, sind unter der Sammelbezeichnung **„Ausrüstung“** zu betrachten, wofür man auch teilweise Zurichtung sagen kann; dafür wird bisher zusammenfassend Färberei und (fremdsprachlich) Appretur genannt.

Die Ausrüstungs- und Zurichtungsbehandlung der Textilwaren bedingt einesteils eine mechanische oder Kraftwirkung, andernteils eine chemische Wirkung auf dieselben. Aber auch die letztere, der chemische Einfluß, welcher innere Vorgänge in der Verbindung des Urstoffes oder Zellstoffes der Fasern mit den chemischen Ausrüstungs- und Behandlungsmitteln zur Folge hat, bedarf zur Unterstützung dieser Verbindungsvorgänge mechanisch wirkender Beihilfe.

Im vorliegenden Buche werden aus dem großen Gebiete der Ausrüstungsarbeiten und deren Vorgänge nur die mit mechanischer, aber auch die mit physikalischer, d. h. Wasser-, Dampf- und Gas- und Wärmewirkung, also die Wirkungen, welche einen äußeren Kräfteangriff auf die Waren zur Grundlage haben, in ihrem Wesen und Mitteln behandelt.

Erste Hälfte: Allgemeines.

Erster Teil.

Übersicht der Ausrüstungs- und Zurichtungsarbeiten.

Die Form oder Aufspeicherungsart, in welcher das Faser- und Fadengut und die Geflechte, Gewebe und Gestricke, das sind zusammen die textilen Waren oder, als Allgemeinbezeichnung, das „Textilgut", zur Behandlung für seine Ausrüstung gelangt, ist sehr verschieden, und darin gründet sich auch mit die Verschiedenheit der Vorrichtungen, in und mit denen die Behandlung vorgenommen wird; ebenso vielseitig ist auch der Behandlungszweck bezw. die dazu benutzten Mittel. Trotzdem ist eine technologische Gleichartigkeit auch bei beiden zu finden. Die Behandlungsformen des Textilgutes für die Vornahme der Ausrüstung sind zur zunächst erforderlichen Beachtung in Fig. 1 zusammengestellt und veranschaulicht. Diese Formen sind

1. Rohgut: Die losen Fasern oder das Fasergut, das in Flocken oder Büscheln *a* oder in Fladen, Strähnen oder Strängen *b* vorkommt;
2. Arbeits-Zwischengut oder Halbware und zwar:
   I. als Faserpelz, Watte und Filz *c*,
   II. als Faserband von Bearbeitungsmaschinen der Spinnerei, den Krempeln, Kämmaschinen und Streckwerken, das

in Töpfen oder lose geschichtet, wie bei *d*, oder in Spulen *e* gewickelt vorkommt,

III. als Vorgespinst auf Spulen *f*,

IV. als fertiges Garn auf Kötzern (Kops) *g* oder auf Doppelrandspulen *h* und in Kreuzspulen *i*, sowie in Strähnen *k*,

V. als Fädenzusammenstellung d. h. Ketten zum Verweben, Verstricken und Verflechten, die auf Bäumen *l* gewickelt oder zu losem Strang *m* zusammengenommen vorkommen;

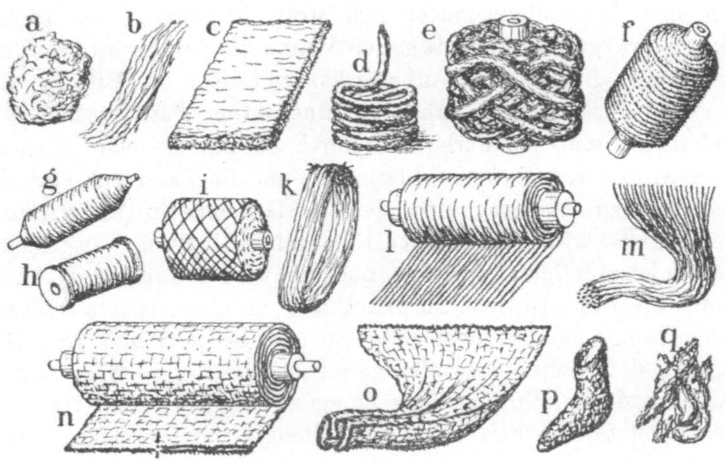

Fig. 1. Behandlungsformen des Textilgutes.

3. Fertigware als flaches Gut verwebt, verstrickt oder verflochten in voller, d. h. dichter, und durchbrochener Fadenbindung:

I. auf Bäumen *n* gewickelt oder gerollt, oder zum Strang *o* zusammengenommen,

II. als auf den Garnverarbeitungsmaschinen fertig erzeugte oder durch Zusammennähen hergestellte Stückware, die beispielsweise der Strumpf *p* zeigt, schließlich

III. Abschnitte und Reste solcher Waren, Garnreste usf. kurz Lumpen und Abfälle zwecks Wiederverwertung als Spinngut und zu anderer Benutzung, im Bilde *q* veranschaulicht.

Die verschiedenen Ausrüstungsarbeiten können nicht durchweg mit allen diesen Behandlungsformen vorgenommen werden, nur in einem Falle kommt dies vor, und zwar bei einer der wichtigsten Ausrüstungen, nämlich dem Färben. Gefärbt werden also Fasergut, Garn und Fertigwaren und zwar zunächst durchgefärbt d. h. vollständig mit Farbstoff durchdrungen, also auch im Innern ihres Fasergefüges gefärbt. Dieses Färben erfolgt beim Durchtränken mit den Färbeflüssigkeiten, dem Färbbade oder der Färbflotte, wobei einesteils ein Eindringen und Absetzen des Farbstoffes auf den Fasern selbst stattfindet, andernteils der Zellstoff derselben mit dem Behandlungsmittel sich stofflich bindet. Das Durchfärben erfolgt durch Baden der Waren in der Farbstofflösung, und dabei findet, wie vorbemerkt, einesteils die Bildung der Färbung, das Färben, unmittelbar durch Farbabgabe statt, andernteils muß die Farbe erst durch Zusammen- oder Nacheinanderwirken verschiedener Lösungen, um die Faser zur Färbung geeignet zu machen, und den Ausfärbemitteln entwickelt werden, es wird also mittelbar gefärbt. Solche zusammenwirkenden Einflüsse bestehen noch in dem Kochen, Brühen und Beuchen, sowie Dämpfen, also in einer nassen Wärmebehandlung, und in dem Säuern und Beizen und dem Begasen, d. h. einer Behandlung mit chemisch wirkenden Gasen, sowie zu diesen Wirkungen in einem vorangehenden Entluften, welch letztere Arbeit auch der Flüssigkeitsbehandlung vorangehen kann.

Dem Färben als allgemeiner Ausrüstungsarbeit steht gleich das Bleichen, das eine Abart des Färbens, nämlich das Weißfärben oder Farblosmachen ist und ebenso verschiedener Hilfsarbeiten zum Geeignetmachen der Fasern für die Aufnahme der Behandlungsmittel bedarf. Das Bleichen bei Wollwaren wird als Schwefeln bezeichnet, welche Begasungsarbeit, wie diese überhaupt und die Behandlung mit Preßluft als Flüssigkeitsbehandlung im Vollbade anzusehen ist, denn man spricht bekanntlich auch von gasförmigen Flüssigkeiten.

Mit dem Färben in Verbindung geht sowohl als Vor- als Nacharbeit wie als Zwischenbehandlung das Waschen als Reinigungsarbeit für alle Behandlungsformen des Textilgutes. Diese Arbeit ist zweierlei Art, einesteils um die Fasern von anhängendem, in Flüssigkeit lösbarem Schmutz, einhüllendem Fett und klebrigen Aufsaugungen usw. zu befreien, andernteils die nach dem Färben und Behandeln mit Hilfsmitteln in dem Textilgut anhaftend und aufgesaugt verbleibenden Reste dieser Flüssigkeiten abzuführen, was durch zunehmende Verdünnung, das Spülen, besorgt wird.

Das Reinigen als Vorarbeit der Ausrüstungsbehandlung besteht auch in dem Putzen des Textilgutes, d. h. der mechanischen trockenen Entfernung von anhängenden Fremdkörpern, wie Schalenteilchen bei Pflanzenfasern, welche z. B. bei der Verspinnung noch verblieben sind, Garnknoten in Geweben usw. Man hat also eine Trocken- und eine Naßreinigung, und letztere zerfällt, wie bemerkt, in das Waschen, die Behandlung mit chemischen Lösungsmitteln, und das Spülen, die Behandlung mit dem Verdünnungswasser.

Wie bemerkt, erfolgt beim Behandeln im Flüssigkeitsbade ein Volldurchdringen des Textilgutes und beim Färben deshalb eine gleichmäßig und durchaus gegebene Färbung und man hat das Vollfärben oder, da die Ware dabei nur eine Farbe erhält, das Einfärben, wie man die Waren deshalb auch als einfärbig bezeichnet. Diesem steht gegenüber das Teilfärben, wo von Krempelbändern, Garn im Strähn und in Ketten und Fertigwaren nur Teile die Farbe erhalten, diese also in Streifen und fleckweise erscheint, und wobei mehrere Farben zusammen auftreten können und auch ineinander übergehen. Das letztere ist ein Wechselfärben (Regenbogen-Färben oder Irisieren). Von diesem Teilfärben, wo die Mitteilung der Färbflüssigkeit an die Ware frei und unmittelbar erfolgt, unterscheidet sich das Färbungsmustern, wo bei der Färbung die Ware ein Deckmittel erhält, das nur in seinen offenen Stellen die Farbaufnahme zuläßt, die Schablone, weshalb man auch von einer Schablonenfärberei spricht.

In ähnlicher Weise, also musternd erfolgt das Teilfärben mit der Abgabe der Farbe an die Ware durch Bedrucken oder Drucken, also gezwungen, was bei Zwischengut und Fertigwaren stattfindet und wobei für unmittelbare und Entwicklungs-Färbung die Abgabe der Beiz- und Färbmittel durch Auftragen erfolgt, auch in voller Weise, vielmehr aber nur teilweise durch Berührung mit Musterflächen, die in ihren erhabenen oder vertieften Stellen als Farbträger dienen, wobei dann eine Wiederholung der Farbeauftragung mit verschiedenen Farben vor sich gehen kann, also ein- oder mehrfarbige Muster gedruckt werden. Die Musterauftragflächen befinden sich entweder auf Walzen oder auch auf Platten oder Stöcken, d. h. Druckklötzen, und man hat daher Walzen- und Platten- oder, worauf hier schon verwiesen wird, auch Klotzdruck zu unterscheiden. Allgemein umfassend werden die Arbeiten des Druckens auf Textilwaren als Zeugdruck bezeichnet, von dem sich als eigenartig der Vorgespinstdruck, als in dem Auftragungsmuster nicht verbleibend, sondern in dem fertigen Garn sich vermischend, unterscheidet. Auch der Garndruck, als Strähn- und Kettendruck, gibt erst in der Verarbeitung der Waren in diesen das Muster, und ist daher letzteres in dem Ausrüstungsgut als mittelbar zu bezeichnen, gegenüber dem unmittelbaren Auftragen beim eigentlichen Zeugdruck, dem Gewebedruck. Das Farbmustern durch Drucken findet dann weiter auch bei fertigen Waren, z. B. Strümpfen, statt.

Fig. 2. Querschnittsvergleich roher und gepreßter Ware.

Eine wichtige Ausrüstungsarbeit ist das Pressen der Waren unter beliebigem Druck zwischen Walzen oder Platten, kalt und bei Gegenwart von Hitze. Die Wirkung dieses Walzen- oder Plattenpressens veranschaulicht in Gegenüberstellung der Schnitte *a* eines rohen und *b* eines gepreßten Gewebes, nur beispielsweise, Fig. 2, die darnach in einer Verdichtung des Warengefüges durch Verquetschen der Fadenlagen besteht. Beim Heißpressen wird diese Zwangslage des Gefüges bleibender gemacht und durch die Hitzewirkung auch ein gewisser Faserglanz geweckt. Dieser wird durch ein Verschieben der Preßflächen gegen das Arbeitsgut besonders hervorgebracht. Dieses Glänzendmachen, Glänzen, Plätten oder Bügeln wird auch mit „Lüstrieren“ bezeichnet und kann mit Strähngarn, Geflechten und Geweben vorgenommen werden.

Wenn das Pressen in mehrfachen aufeinanderliegenden Warenschichten in kaltem Zustande erfolgt und zwar mit einfacher oder wechselnder Bewegung der Preßflächen, so ist dies das Mangeln, was einen matten Glanz und eine Weichheit des Gutes ergibt und bei Garnsträhnen und Geweben stattfindet. Ein gleitendes

Pressen dieser Textilwaren durch glatte Walzenflächen unter Druck im kalten, namentlich aber im warmen Zustande, nennt man Glandern oder Kalandern und findet dabei die Bildung eines Hoch- oder Mattglanzes auf den Geweben statt, der auch durch eine eigentümliche Gestaltung der Preßfläche selbst eine besondere, dem Seidenglanz ähnliche Spiegelung ergibt. Es handelt sich bei diesem trockenen Seidenfeinen, auch Schreinern genannt, um eine nur scheinbare Veredelung, indem man eine, in dem Stoff des Fasergutes selbst nicht liegende Werterhöhung hervorbringt.

Zu dieser Vielseitigkeit des Pressens kommt noch das Musterpressen oder „Gaufrieren" von Geweben mit heißen, das Muster tragenden Walzen oder Platten, welche die Warenhaardecke eindrücken.

Das Kennzeichen seiner Faserstoffart dem Textilgut zu nehmen und das im Aussehen liegende Kennzeichen einer anderen solchen Art zu geben, wie es, vorher bemerkt, durch Pressen stattfindet, ist auch der Zweck des Mercerisierens oder Mercerierens, oder nassen Seidenfeinens, das in einem Behandeln der Baumwollfaser im gestreckten oder angespannten Zustande mit Säuren erfolgt und der sonst schlichten matten Faser einen seidenartigen Glanz gibt. Diese Behandlung findet bei Band, Vorgespinst, Garn und Geweben u. dgl. statt.

Die Glätte und damit der Glanz wird Garn in Strähnform auch durch Verstreichen oder Bürsten in nassem und trockenem angespanntem Zustande erteilt. Das dadurch in Verbindung mit gewisser chemischer Wirkung große Festigkeit und Steifheit erlangende Garn wird als Eisengarn bezeichnet. Sonst wird diese Glanzarbeit auch mit Polieren benannt.

Glanz oder eine Glanzerhöhung wird auch hervorgebracht durch Abreiben oder Scheuern, was besonders bei Seidengeweben stattfindet.

Der Glätte der Textilwaren, wie sie nach den bemerkten Arbeiten auf verschiedene Weise rein mechanisch, durch Wärme (physikalisch) und chemisch erzeugt wird, wobei aber in den ersten Fällen das Gefüge der Waren beeinflußt wird, steht gegenüber das die Fadenlagen zeigende, auch glatte Aussehen, das durch Beseitigung der aus dem Garn und seinen gebundenen Lagen herausstehenden Faserenden erzielt wird. Dies erfolgt durch das Abbrennen, Abflammen oder Absengen dieser Fäserchen und man nennt diese Arbeit Sengen, das mit freier Flammen- und Glühkörperwirkung bei Garn und Geweben angewendet wird. Eine ähnliche Wirkung in bezug auf Faserendenreinheit, also ein Putzen der Ware, gibt das Abschleifen, das Schleifen bei Geweben, das auch zur Hervorbringung eines feinwolligen Aussehens dient.

Beim Bleichen, Färben und Drucken wird das Aussehen der Textilwaren ohne Angriff auf deren Gefüge geändert. Der letztere findet wohl beim Pressen statt; weitergehend ist aber die Aussehenveränderung durch mechanischen Warenangriff beim Rauhen, welche Arbeit das Fadengefüge verwischen und den Warenflächen ein gleichmäßiges faseriges rauhes Aussehen und wolliges An-

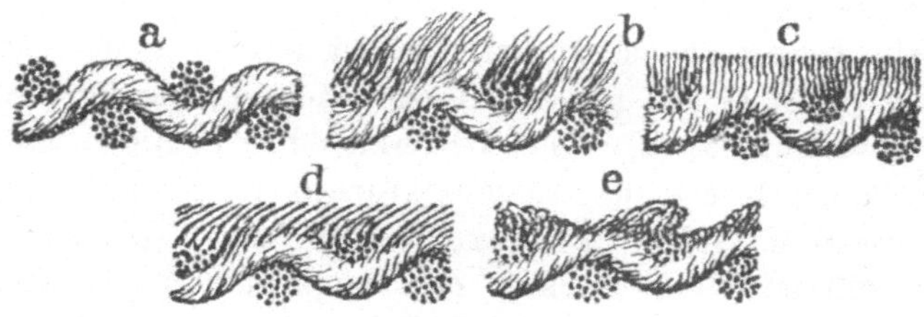

Fig. 3. Querschnittsvergleiche der rohen, gerauhten, geschorenen, gebürsteten und in der Haardecke verriebenen Ware.

fühlen zu geben hat. Hier werden, wie durch die Gewebequerschnitte in Fig. 3 gezeigt ist, aus den Fäden des Warengefüges *a* Fasern herausgerissen und die freien Enden herausgezogen (bei *b*); die so erzeugte noch ungleichmäßige Garndecke wird dann (nach *c*) durch das Scheren (nicht zu verwechseln mit dem Scheren der Webketten) vergleichmäßigt, gegebenenfalls beim Rauhen und Scheren gemustert, für eine Glanz- oder Strichlage glatt gebürstet (nach *d*) und durch Reiben, Streichen und Nudeln flockig gemacht, nach *e*, was man mit „Ratinieren“ bezeichnet.

Eine weitere Ausrüstungsarbeit besteht darin, den Fertigwaren das Fadenscheinige zu nehmen, was schon beim Rauhen stattfindet. Hier wird die Fadenbindung in der Warenansichtsfläche verwischt, und als Vorarbeit dies zu unterstützen, mehr aber noch die innere Dichte der Ware zu fördern, ist Aufgabe der Arbeit des Walkens, das meist bei Wollwaren angewendet wird und die Krumpfkraft der Schafwollfaser ausnützt. Diese wird durch Feuchtigkeit und Wärme geweckt, und schieben sich bei der entsprechenden Warenbearbeitung die Fasern der gebundenen Fäden, die zum Aufblähen kommen, ineinander. Diesen Vorgang veranschaulicht Fig. 4 in Voranstellung des Rohwarenquerschnittes *a* mit dem Schnitte *b*. Diese Behandlung gibt der Ware neben Dichte, Festigkeit auch eine gewisse Steifheit oder Härte, d. h. das griffige Gefühl oder den G r i f f.

Diese Eigenschaften werden anderen Textilwaren durch das Tränken mit füllenden und erhärtenden Flüssigkeiten, durch das S t ä r k e n, S c h l i c h t e n, G u m m i e r e n usw. erteilt, wobei, wie der Querschnitt *c* in Fig. 4 veranschaulicht, auch ein Vollfüttern der Zwischenräume des Fadengefüges stattfindet. Bei Garnen wird diese Behandlung, welche die vorstehenden Faserenden anklebt, den Faden also zum Durchgehen von Führungsaugen glatt macht und die Festigkeit erhöht, für die bessere Eignung zur Verarbeitung beim Weben u. dgl. angewendet, und spricht man dann bei Schafwollgarn vom L e i m e n der Webketten. Das Steifmachen oder S t e i f e n der Waren findet in besonderer Weise auch bei Seide statt.

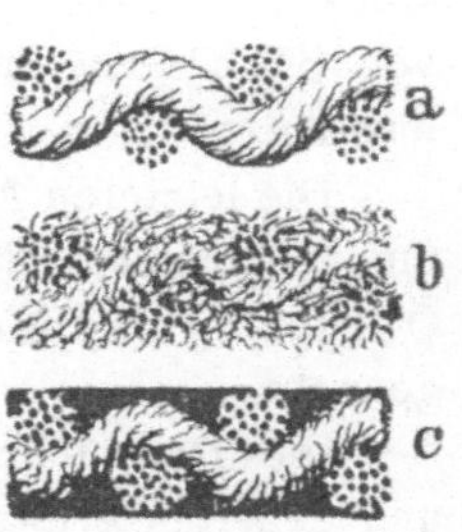

Fig. 4. Querschnittsvergleich der rohen, gewalkten und gestärkten Ware.

Neben dem Färben findet auch beim Drucken eine Vollbad-Nachbehandlung zur Entwicklung, Lösung und Festigung der aufgedruckten Farbstellen mit gasförmigen Flüssigkeiten statt und zwar im Vollbade durch Dampf, durch Luftdruckänderung und mit besonderen chemischen Gasen. Das D ä m p f e n findet auch bei anderen Behandlungsarbeiten statt, und wird dabei die Wirkung der warmen Feuchtigkeit auf die Geschmeidigmachung der Faser, z. B. auf die Weckung der Krumpfkraft der Wollfaser, und die Lösung der den Farben mitgeteilten Verdickungsmittel usw. ausgenutzt. Das Dämpfen ist daher auch eine Vorarbeit zum Rauhen und Bürsten, sowie Pressen usw.

Als selbständige Arbeit dient das Dämpfen als F e u c h t w ä r m e n zum Schlußfestlegen der Warenfasern nach der Ausrüstungsbehandlung, zum N a d e l f e r t i g- und B ü g e l e c h t m a c h e n oder D e k a t i e r e n, durch welche Vornahme der Einfluß von Feuchtigkeit auf die zum Griffigwerden heiß gepreßte Ware bei deren Verarbeitung beseitigt wird. Dieses in Verbindung mit Entlüftung und anderen Wirkungen vorgenommene Dämpfen unterscheidet sich in der Durchführung von der, anderen Zwecken dienenden gleichen Arbeit.

Als eine Sonderarbeit mit chemischer Wirkung stellt sich die Zerstörung fremdfaseriger oder fremdstofflicher Beimengungen in den Textilwaren dar. Es gilt z. B. aus Wollwaren die pflanzlichen Anhaftungen, wie Stroh- und Klettenteile, und aus wollenen Lumpen die baumwollenen Faden der Nähte zu entfernen. Es erfolgt dies durch ein Ansäuern mit ätzendem Gas und flüssigen Säurelösungen mit darauffolgender Hitzeaussetzung, was die pflanzlichen Teile zum Verkohlen bringt. Diesem Entkohlen steht gegenüber die Beseitigung des wollenen Fasergutes aus baumwollenen Waren, z. B. die Entfernung des wollenen Hilfsgrundes von Stickereien und Spitzen durch Auflösen mit Alkalien, also das Entwollen von Textilgut.

Die letzteren Arbeiten verlangen wieder eine Nachbehandlung, um die chemische Nachwirkung aufzuheben, also ein chemisches Ohnseitigmachen oder Entsäuern, auch „Neutralisieren" genannt.

Die Durchführung aller dieser verschiedenen Behandlungen und Arbeiten erfordert das Hinzutreten von Zwischenarbeiten, als deren besondere die Beseitigung von Falten in den flachen Waren gilt. Dies erfolgt bei der Zurückverwandlung der Strangform in die flache Gewebebahn durch das Recken und Ausbreiten und Spannen in der Breite, kurz das Breitspannen, wobei auch durch ein besonderes Zerren das Geraderichten der Fadenlage in der Ware stattfindet. Dazu werden die Waren auch lang gereckt und gestreckt.

Die Aufhebung von Quetschfalteneindrücken macht ein Klopfen und Schütteln der Waren nötig und die durch das Stärken, Schlichten oder sonstige Behandlung zu hart oder steif gewordenen Garne und Gewebe müssen durch Schlagen und Brechen wieder weich gemacht werden. Diesen Zweck verfolgt auch das Anfeuchten oder Einsprengen der Waren, das auch als Vorarbeit zum Mangeln, zum Glätten u. dgl. erfolgt. Schließlich erfolgt noch ein Wasserdichtmachen durch Tränkung mit entsprechenden Mitteln, das die Aufsaugung von Wasser und Regen seitens der Textilwaren zu verhindern hat, und das man auch als

Nässefestmachen bezeichnet. Hierzu ist auch das Unentzündbar- oder Feuersichermachen durch Tränkung mit entsprechenden Mitteln zu zählen.

Diese verschiedenen Ausrüstungsarbeiten lassen sich in zwei wesentliche Gruppen scheiden, je nachdem die Textilgutbehandlung mit tropfbaren oder gasförmigen Flüssigkeiten oder bei rein mechanischem Angriff erfolgt, der gewöhnlich in trockenem Warenzustande ausgeführt wird, aber die gleiche Arbeit bleibt, wenn dies auch bei feuchter Ware geschieht. Man hat demnach eine Naß- und eine Trockenbehandlung, und als erste Gruppe der Ausrüstungsarbeiten die Naßausrüstung, als zweite Gruppe die Trockenausrüstung. Zwischen diesen beiden Arbeitsgruppen steht als dritte und wichtige Arbeitsgruppe das

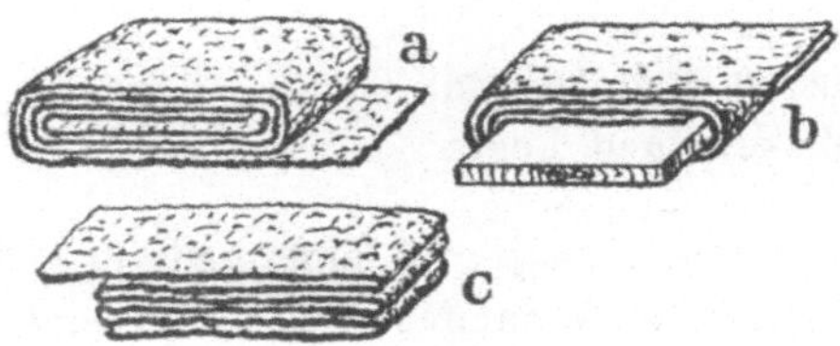

Fig. 5. Waren-Aufspeicherungsformen.

Trocknen, welches die naß gemachten und naß gewordenen Waren in den Trockenzustand zurückzuführen hat, und das sich wieder in das Entwässern, als mechanische Entfernung des Hauptteiles der aufgesaugten Flüssigkeit, und das Warentrocknen durch Verdunsten des noch verbliebenen Flüssigkeitsrestes scheidet.

Diesen drei Arbeitsgruppen folgt noch eine vierte Gruppe, welche die Arbeiten umfaßt, die von den ausgerüsteten Waren die Handelsform oder Verkaufsform herzustellen haben. Die Gewebe und Flächenwaren werden gewickelt nach dem Bilde *a* in Fig. 5 mit oder ohne Einlage eines Brettes *i* (im Bilde *b*) oder Rahmens, oder in gefalteten Schichten (nach *i*) zur Ablieferung an die Verbraucher oder Verarbeiter gebracht und mit diesem Wickeln, Falten und Legen wird das Messen der Warenlänge vorgenommen.

Zusammenfassend gibt es also folgende Hauptarbeiten der Ausrüstung und Zurichtung der Textilwaren:

1. Naßbehandlung:
   a) Waschen und Spülen,
   b) Färben und Bleichen,
   c) Bedrucken und Begasen,
   d) Durchtränken und Seidenfeinen,
   e) Walken und Stärken (Tränken);
2. Trocknen;
3. Trockenbehandlung:
   a) Putzen und Sengen,
   b) Pressen und Glätten,
   c) Glänzen und Mangeln,
   d) Brechen und Spannen,
   e) Rauhen, Scheren und Bürsten;
4. Handelszurichtung:
   a) Messen und Falten,
   b) Wickeln und Legen.

Diese Zusammenstellung gibt eine gedrängte Übersicht der wichtigsten Arbeiten, ohne damit die technisch denkrichtige Folge derselben festzulegen. Die verschiedenen Arbeitsgruppen greifen oft in- und durcheinander bei bestimmten Ausrüstungszwecken, so daß sich zwischen die Naßbehandlung ein Trocknen und eine Trockenbehandlung schiebt und umgekehrt, wie auch vor der Naßbehandlung erst eine Trockenbehandlung stattfindet. Es ist ganz selten, daß eine Arbeit allein dem Ausrüstungszweck genügt.

Zweiter Teil.

Die Grundbedingungen und die Arbeitswerkzeuge der Ausrüstungsmaschinen.

Vorbemerkung.

Zur Ausführung der aufgezählten Ausrüstungsarbeiten sind Vorrichtungen und Maschinen nötig, deren Einrichtung durch die Behandlungsformen des Textilgutes bestimmt wird, die aber auch von der Behandlungs-Art abhängig ist. Die Durchführung der Arbeiten kann auf verschiedene Art unter Beibehaltung des gegebenen Arbeitsvorganges stattfinden, und es ist vor der gesonderten Besprechung der Arbeits-Maschinen und Vorrichtungen nötig, den sich ergebenden Unterschied zu erläutern. An diesen Maschinen und Vorrichtungen findet sich manches Gemeinsame und dieses ist ebenso erst zu behandeln, wie die Werkzeuge und mechanischen Hilfsmittel zur Ausführung der vielseitigen Arbeiten. Es wird mit dieser Darstellung für die nachfolgenden Einzelbetrachtungen eine Grundlage für deren größere Einfachheit geschaffen, so daß sich der mechanische Arbeitsvorgang leichter verfolgen läßt. Der nachfolgende Überblick gibt auch Aufschluß über die Bewegungen von Ware, Werkzeug und Behandlungsmittel in ihrem gegenseitigen Zusammenhang, dessen Erkenntnis das Verständnis der erzielten Wirkungen vermittelt, und für die Ausbildung der Arbeitsvorrichtungen und deren Vervollkommnung Richtlinien gibt. Die gegebenen Grundteile finden sich immer in den verschiedenen Anforderungen wieder, wozu die verschiedene Anwendung der grundlegenden Arbeitsbewegungen tritt.

1. Behandlungsarten, Stück- und Durchgangs-Behandlung.

Die Behandlungsformen des Textilgutes, vergl. Fig. 1, kennzeichnen sich, bis auf das lose Fasergut und die Lumpen, als

Stückgut, denn auch die aufgewickelten Ketten und Gewebe u. dergl. bilden ein Waren-Stück, wie auch der zu einem Haufen oder Knäuel zusammengenommene Gewebe- oder Kettenstrang. Es besteht demzufolge eine Stückgut- oder Stück-Behandlung, die für die Naßausrüstung fast durchgängig anwendbar ist, d. h. die Stücke kommen in der dargestellten Form ohne Formveränderung, also im Ganzen zur Behandlung, nur daß mehrere Stücke entsprechend geschichtet die Behandlung gleichzeitig erfahren. Diese Stückbehandlung ist zwar teilweise auch bei der Trockenausrüstung und beim Trocknen möglich und wird angewendet, so bei Band- und Garnspulen, Garnsträhnen und fertigen Warenstücken, doch wird vielfach eine Behandlung des Gutes in ebener Form bedingt, wozu dessen dargestellte Formen zum Teil erst aufzulösen sind also Spulen und Ketten- und Warenbäume ab-

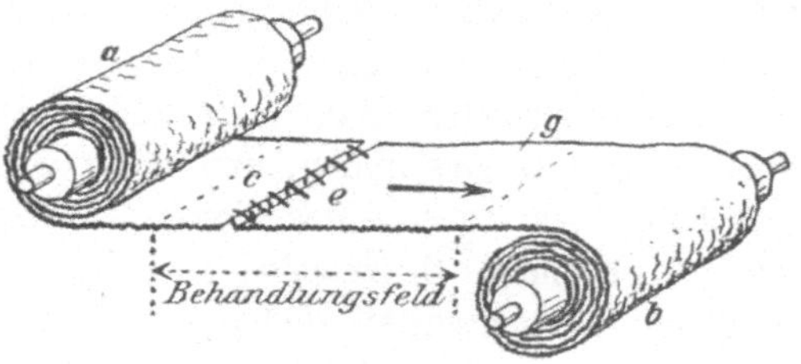

Fig. 6. Ununterbrochener Warengang.

gewickelt werden müssen, und muß nach der Behandlung wieder eine Aufspeicherungsform aus dem Gut gebildet werden.

Die Stückbehandlung ist eine absetzende und wiederholte Durchführung der Ausrüstungsarbeit, denn das Stück oder mehrere Stücke müssen aus dem Behandlungsfeld oder dem Behandlungsraum immer erst entfernt werden, ehe in diese wieder neue Stücke eingebracht werden können. Der Behandlungsvorgang muß also immer wieder unterbrochen werden. Nicht nur die Wirtschaftlichkeit des Betriebes, sondern auch der Arbeitsvorgang selbst erfordern aber eine ununterbrochene Führung desselben. Dies bedingt eine laufende Durchführung der Ware durch das Behandlungsfeld und diese ist bei den in Laufbahnen umzuwandelnden Gewebe- und Kettenstücken gegeben. Zur vollen ununterbrochenen Arbeitsführung ist dann nötig, daß an das Ende des abgelaufenen Stückes der Anfang des neu folgenden Stückes angeschlossen wird. Diesen Vorgang der Bildung eines ununter-

brochenen Warenganges oder der laufenden *Warenbahn* zeigt Fig. 6. Das durch das Behandlungsfeld gezogene und auf einem Baum b sich aufwickelnde und aufspeichernde Textilgut g, das sich von einem vor dem Behandlungsfeld liegenden Wickel a abrollte, wird beim Ablauf in seinem Endrande e mit dem Umfangsrand c eines neuen Warenwickels durch Nähen u. dergl. zusammengehängt, und da diese Verbindung schnell, während das lange Endstück des herausgenommenen Baumes a noch läuft, oder bei kurzem Betriebsstillstand gemacht werden kann, ist der ununterbrochene Lauf der Ware durch das Behandlungsfeld gesichert. Das Textilgut kann auch in gefalteten Schichten vorgelegt werden und nach der Behandlung wieder gefaltet werden und Vorlage- und Speicherungsformen können verschieden sein, es gilt immer nur den *fortlaufenden Warendurchzug* zu sichern.

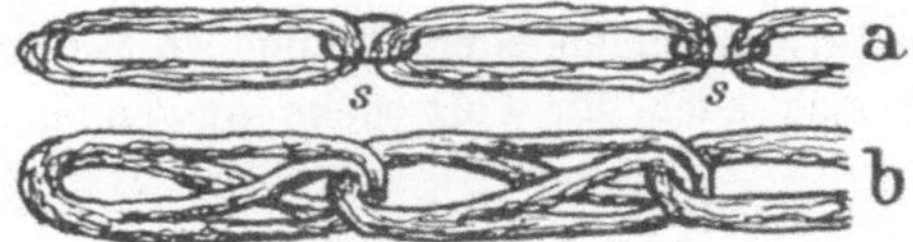

Fig. 7. Strangverbindung zum ununterbrochenen Warengang.

Bei Unterbrechung der Arbeit der Maschine wird, um in den Warengang im Behandlungsfeld nicht eingreifen zu müssen, ein Hilfstuch einlaufen gelassen, das im Maschinenstillstand im Behandlungsfelde verbleibt und an dessen Ende bei Wiederbeginn der Arbeit der Anfang des ersten frischen Warenstückes angeknüpft wird.

In gleicher Weise wie Gewebe, Webketten u. dgl. werden auch fertig gearbeitete Warenstücke, wie Tücher, Gestricke u. dgl. zum ununterbrochenen Behandlungsdurchgang verbunden und um z. B. bei Strähnen diese ununterbrochene Behandlung zu ermöglichen, werden dieselben zu einer laufenden *Kette* aneinander gehängt, wie Fig. 7 zeigt, entweder nach dem Bilde a durch eingezogene Knüpfschnüre s, oder, wie bei b dargestellt, durch Ineinanderhängen der zu einer Schleife zusammengezogenen Strähne.

Die Verbindung von Warenenden zwecks ununterbrochenen Behandelns findet auch statt, wenn ein Warenstück als Gewebebahn, Strang oder Strähnkette mehrmals das Behandlungsfeld zu durchlaufen hat, also wiederholt in derselben Weise zu behandeln ist. Wie Fig. 8 veranschaulicht, wird dann der Warenlauf durch die Endenverbindung *e* endlos gemacht und für das Warenstück ein Kreislauf durch das Behandlungsfeld vermittelt.

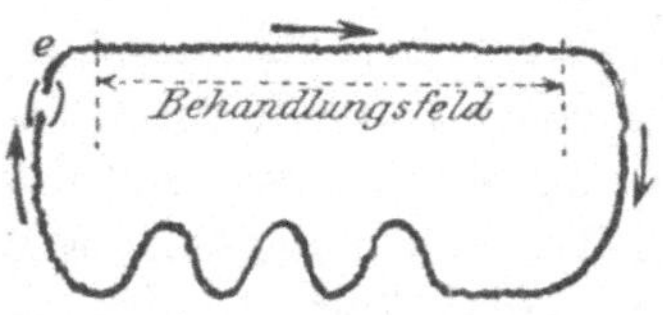

Fig. 8. Warenendenverbindung für ununterbrochenen Lauf.

Auch bei losem Fasergut, Lumpen, wie auch Spulen usw. läßt sich eine ununterbrochene Behandlung bewerkstelligen, wenn solches Textilgut in eine fortlaufende das Behandlungsfeld durchziehende gleichmäßige Schicht gebracht wird. Dazu wird z. B. das Fasergut *l* nach Fig. 9 auf einem endlosen Tuche oder Bande *b* zu gleichmäßiger Schicht ausgebreitet und das Tuch trägt diese, wie die darauf geordnet liegenden Stücke während der Behandlung, um sie nach Durchlaufen abnehmen oder abfallen zu lassen. Diese Einrichtung läßt sich auch für Pelzstücke anwenden und mit dem

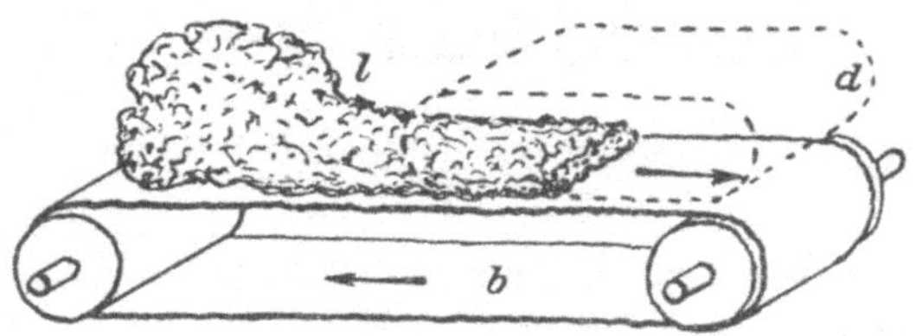

Fig. 9. Schichtung von losem und Stückgut für ununterbrochene Behandlung.

Tragtuch *b* wird auch ein ebenfalls endlos laufendes Decktuch *d* vorgesehen, so daß das Textilgut während seines Behandlungsdurchganges zwischen diesen beiden Tüchern geschützt läuft.

2. Notwendigkeit der Warenbearbeitung bei der Naßbehandlung.

Bei der Flüssigkeits-, Dampf-, Luft- und Gasbehandlung ist gemeinhin eine ordentliche Sättigung des Textilgutes mit diesen Behandlungsmitteln erforderlich. Zur Beleuchtung der Umstände, die dazu mit spielen, muß auf die Stoffeinheit der Textilwaren gegriffen werden. Der Urstoff derselben ist die Faser, die aber bei den Waren (fast durchgängig) im Garn gebunden ist, und deshalb ist für die Ausrüstungsfragen auch das Verhalten des Garnes zu betrachten. Das Garn ist ein zumeist runder weicher Körper, der aus aneinander in der Längsrichtung dieses Körpers liegenden Fasern gebildet wird. Diese Fasern haben verschieden geformten Querschnitt, man kann für die vorliegende Betrachtung aber immer runden Querschnitt annehmen, da auch bei anderen Formen dieselben Umstände eintreten. Die Fasern liegen im Garn oder Faden dicht aneinander in Windungen, der Querschnitt wird aber durchgängig so sein, wie ihn das Bild *a* in Fig. 10 veranschaulicht. Wenn ein solcher, wieder aus runden Körpern bestehender Körper mit Flüssigkeit in Berührung kommt oder von dieser umgeben ist, wie das Bild *b* darstellt, so werden die am

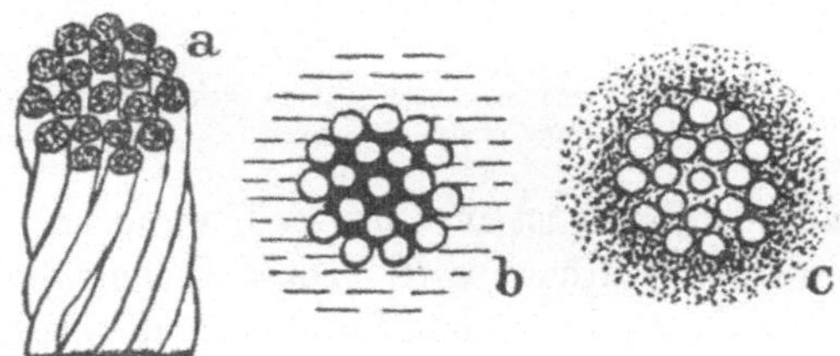

Fig. 10. Fadenquerschnitt im Verhalten zur Flüssigkeitsumgebung.

Umfang liegenden Körper an den außen frei sich darbietenden Flächen benetzt. Die Flüssigkeit muß aber zur Sättigung auch die innen versteckt liegenden Flächen dieser Körper benetzen, also in die zwischen den Fasern des Fadens durch ihre Querschnittsform gebildeten Hohlräume eindringen. Dies erfolgt durch Ansaugen nach dem Naturgesetze der „Kapillarität“ oder dem selbsttätig erfolgenden Flüssigkeitsanhub in Haarröhrchen. Es füllen sich von außen erst auf diese Weise die unter dem äußeren Faserkranz liegenden Röhrchen und aus diesen der nächste Röhrchenkranz und so fort, wie dies mit der abnehmenden Flüssigkeitsdichte das Bild *c* zeigt.

Dieses Fördern, d. h. Eindringen und Ansaugen, der Flüssigkeit geht aber langsam und bei straffem Faserdichtliegen schwer vor sich, und der Vorgang vollzieht sich in gleich allmählicher Weise in der Ware, die sich in ihrem Gefüge, wie der Faden aus Fasern, aus Fäden zusammensetzt, wo zuerst die äußeren Fäden sich sättigen und dann erst eine Flüssigkeitsabgabe an die inneren

Fadenlagen stattfindet. Die gewerblich verlangte schnelle Durchführung der Sättigung und Flüssigkeitsdurchdringung bedarf deshalb beschleunigender Wirkungen. Man benutzt die Haarröhrchen-Ansaugung gewissermassen nur nebenbei und schafft durch Lockerung des Faden- und damit des Fasergefüges einen erleichterten Zutritt der Flüssigkeit zu den Innenhohlräumen. Wenn nach dem Bilde 11 bei *a* die Faserlage des Fadens sich aufbläht, ist der Flüssigkeit

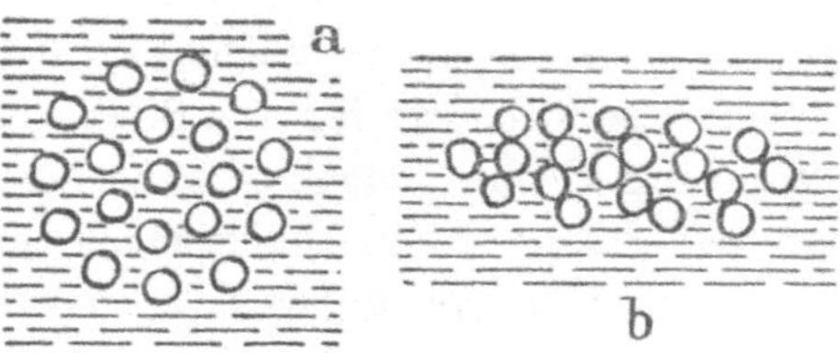

Fig. 11. Fadenquerschnitte mit erweiterter Faserlage in der Flüssigkeit.

Weg geschafft, und dies ist auch der Fall, wenn nach dem Bilde *b* die Faserlage breit gedrückt wird. Diese Öffung der Faserlagen und Lockerung der Fadenbindungen veranschaulicht das Bild 12 an einem Faden und diese entsteht nicht nur beim Breitdrücken oder Quetschen, sondern auch bei einem Zusammenstauchen des Fadens in der Längsrichtung, also einem Kneten der Waren usf.

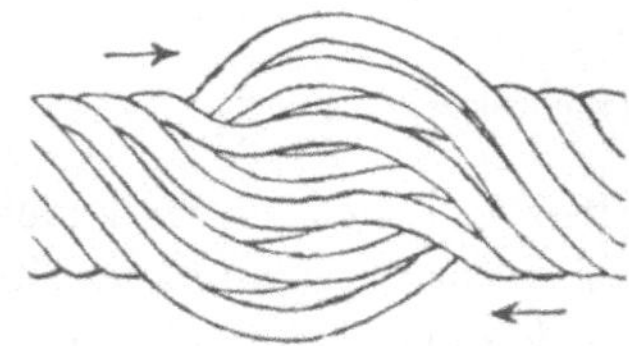

Fig. 12. Gequetschter oder gestauchter Faden zur Faserlagenweitung.

Es wird aus dieser Darstellung hervorgehen, daß zur raschen und ordentlich gleichmäßigen Sättigung bei der Textilgutbehandlung eine mechanische Wirkung auf dasselbe, also eine Bearbeitung des Gutes Bedingung ist.

Beachtet man dazu, daß in den Faserzwischenräumen des Fadens sich Luft befindet und diese Luft durch die zutretende Flüssigkeit verdrängt werden muß, so ergibt sich, daß ein Fortschaffen dieser Füllluft auch den Flüssigkeitseintritt in den Faden, also die Ware, fördern muß. Die Entziehung der zu verdrängenden Luft findet durch Absaugen statt, und man hat daher bei so entlüfteten Waren eine höchst vollkommene Flüssigkeitsdurchdringung, da auch kleine fester eingeschlossene Luftteilchen beseitigt werden, die sonst nur bei wiederholter mechanischer Bearbeitung verschwinden. Bei der Gasbehandlung hat dieses Warenentlüften eine besondere Bedeutung, da die Gase oft leichter als die Luft sind und daher diese verdrängend kaum tätig sein können.

3. Zusammenhang der Bewegungen von Textilgut und Behandlungsmittel.

Aber noch ein weiterer Vorgang ist nötig, bei der Flüssigkeits-Behandlung die Sättigung zu unterstützen. Bei der gegenseitigen Ruhelage d. h. keiner Stellungsveränderung von Textilgut und Flüssigkeit würde eine Erschöpfung des Wirksamen in der

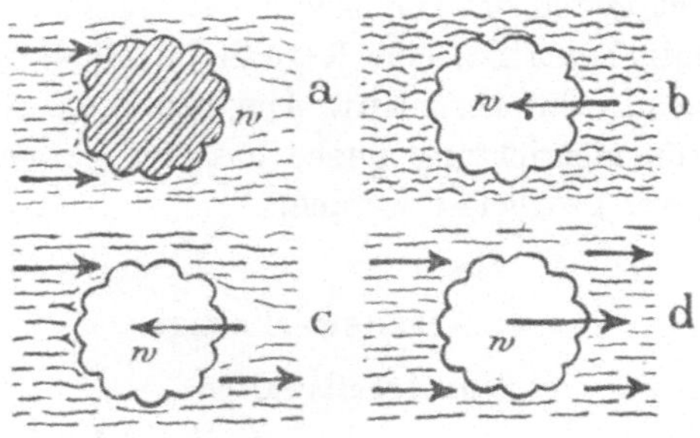

Fig. 13. Gegenseitigkeit der Waren- und Flüssigkeitsbewegungen.

Flüssigkeit bald eintreten; wird also schon dadurch der Austausch und Wechsel der Flüssigkeit bedingt, so muß ein Trieb oder eine Strömung derselben ihr Eindringen durch mehr zwangsweise Luftverdrängung fördern. Ware und Flüssigkeit müssen also eine Bewegung gegeneinander vornehmen und die dabei auftretenden Fälle zeigt in allgemeiner Darstellung wieder für das Urstück, den Fadenkörper, Fig. 13 und zwar bei *a*): Die Flüssigkeit strömt gegen das ruhende, als Fadenquerschnitt gezeichnete Behandlungsgut *w*, trifft also auf dasselbe und drückt sich in die Faserzwischenräume hinein; bei *b*): die Ware bewegt sich in der ruhenden Flüssigkeit, also im Flüssigkeitsbade, wodurch eine ähnliche Wirkung herbeigeführt wird; bei *c*): Flüssigkeit und Gut bewegen sich gegeneinander, das letztere also gegen die Strömung der ersteren, und die bemerkte Wirkung wird verstärkt, was man Arbeiten mit Gegenstrom nennt; bei *d*): Flüssigkeit und Textilgut bewegen sich miteinander mit verschiedener Geschwindigkeit, die Wirkung ist von der Größe des Geschwindigkeits-Unterschiedes abhängig, und man hat das Arbeiten mit Gleichstrom. Diese Bewegungen von Behandlungsgut und Behandlungsmittel finden sich bei vielen Ausrüstungsvorgängen und haben auch Geltung für die mechanische Bearbeitung, beim Trocknen usf., wo die Durchgangs- oder ununterbrochene Behandlungsart angewendet wird. Das Gleich- und Gegenstrom-Arbeiten findet dabei durch einen Mit- und Gegenlauf, ersterer mit verschiedener Geschwindigkeit zwischen Werkzeug und Ware statt, und es besteht darin ein Leitsatz für die Beurteilung der Arbeitsvorgänge.

Hinzuweisen ist noch auf den Umstand, daß beim Strom der Flüssigkeit gegen das Gut sich hinter demselben, wie aus dem Bilde *c* zu entnehmen ist, eine leere Stelle bildet, wo die Flüssigkeit nicht an das Gut herantritt. Um auch diese Stelle zu treffen, muß die Strömungsrichtung gegen das Gut gewechselt, also im Wechselstrom gearbeitet werden.

4. Arbeitswerkzeuge.

A. Arbeitswalzen.

Nach dem Vorangegangenen unterliegt das Textilgut, oder, kürzer benannt, die Ware, bei ununterbrochener Behandlung während ihres Laufes im Behandlungsfeld einer mechanischen und physikalischen Kräfteeinwirkung, und dies ist bei der Naß- und Trockenausrüstung der Fall. Bei der Stückgutbehandlung hört diese Einwirkung immer zum Stückwechsel auf, bei der ununterbrochenen oder laufenden Behandlung muß diese Wirkung im Behandlungsfeld an der Ware entlang erfolgen, also gewissermaßen an dieser sich abwälzen, und dies ergibt als wichtigstes Arbeits-Werkzeug bei der Ausrüstung die Walze, die für die verschiedenen von ihr auszuführenden Arbeiten am Umfang eine entsprechende Ausgestaltung erfährt. Es gibt demzufolge verschiedene Arten dieser Arbeitswalzen.

1. Trieb- und Leitwalzen.

Die Ware selbst, wenn sie in flacher laufender Einzel- oder mehrfacher Schichtung oder auf endlos laufenden Tragtüchern zum ununterbrochenen Durchgang im Behandlungsfeld gelangt, bedarf der Fortbewegungsmittel, welches Triebwalzen bilden. Wenn nach Fig. 14 im Bilde *a* die flache Warenbahn *w* sich über die angetriebene Walze *t* legt, so wird, ermittelt durch die Rauhheit oder die entstehende Reibung der Walzenumfangsfläche, die Ware von dieser mitgenommen. Für diese Mitnahme ist die Gestaltung der Umfangsfläche der Triebwalzen bestimmend und diese werden daher verschiedenartig ausgeführt, was im wesentlichen oder allgemeinen die Zusammenstellung in Fig. 14 wiedergibt.

Bei vollrunder Walzenfläche wird die Mitnahme von der Größe der Umspannung abhängen. Dazu muß die Ware um die Walze

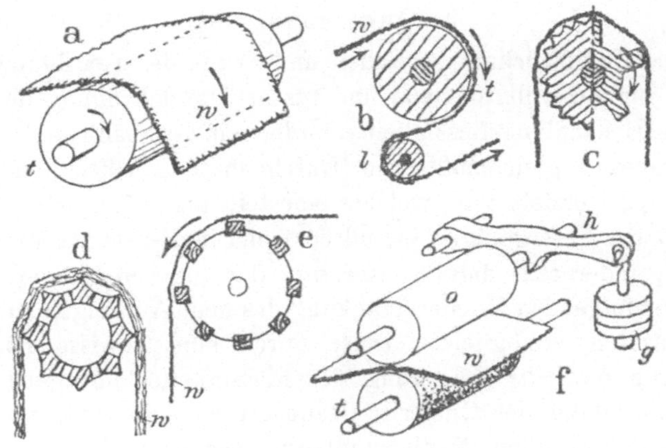

Fig. 14. Trieb- und Leit- oder Führungswalzen.

geführt werden, wozu dann, gewöhnlich Antrieb nicht erhaltende, Leitwalzen erforderlich sind. Diese im Bilde *b* dargestellte Anordnung von Triebwalze *t* und Leitwalze *l* wird auch anders erfolgen können, wie überhaupt die Leitwalzen für sich zur Herstellung eines besonderen Durchgangs-Warenweges anzubringen sind, also Führungswalzen werden.

Die Triebwalzen werden für einen kräftigeren Angriff zur Warenmitnahme neben dem erhöhten Rauhmachen der Umfangsfläche bei Holz und Metall durch besondere Bewickelung mit Tuch, gekörntem Blech und mit besonderem Holzbelag gerieft ausgeführt und zwar nach dem Querschnittsbilde *c* links in feiner Riffelung und rechts mit Mitnehmerleisten, nach dem Bilde *d* auch von sternartigem oder vieleckigem Querschnitt, wobei der Walzenkörper auch hohl in Steingut und dgl. hergestellt wird und der

Hohlraum nach außen durch Umfangslöcher Verbindung erhält. Ähnlich, einen Durchgang des Walzenkörper schaffend, gibt die Ausführung nach dem Bilde *e* mit freien Leisten also rost-, gitter- oder haspelartig. Man spricht deshalb auch von Warenhaspel. Die Warenmitnahme wird schließlich durch Druckwalzen an den Triebwalzen unterstützt, welche durch ihre Pressung die Rauhheit der Triebwalze *t* (Bild *f*) zur Wirkung bringen. Die Druckwalze *o* kann dabei nur durch ihr Eigengewicht tätig sein, erhält aber auch einen besonderen Druck durch an den Lagerhebeln *h* hängende regelbare Gewichte *g*.

2. Quetschwalzen.

Das Breitdrücken der Fäden und damit des Textilgutes überhaupt für die vollkommene und rasche Durchdringung desselben mit der Behandlungsflüssigkeit erfordert ein Quetschen der Ware, das dauernd gleichmäßig im Durchgang derselben mit einem Walzenpaar erzielt wird, welches einesteils die aufgesaugte Flüssigkeit in das Fasergefüge hineindrückt und in diesem zur Verteilung bringt, andernteils durch Auspressen der äußeren Flüssigkeit bei der nachfolgenden Wieder-Tränkung das neue Aufsaugen zu dessen Vorschreiten ermöglicht. Diese durch eine gewisse Faserverdrückung bewirkte Förderung des Flüssigkeitseindringens macht die Anwendung der Quetschwalzenpaare zu einem wichtigen Bearbeitungsmittel der Naßbehandlung, was auch die Darstellung verschiedener Anwendungsformen in Fig. 15 bestätigt. Die Quetschwalzenpaare werden meistens mit Übereinanderlage der Walzen benutzt, so daß die senkrecht bewegliche Oberwalze *o* durch ihr Eigengewicht auf die festgelagerte Unterwalze *u* drückt. Die Druckwirkung wird gegebenenfalls durch eine Belastung der Oberwalze, nach dem Vorbilde Fig. 14 bei *f*, verstärkt. Im Bilde *a* von Fig. 15 ist das Quetschwalzenpaar im Flüssigkeitsbade untergebracht, so daß die Flüssigkeit ordentlich an die Quetschstelle der Ware *w* herantritt. Im Bilde *b* wird die Ware vor dem Eintritt zwischen die Quetschwalzen vom Rohre *s* aus mit der Flüssigkeit begossen oder berieselt, im Bilde *c* wird die Ware *w* aus dem Tauchtrog *t* vom Quetschwalzenpaar herausgezogen und die an derselben haftende Flüssigkeit eingedrückt.

Wenn das Quetschen unter größerem Druck auf die Ware erfolgt, so wird die von derselben aufgesaugte Flüssigkeit, wie das

Bild *d* zeigt, ausgepreßt, die Ware *w* also entnäßt, bis auf den, trotz der Pressung der in sich nachgiebigen Ware, in dieser anhaftend verbleibenden Flüssigkeitsmenge.

Die Umfangsfläche der Quetschwalzen muß rauh und befähigt sein, die Ware an der Druckstelle mitzunehmen. Wenn dann von der durch die ruhend gelagerte Unterlage *u* mitgenommenen Ware auch die Oberwalze *o* mitgenommen wird, so ist es doch stets besser, der Ware eine solche Arbeit nicht zuzumuten und der Oberwalze auch einen äußeren Antrieb zu geben, wenn derselbe

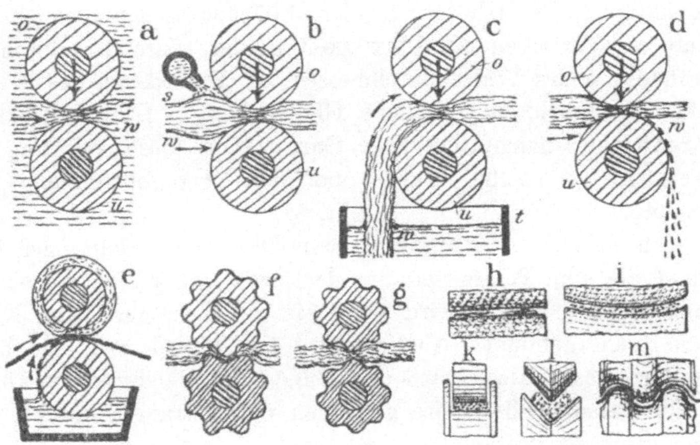

Fig. 15. Anwendungsformen und Ausführungsarten der Quetschwalzenpaare.

wegen der Beweglichkeit der Lagerung auch oft umständlicher wird, d. h. besondere Triebanordnungen mit Gelenkrädern, Kreislauftrieben und dgl. erfordert.

Die Umfangsflächen der Quetschwalzen werden zur Unterstützung ihrer Wirkung verschiedenartig ausgeführt, so nach dem Bilde *e* die drückende Oberwalze zur Schonung der Ware für nachgibigen Druck mit einem Gummiüberzug, die Oberwalze oder auch beide Walzen mit Faserband oder weichem Seil bewickelt usf. Zur Erhöhung der Quetschwirkung werden rauh geriffelte Walzen benutzt, wobei nach den Bildern *f* und *g* die gerundeten Riffelstege auf- oder ineinander greifen, was verschiedene Wirkungen ergibt, beim Aufsetzen der Stege ein Verdrücken der Flüssigkeit in der Ware.

Diese verschiedene Gestaltung erstreckt sich nicht nur auf den Umfangsverlauf der Quetsch-Walzen, sondern auch auf den Breitenverlauf der Quetschstelle. Bei geraden zylindrischen Walzenflächen nach dem Bilde *h* tritt z. B. nur ein Breitquetschen des durchlaufenden Warenstranges ein, so daß der Strang einen seitlichen Druck nicht erhält und auch seitlich leicht verlaufen kann. Werden die Walzen nach dem Bilde *i* voll- und hohlrund gemacht, so daß die Wulst der einen Walze in die Höhlung der anderen tritt, so wird einesteils ein besserer Durchlauf an gleichbleibender Stelle erzielt, andernteils aber durch die verschiedene Umfangsgeschwindigkeit ein Gleiten der Druckflächen gegeneinander und damit ein Verreiben der Flüssigkeit in der Ware und durch die Veränderung des Walzendurchmessers ein Breitziehen des Warenlaufes und auch eine seitliche Gleitwirkung. Da der gefaltete Warenstrang, namentlich aber Garnsträhne diese Wirkung zulassen, finden solche Walzen bei der Strangbehandlung Anwendung.

Zum seitlichen Strangdruck beim Quetschen erhält nach dem Bilde *k* die eine Walze Seitenränder, zwischen welche die andere Walze eintritt, und es wird somit ein geschlossener Warendurchgangs-Kanal gebildet. Ähnlich wird bei doppel- voll- und hohlkegelförmigen Walzen nach dem Bilde *l* ein gleichmäßiger Druck auf den dabei in die Breite gehenden Warenstrang ausgeübt, und dieses Ineinandertreten der Quetschwalzen wird nach dem Bilde *m* bei flachbahniger Ware auch vervielfacht: diese quergeriffelten Walzen drücken die Ware aus ihrem ebenen Lauf in eine Schlangenlinie, zielen also auf eine Warenverbreiterung und Lockerung des Gefüges hin.

Die Walzen der Quetschwalzenpaare sind gewöhnlich in gleicher Stärke d. h. von gleichem Durchmesser auszuführen, um die Druckflächenwirkung auf die Ware von beiden Seiten gleich zu erhalten, also einen gleichseitigen Eingangs- und Ausgangsteil für den Warendurchgang zu haben. Eine schwächere, gegen eine stärkere drückende Walze ergibt einen einseitig schärferen Waren-Eindruck, der beim Quetschen gewöhnlich nicht beabsichtigt ist, der aber gegebenenfalls nötig wird und erzielt werden kann.

Beim Quetschwalzenpaar erteilen die Walzen der Ware ihre Bewegung und sind daher selbst Triebwalzen entsprechend dem Vorbilde Fig. 14 bei *f*.

3. Stauchwalzen.

Da das Stauchen des Textilgutes auch eine Lockerung der Bindung herbeiführt, wird diese Arbeit auch bei der Naßbehandlung benutzt, wobei nach Fig. 16, Bild *a*, zwei Walzenpaare *m* und *n* benutzt werden, zwischen denen die Ware nicht gestreckt, sondern schlaff läuft. Zwischen den Walzenpaaren findet dadurch eine Häufung oder Faltung der Ware statt, die auch nach dem Bilde *b* von einem Walzenpaar *m* in einem Kanale *k* erfolgen kann, aus welchem am Ende die Ware *w* herausgezogen wird. Das Zusammendrücken der Warenlage durch die Ware selbst gibt die beabsichtigte Wirkung. Bei strangartigem Warengang werden die Stauchwalzenpaare *m* und *n* nach dem Bilde *c* auch senkrecht zu-

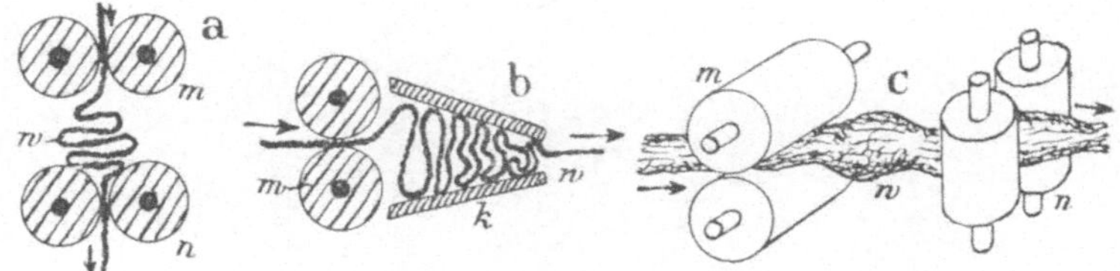

Fig. 16. Stauchwalzen-Anordnungen.

einander stehend angeordnet, so daß das Zusammenquetschen von verschiedenen Seiten stattfindet, durch den schlaffen Warengang der Stauchvorgang also allseitiger erfolgt.

4. Preßwalzen.

Die Quetschwalzen sind auch Preßwalzen, doch ist der von ersteren ausgeübte Warendruck, bei losem Textilgut und Strangform angewendet, immer weicher, da derselbe eine Warenänderung im Aussehen selbst gewöhnlich nicht vorzunehmen hat. Diesem gegenüber haben die Preßwalzen letztere zum Zweck und sie verlangen auch stets ein flachbahniges Textilgut, bei fadigem Gut, Ketten und Strängen also eine geordnete Nebeneinanderlage der Fäden. Die Preßwalzen geben einen härteren Wareneindruck, der bleibend sein muß, wie es auch beim Musterpressen vorkommt. Beim Drucken muß dagegen die Pressung vorübergehend sein, und zu letzterer Arbeit wird dies vermittelt durch eine weiche Gegendruckfläche; die nach der Darstellung Fig. 17 gewöhnlich harte Oberwalze oder die eigentliche Preßwalze *o* eines Walzenpaares arbeitet also nach dem Bilde *a* mit einer weichen Unterlage *u* zusammen, bei welcher die Weichheit durch eine faserige bezw. Gewebeumwicklung hergestellt ist, die aber auch durch ein über die sonst harte Unterwalze endlos geführtes hartes Tuch, auch Gummituch, gebildet wird, wie punktiert angedeutet ist.

Zum eigentlichen Pressen, wo die Oberfläche der Gewebe geebnet werden muß, ist dagegen deren Hindurchführung durch ein Hartwalzenpaar wohl möglich, und wird dabei, wie das Bild *b* darstellt, eine oder beide der Preßwalzen *o* und *n* geheizt. Das Gewebefläche-Ebnen verlangt ein Breit- und Eindrücken der Fadenlagen, das aber die Fadenbindung selbst nicht zerstören darf. Bei zwei harten Walzen und großem Druck würde dies eintreten, und man begegnet dem durch Begrenzung des Zwischenraumes an der Berührungsstelle der Walzen, d. h. es wird eine

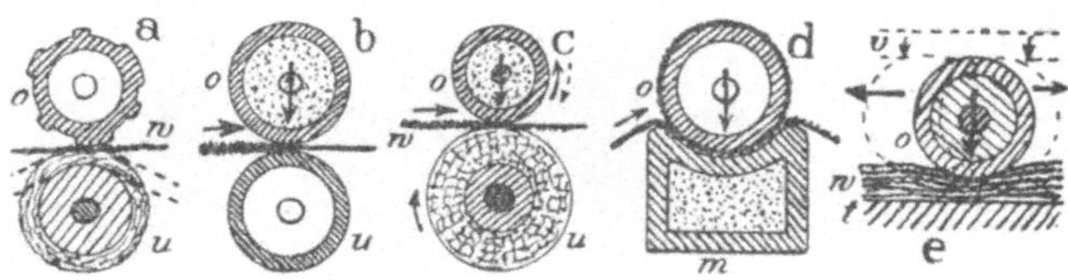

Fig. 17. Preßwalzen-Anordnungen.

weitere Annäherung der Walzen, als sie der Dicke des zusammengepreßten Gewebes entspricht, verhindert.

Die Preßwalzen haben gleiche Umfangsgeschwindigkeit und es muß wenigstens eine Walze in ihrer Umfangsfläche geeignet sein, die Ware mitzunehmen. Deshalb wird diese Mitnehmwalze mit einem, trotz fühlbarer oder sichtbarer Glätte doch unter starkem Druck gegenüber der Metall- und Eisenglätte sich rauh zeigenden Mantel versehen. Dieser wird aus faserigem Stoff, wie Baumwolle, Flachs u. dgl., fädigem Gut, Gewebescheiben und Papier hergestellt, welches Gut durch starken Druck (ungefähr 200 Atmosphären oder 200 kg auf 1 qcm) auf dem Walzenkern zusammengepreßt wird und daher eine durchweg gleiche Dichtheit erhält, was für das gleichmäßige Warenpressen erforderlich ist. Diese das Gewebe in der Pressung mitnehmende Walze gestattet dasselbe gegen eine vor- oder nacheilende Geschwindigkeit der glatten Walze auch festzuhalten und so das Glätten zu ermöglichen, was nur durch ein verreibendes Pressen zu erzielen ist. In dem Preßwalzenpaar mit der jetzt am allgemeinsten aus

Fadenkuchen hergestellten Baumwollwalze *u* (Bild *c*) und der in Hochglanz geschliffenen oder polierten Hartgußwalze *o* hat man die Grundteile der Kalander, bei denen die Walzen vielfach von verschiedenem Durchmesser ausgeführt werden (Bild *c*), was auch gegebenenfalls nötig ist, um einen guten Eindruck der kleinen Hartwalze *o* auf die große, eine breitere Auflagfläche und damit das Gewebe *w* gut gegenhaltende Weichwalze *u* zu erzielen. Beim Glätten zwischen Preßwalzen hat man eine verschiedene Geschwindigkeit des Arbeitsgutes und der Bearbeitungsfläche oder ein Arbeiten in Gleich- oder Gegenrichtung, und mitunter in Wechselrichtung.

Ein Sonderfall dieser Arbeitsweise ist der Stillstand der pressenden Hartfläche, wo diese sich an die Rundung der Mitnehmwalze anschließt und nach dem Bilde *d* beispielsweise eine geheizte Mulde *m* bildet. Die drückende Triebwalze *o* hat eine rauhe gegebenenfalls auch etwas nachgiebige Umfangsfläche und führt die Ware über die glatte Muldenfläche hinweg, so daß sich diese gewissermaßen auf dem Gewebe verschiebt, abreibt und dasselbe plättet. Diese Glanzwirkung steht im Gegensatz zum Walzengleiten im Kalander, das sogen. Hoch- und Mattglanz gibt. Man spricht dann von Gleitkalander, auch Glanzkalander, bei gleicher Walzengeschwindigkeit, wo nur ein Abrollen stattfindet, vom Rollkalander, entsprechend von Rollpresse, hier im Bild *d* dann noch, als Gleitpresse, von Muldenpresse.

Eine Abrollwirkung besteht auch beim Mangeln, wo nach dem Bilde *e* auf einem festen, die Ware in (geschichteten Gewebelagen *w*) tragenden Tische *t* die Walze *o*, die gewöhnlich von Hartholz ist oder solchen Belag besitzt, hin- und hergehend sich abwälzt. Zur Druckerteilung wird dabei auch ein belasteter Gegentisch *v* benutzt, durch dessen Hin- und Herbewegung auch das Walzenrollen bewirkt wird. Die geraden Tische *t* und *v* können natürlich auch Walzen sein, zwischen denen die mit der zu behandelnden Ware bewickelte Walze *o* rollt. Beim Mangeln werden die Fasern in den Fäden ineinandergeschoben und verrieben, und ein matter, stellenweise verlaufender Glanz erzielt, die Ware „moirirt“ und besonders griffig gemacht. Das Mangeln erfolgt kalt aber mit hohem Druck, den die mehrfach geschichtete Ware auch gut verträgt.

5. Heißwalzen, Dämpfwalzen.

Zur Mitteilung der Wärme und der gasförmigen Flüssigkeiten an die im Behandlungsdurchgang befindliche Ware sind ebenfalls umlaufende durch ihre Hohlzapfen zu speisende Walzen nötig, wie sie schon beim Pressen vorkommen. Hier handelt es sich aber um eine freie Übermittelung, wozu eine bloße Umführung der Walzenumfangsfläche durch die Ware ausreicht und auch nötig ist, um ein Abziehen der entstehenden Warendünste zu gestatten, wie dies das Bild *a* von Fig. 18 veranschaulicht. Die Walze *t* mit dem Hohlzapfen *z* ist trommelartig, weshalb man dabei auch von Ausrüstungs (Appretur)-Trommeln spricht, und läuft in gleicher oder Gegenrichtung mit der Ware *w*, wobei

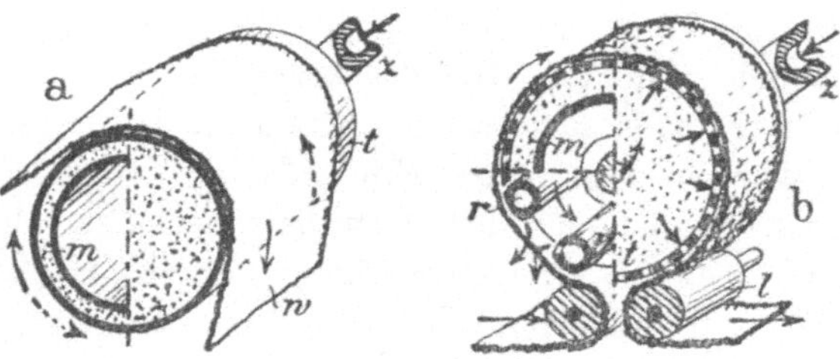

Fig. 18. Wärm- und Heizwalzen, Dampf- und Gasabgabewalzen.

im letzteren Falle, der einen guten Gegenhalt der Ware, also deren straffe Spannung voraussetzt, durch das Abreiben oder Gleiten der heißen Fläche, das leichte Plätten, d. h. ohne Pressung der Ware erzielt wird. Die Trockentrommel *t* wird auch bei größerem Durchmesser mit innerem Hohlzylinder ausgeführt, wie im Bilde *a* gezeigt ist, besitzt also nur einen Heizmantel *m*.

Zur Mitteilung von Dampf und Gas wird nach dem Bilde *b* die Trommel *t* mit gelochter oder Siebwandung ausgeführt, ebenfalls zur Verminderung der in derselben stehenden Dampfmenge mit Dampfmantel *m*, wie links oben gezeigt ist. Die Ware kann wieder mit dem Trommelumfange laufen oder zwischen demselben ein Gleiten stattfinden. Bei diesem Fall werden an Stelle der vollen Trommel auch im Kreis angeordnete Spritz- oder Siebrohre *r* angewendet, bei denen die Austrittslöcher dem Warengange entrückt sind.

Zu bemerken ist noch, daß zur vollen Trommelbedeckung durch die Ware diese entsprechend durch Leitwalzen *l* geführt wird.

6. Schüttel- und Schlag-Walzen.

Da zum Sättigen des Textilgutes eine Bewegung desselben in der Flüssigkeit nötig ist, so wirkt auch ein Schütteln, hervorgebracht durch Schlagen, fördernd. Die im Lauf befindliche Ware wird, wie das Bild *a* in Fig. 19 zeigt, zur wechselnden Richtungsänderung gebracht durch Leiten über vieleckige oder haspelartige Walzen, so daß sich bei deren Drehung die umspannende Form ständig ändert. Die Walze besteht daher aus gitterartig an die Seitenscheiben *e* gesetzten und diese verbindenden Stäben *s*, und die punktierten Linien zeigen deren Stellungsänderung zur Warenumspannung. Es ist ersichtlich, daß die fortwährend stattfindende Anspannung und Lockerung des Warenganges sich auf das Waren-

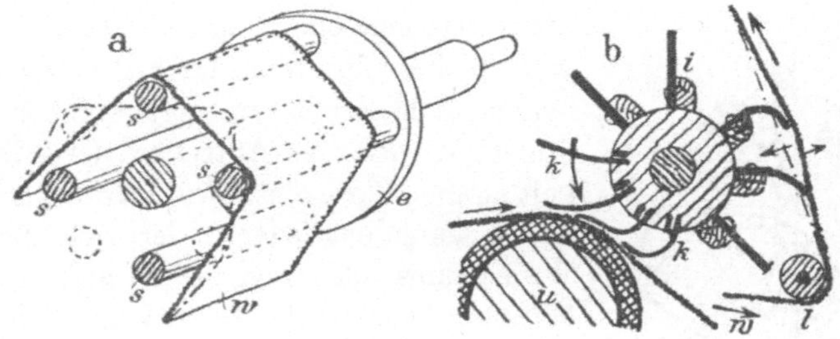

Fig. 19. Schüttel- und Schlagwalzen (Warenerschütterungswalzen).

gefüge für einen besseren Eintritt der Flüssigkeit in dasselbe äußern muß, dieses also erschüttert.

Diese Erschütterung der Ware wird auch nach dem Bilde *b* durch Schlagen mit nachgibigen Leisten *i* aus Leder und Gummi, die an einer Walze befestigt sind, erreicht, wobei diese gewöhnlich in der Richtung des Warenlaufes arbeiten. Der Angriff der Schlagleisten wird durch eine Verstellung der Warenleitwalzen *l* geregelt.

Das Schlagen der Ware, wenn sie anhaftende Flüssigkeit mitführt und gegen das Antreffen der Schlagleisten eine etwaigen harten Stoß derselben aufnehmende Unterlage vorhanden ist, bewirkt auch die Sättigungsförderung durch ein klatschendes Eintreiben der Flüssigkeit. Diesen Vorgang macht auch das Bild *b* von Fig. 19 mit deutlich. Die über die mit nachgibigem Überzug versehene Walze *u* geleitete Ware unterliegt darauf dem Auftreffen der besonders weich und deshalb leicht beweglichen

Leisten *k* der mit voreilender Geschwindigkeit umlaufenden Schlagwalze, dem sogen. Batschen. Das Schlagen der Ware wird auch im freien Lauf durch die Flüssigkeit angewendet. Auch bei der Gitterschlagwalze des Bildes *a* ist nicht immer der umschließende Warenlauf nötig, die Schlagleisten können die Ware durch Antreffen nur leicht schütteln.

Bei diesen mechanischen Schütteleinrichtungen für laufendes Gewebe erleidet dasselbe selbst einen reibenden Angriff. Um nun die Ware zu schonen, wird die aufzusaugende Flüssigkeit selbst zu der Gewebeerschütterung benutzt, indem die Flüssigkeit als spritzender Strom an das laufende Gewebe trifft. Bezügliche Einrichtungen mit Spritzrohrwalzen macht Fig. 20 deutlich. Links sind die umlaufenden Spritzrohre *r* mit Leitmulden *m* für die ausströmende Flüssigkeit versehen, rechts werden diese Rohre *r* durch das feste umlaufene Achsenrohr nur vorübergehend geöffnet, so daß das Antreffen der Flüssigkeit an die Ware *w* stoßweise verfolgt. Die Rohre laufen entweder in der Richtung des Warenlaufes oder gegen diese um, und die Wirkung kann wieder durch Verstellung der Leitwalzen *l* geregelt werden. Diese Spritzwalzen können im freien Warenlauf oder im Flüssigkeitsbade selbst arbeiten. Hier ist auch eine Verwendung von Preßluft oder Preßgas zur Erschütterung und zur Durchwühlung des Behandlungsbades möglich.

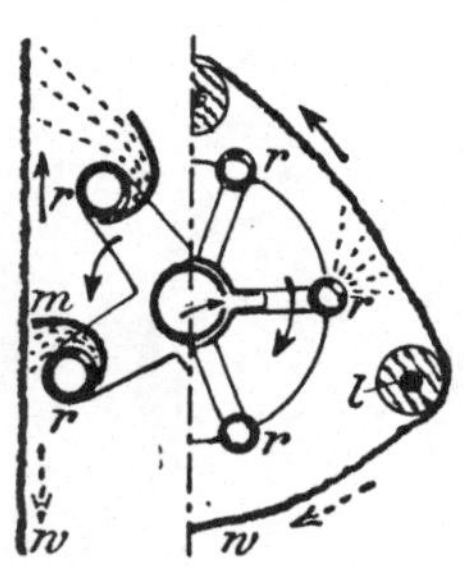

Fig. 20. Spritzwalzen zur Gewebeerschütterung.

7. Rauh- und Bürst-Walzen.

Die letztbesprochenen Walzen zeigen schon, wie die allgemein betrachteten glatten Walzen durch umlaufende Werkzeuge ersetzt sind. Ebenso kann der Walzenumfang für die Bearbeitung der darum geführten Ware eingerichtet werden. Der runde Walzenumfang wird dazu mit Angriffstücken besetzt und zunächst mit Kratzenbeschlägen, wie sie die Krempelwalzen der Spinnerei besitzen, und mit Bürsten oder Bürstleisten. Erstere dienen beim Rauhen, letztere beim Bürsten der Ware und man hat daher Rauh- und Bürstenwalzen.

Das Bild *a* der Fig. 21 zeigt eine Kratzenwalze *k*, die an der über eine feste Leiste, also in Abbiegung hinweggeführten Gewebebahn arbeitet und dazu dient, einesteils diese durch Hinwegnehmen von Fremdkörpern zu putzen, anderenteils die durch irgendwelche Behandlung niedergedrückte oder verwirrte, etwa durch Fadenschleifen-Aufschneiden hergestellte Haardecke wieder zu heben und auszurichten. Man spricht hier vom „Plüsch-“ oder „Velourheben“.

Das Herausziehen von Fasern aus den Warenfäden verlangt, damit keine Warenbeschädigung durch Zerreißen stattfindet, einen sanften Angriff, also kein hartes Gegenhalten des Gewebes, sondern ein nachgiebiges Darbieten. Dazu läßt man die kleinen Kratzenwalzen zupfend auf den sie umführenden Gewebe abrollen, was das Bild *b* veranschaulicht, und findet dieses Rollen mit verschiedener

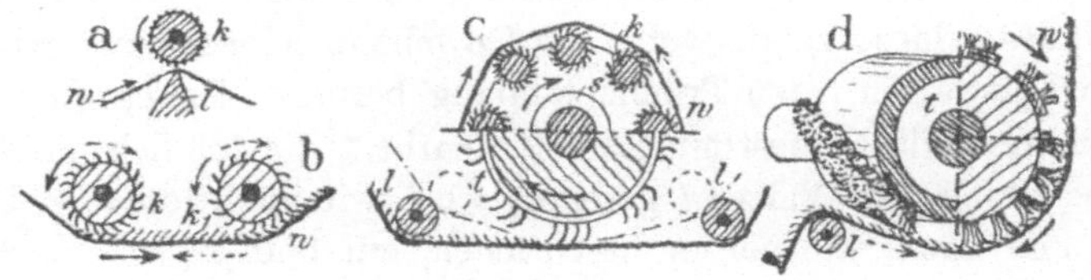

Fig. 21. Rauh- und Bürstwalzenanordnungen und Ausführungen.

Geschwindigkeit der Walzen und des Gewebes, mit Vor- oder Nacheilung statt. Dabei gibt die verschiedene Richtung der Drahthäkchen des Kratzenbeschlages eine veränderte Wirkung und diese ist deshalb sehr vielseitig zn treffen.

Wird, wie im Bilde *b* links dargestellt ist, die Abrollung der Walze *k* am Gewebe *w* in gleicher oder besser voreilender Geschwindigkeit eingestellt, so wird die Haardecke gehoben und bei entsprechendem Verlauf der Kratzenfläche in der Haardecke ein Geradelegen der gezupften Fasern bewirkt, d. h. ein sogen. Strich erzeugt, man hat das Strichrauhen oder das Rauhen mit dem Strich. Wird die so erhaltene Haardecke, wie im Bilde *b* rechts gezeigt ist, der beim Abrollen etwas zurückbleibenden Kratzenfläche der Walze k_1 entgegengeführt, so werden die vorher in die Gewebelaufrichtung gelegten Fasern der Haardecke umgelegt, und man hat das Rauhen gegen den Strich. Man unterscheidet daher in bezug auf die Kratzenstellung Strich- und

Gegenstrichwalzen. Diese beiden Rauharbeiten können durch eine andere Zusammenwirkung der Bewegungsrichtung, wie die punktierten Pfeile zeigen, geändert werden, natürlich unter Benutzung von Geschwindigkeitsunterschieden.

Für die Regelung dieser Rauharbeit sitzen die Kratzenwalzen im Kreise an mit gemeinsamer Achse umlaufenden Scheiben *s*, was der obere Teil des Bildes *c* zeigt, und es wird nicht nur die gebildete Rauhwalzen-Trommel im Umlauf in dem umschlingenden Gewebe *w* zur Abrollung der Walzen *k* gesetzt, sondern die Walzen erhalten dabei noch einen eigenen Umlauf um ihre Achse. Hier begründet die Zahl der in der Trommel vorhandenen Walzen die Wirkung, d. h. man vervielfacht die schonende Wirkung der Einzelwalze, um eine kräftige Wirkung zu erzielen.

Das Rauhen wird nun auch durch einen unmittelbar auf der Trommel *t* befestigten Häkchenbelag herbeiführt, wie der untere Teil des Bildes *c* zeigt, wobei das Gewebe in seinem Lauf zwischen den Leitwalzen *l* den Trommelumfang berührt. Die Größe dieser Berührungsfläche bestimmt die Rauharbeit, die folglich durch die Einstellung der Walzen *l* geregelt wird, wie punktiert angedeutet ist, und kann, wie vorher beschrieben, mit und gegen den Strich gerauht werden.

Ähnlich wirken die Bürstwalzen nach dem Bilde *d* in Fig. 21, wo also die mit Borsten besetzte Walze *z* mit und gegen den Warengang umlaufen kann. Die Walze wird dabei, wie rechts unten dargestellt ist, voll, oder, nach dem oberen Teil des Bildes, in Leisten mit Borstenbüscheln besetzt, und geben letztere einen absetzend schärferen Verstreichangriff, wobei die Borstenleiste nach der linken Seite des Bildes *d* auch einen Schraubengang aufweisen kann, welcher allerdings mehr auf ein Seitlichverschieben der Ware wirkt, so daß die Walzen paarweise mit entgegengesetzter Borstenwindung zu arbeiten haben. Die Ware *w* kann, weil es sich hier um nachgibige Angriffsteile handelt, die Bürstwalze voller umschließen, oder letztere auch nur, wie beim Rauhen, anstrichweise durch Leitwalzen *l* arbeiten.

Bürstenwalzen werden dann auch zu anderen Arbeitszwecken, zum Flüssigkeitszerstäuben, zur Eintreibung von Behandlungsmitteln usw. benutzt.

8. Reibe-, Scheuer- und Abschneidewalzen.

Einer reibenden Wirkung auf ihre Fläche haben Gewebe nicht nur zum Entfalten, d. h. zum Verwischen der bei der Strangbehandlung entstehenden Quetschfalten, sondern auch zum Glätten und Weichmachen, sowie zum Eintreiben von Steifungs- und Färbemitteln zu unterliegen. Die hierzu benutzten Walzen sind nach Fig. 22 mit Reibnasen besetzt, und die Walze wird, wie links gezeigt ist, von der Ware zwischen Leitwalzen umspannt. Dies findet beim Verreiben gegen die Laufrichtung oder in derselben statt, und eine seitliche Wirkung, um Längsstreifen zu vermeiden, wird durch die wechselnde Schrägstellung der Reibnasen erzielt. Es kann aber auch die Reibwalze quer über das an den Rändern gehaltene Gewebe bei gleichzeitigem Umlauf hin- und hergehen, welche Arbeit auch bei den Rauh- und Bürstenwalzen stattfindet. Einer solchen Querarbeit ist öfter zu begegnen.

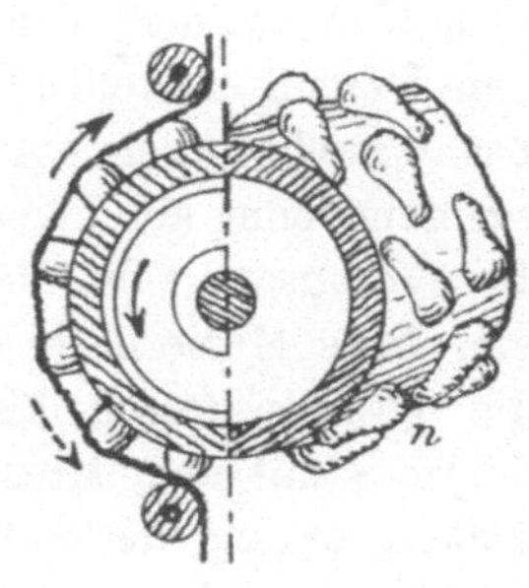

Fig. 22. Reibungswalzen mit Knöpfen und Nasen.

Eine Reibewirkung auf das Gewebe findet in dessen Laufrichtung bei Umspannung einer mit runden Leisten besetzten Walze

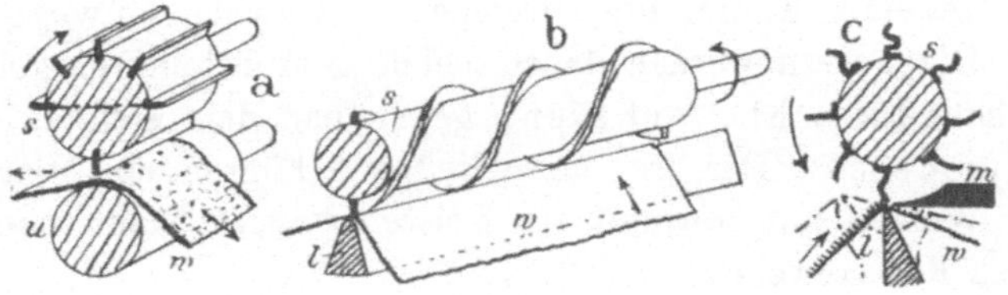

Fig. 23. Scharfleistenwalzen zum Putzen, Scheuern und Abschneiden.

statt. Wenn diese Leisten scharfkantig sind, so kratzen und scheuern sie die Gewebefläche und werden folglich zum Putzen und Glätten benutzt. Den ersteren Fall zeigt Fig. 23 im Bilde *a*, wo die vorstehenden scharfen Leisten der Walze *s* in einem der Warendicke entsprechend genau eingestellten Abstande von der Leitwalze *u* über die dazwischen hindurchgehende Gewebefläche streichen, entweder in Gleich- oder Gegenrichtung, und dabei vorstehende Teilchen, Knoten, Schalenreste usf. abnehmen. Die als Messer zu bezeichnenden Leisten stehen dazu in weiterer Entfernung am Walzenumfang, bei engerer Stellung, wie im oberen Walzenteil gezeigt ist, erfolgt das mehr glättende Scheuern.

Die geraden Messer stehen im Bilde *a* in der Achsenrichtung der Walze, sie treffen also die Gewebefläche auf einmal in der ganzen Breite. Das übt einen harten abschlagenden Angriff aus, der für das laufende Gewebe schädlich sein kann. Deshalb werden die Messer nach dem Bilde *b* in Schraubenwindungen auf dem Umfang der Walze *s* angeordnet, und der dabei, d. h. mit dem Umlauf entstehende seitliche Angriff wirkt, namentlich, wenn das Gewebe über eine feste Leitschiene *l* geführt wird, mehr scherend oder abschiebend, also schonender. Wenn dabei an die Berührungsstelle der Messerleisten mit der Ware über der Schiene *l* eine feste Messerleiste *m* tritt, wie das Bild *c* zeigt, so bilden die an der festen Messerkante entlang laufenden Messer der Walze *s* mit dem Messer *m* eine Schere, und man hat hier den Arbeitsvorgang des Scherens oder Gleichschneidens der Gewebehaardecke. Hierzu werden die Schraubenlinienmesser durch verschiedenartige Biegung oder Knickung, wie das Bild *c* darstellt, etwas federnd gemacht, und die Schneidstelle befindet sich über der Kante der Gewebeführungsleiste *l*, wo der Gewebelauf eine Abbiegung macht und die Fasern nach oben abstreben, um sich dem Schnitt darzubieten, oder, wie punktiert angedeutet ist, in der Mitte einer Rinne, über welche das Gewebe hinweggeführt wird. Die Fasern werden dabei schlaff dem Schnitt dargeboten, man hat das Schlaffscheren, gegenüber dem ersteren, dem Straffscheren. Das frei umschließende Führen der Ware um solche Walzen mit gewundenen Leisten bewirkt dann noch ein Brechen des Gewebes.

9. Waren-Breithalter.

Der seitlich gleitende Angriff der gewundenen Leisten im Bilde *b* der Fig. 23 ist Veranlassung, denselben zu einem seitlichen Zug auf die Ware auszunutzen. Wenn nach dem rechtseitigen Bilde in Fig. 24 die Ware *w* über die mit gewundenen Leisten versehene feststehende Walze *b* weg gezogen wird, so äußert sich der an den Leistenkanten entstehende seitliche Angriff auf die Ware, und, wenn die Leisten auf der Walze, wie das linke Bild zeigt, von der Mitte aus nach entgegengesetzter Richtung gewunden werden, so erfolgt ein Breitstreichen oder Breitziehen der Ware. Dasselbe wird nicht nur zum Entfalten oder Querausziehen der Falten benutzt, sondern auch zur Verhinderung des Einziehens von Falten in dem Gewebelauf, also zum Breithalten, und von solchen Einrichtungen muß in fast allen Gewebebehandlungsmaschinen bei glattem oder ausgebreitetem Gewebelauf Gebrauch gemacht werden. Diese Breithaltevorrichtungen oder Breithalter bilden daher ein wichtiges Hilfsmittel der Ausrüstungsmaschinen.

Die feststehenden gewundenen Leisten haben eine scheuernde, die Gewebefläche mitunter verletzende Wirkung. Um diese zu mildern, wird eben eine Walze *b* benutzt, die von dem Gewebe mitgeschleppt wird, aber nur so weit, als es ein schonender

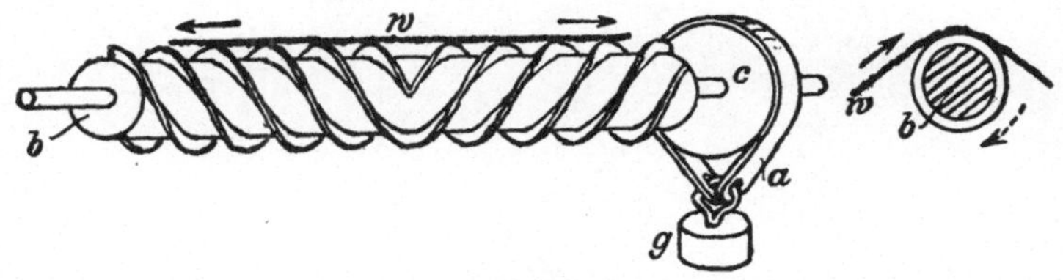

Fig. 24. Walze mit Windungsleisten und Bremse zum Breitstreichen.

Angriff erlaubt, so daß das seitliche oder Breitziehen doch bestehen bleibt. Hierzu wird die Walze *b* mit einer Bremse versehen, indem z. B. über die auf deren Achse befestigte Scheibe *c* das durch ein Gewicht *g* belastete oder zur Reibung gespannte Band *a* gelegt. Nur, wenn von dem Gewebeangriff die Bremsbandreibung überwunden wird, fängt die Walze *b* an mitzulaufen.

Die Leistenwindungen ergeben eine schräge Stellung für den geraden Gewebelauf und diese Wirkung schräger Kanten für das Breitziehen des Gewebes bei deren Mitnahme durch das letztere läßt sich nach Fig. 25 in verschiedener Weise erzielen. So werden nach dem Bilde *a* mit der Seitenansicht *b* auf einer Leiste Halter mit lose laufenden Scheiben *s* mit rauhen Rändern befestigt, die entweder, wie links dargestellt, mit gleicher, oder rechts nach der Seite zunehmender Schräge stehen und das darüber geführte an der höchsten Stelle ablaufende Gewebe seitlich ausziehen. Ähnlich werden auf zueinander in der Gewebelaufrichtung im Winkel stehende Achsen *m* nach dem Bilde *c* auf versetzten Büchsen *o* lose laufende Scheiben *s* mit rauher Umfangsfläche gesteckt, über welche das Gewebe hinwegläuft. Die Schrägstellung, also die Breithalterwirkung, kann dabei ganz verschieden geregelt werden, und man läßt auch die ausgebrochenen Ränder der Scheiben *s* ineinandergreifen, so daß die vom umspannenden Gewebe mitgenommenen Scheiben sich untereinander mitnehmen, also in ihrem Umlauf sich unterstützen, um das Gewebe zu schonen.

Nach dem Bilde *d* werden mit gerader rauher oder mit sägezahnartiger Umfangsfläche ausgeführte, lose laufende und schräg stehende Leitkegel *k* bezw. k_1 benutzt, wobei die Laufachsen durch die Bogenhalt-Schlitzstücke *o* und das mittlere Halte-Schlitzstück *i* verschieden schräg eingestellt werden können. Ähnlich werden

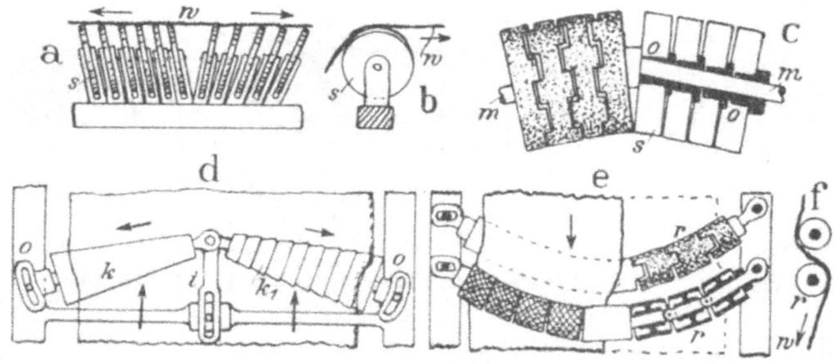

Fig. 25. Breithalter mit schrägen Scheiben und Walzen für Gewebemitnahme.

nach dem Bilde *e* mit dem Querschnitt *f* auf gebogene oder gelenkige Achsen rauhe, sich gegenseitig, wie beim Bilde *c*, mitnehmende Rollen *r* gesteckt, und wird über diese kleineren Rollenführungen das Gewebe *w* im Schlangenweg hinweg geleitet. Auch hier läßt sich die Breitziehwirkung durch Einstellung regeln.

Bei den beschriebenen Einrichtungen muß das Gewebe durch seinen Lauf mitarbeitend auftreten, und der Seitenauszug erfolgt etwas schräg, was aber gewöhnlich genügt. In besonderen Fällen läßt sich bei äußerlich angetriebener, von der Ware umschlossener Breithalterwalze dieser Zug senkrecht zum Gewebelauf einrichten, was Fig. 26 mit linksseitigem Längsschnitt und rechtsseitiger Ansicht einer solchen Walze veranschaulicht. Bei derselben sind in Führungsscheiben *c* der Achse *a* die Schienen *h* verschiebbar, deren Enden hakenförmig die festen schrägstehenden

Wulstscheiben *e* umgreifen, so daß, wenn beim Antriebe der Achse *a* diese Haken die Scheiben umkreisen, die Schienen in der Achsenrichtung hin und her geschoben werden. Die Schienen *h* tragen in der Walzenmitte, d. h. der Laufmitte, ineinander greifende

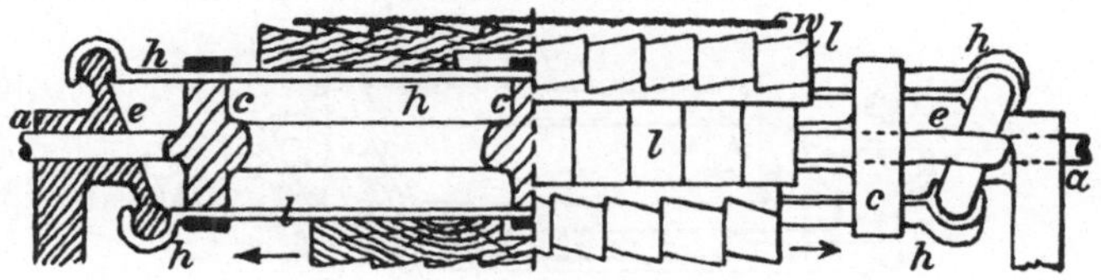

Fig. 26. Breithalterwalze für geraden Zug, teilweise im Schnitt und in Ansicht.

sägezahnartig gekerbte Leisten *l*, die unter das aufliegende Gewebe *w* greifen und dasselbe auf dem einen Halbkreis ihres Umlaufes ausziehen.

B. Arbeits-Leisten und Stäbe.

Querleisten vermögen am Gewebelauf sowohl in Ruhelage als mit besonderer Bewegung bei Ausbildung ihrer Gleitfläche, wie sie bei den Walzen erfolgt, das Gewebe zu bearbeiten. So zeigt Fig. 27 eine von der Mitte nach beiden Seiten mit verschiedener Schräge sägezahnartig gekerbte Leiste, welche das darüber geführte

Fig. 27. Breithalterleiste in Ansicht und Schnitt.

Gewebe seitlich auszustreichen sucht, also als Breithalter dient. Wenn ähnlicherweise diese ruhende Leiste mit Kratzen, Bürsten oder Nasen besetzt wird, so wirkt sie auf das darüber hinweggleitende Gewebe wie die betreffenden Walzen. Hier übernimmt dann das Gewebe die Arbeitsbewegung.

Den durch ihren Arbeitsbesatz tätigen Leisten wird nun noch eine verschiedene Bewegung erteilt, wie Fig. 28 veranschaulicht, durch unrunde Scheiben *e* oder Daumen *d*, die in Augen an den Enden der Leisten umlaufen, wodurch eine hin- und hergehende und eine kreisende Bewegung derselben erzeugt wird. Hier vermag das Rauhen und Bürsten seitlich in der Warenfläche stattzufinden und die Haardecke zusammengewalkt und flockig gemacht werden. Die auch tischartig zu gestaltende Leiste kann auch eine Bewegung gegen und von der Ware erhalten, so daß z. B. das Rauhen absetzend zupfend ausgeführt wird. Die Möglichkeiten der Warenbearbeitung durch eigentümliche Bewegungen

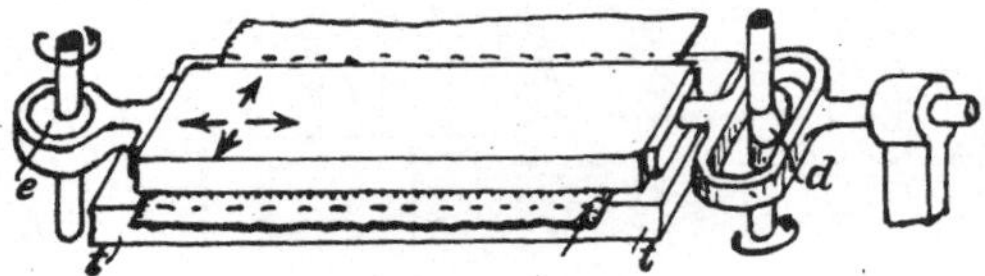

Fig. 28. Bewegte Arbeitsleiste.

der Arbeitsleisten sind deshalb weitreichend und ist hierzu auch das Schlagen der Ware durch klopfende Stäbe zu rechnen, um z. B. die gerauhte Haardecke zum Aufrichten zu bringen.

C. Arbeitsscheiben.

Eine gleiche Wirkung, wie die einer, in nach zwei sich kreuzenden Richtungen bewegten plattenartigen Arbeitsleiste gibt eine auf die Ware drückende umlaufende Scheibe, deren Andruckfläche wie vorher verschieden besetzt sein kann. Bei dieser in Fig. 29 veranschaulichten Einrichtung kann die Scheibe *s* auch wechselnd in

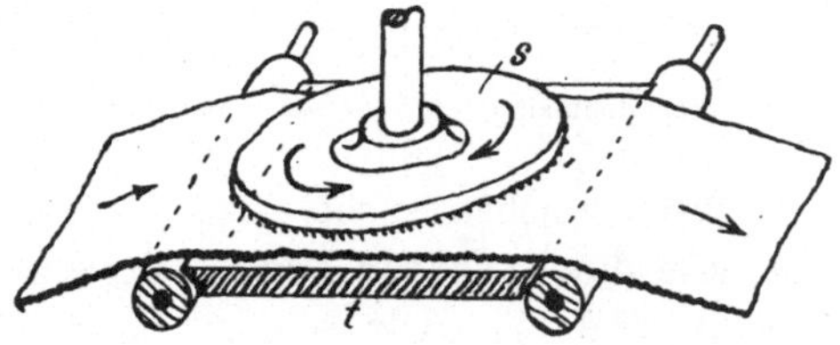

Fig. 29. Umlaufende Arbeitscheibe.

ihrer Drehrichtung umlaufen und beliebig dabei über die Ware hinweggeführt werden. Die Einrichtung wird zur Herstellung einer wirren gekräuselten Haardecke, zum Schleifen und Glätten von Geweben usw. benutzt. Diese Arbeitsscheiben können, wie auch die Arbeitsleisten, im freien, oder durch einen Gegendrucktisch *t* unterstützten Gewebelauf arbeiten.

D. Arbeitsbänder.

Ein bewegtes Arbeitsmittel auf die Ware im Behandlungsdurchgang bilden auch endlose mit Angriffstücken (Kratzen, Nasen usw.) besetzte Bänder, die, wie Fig. 30 zeigt, gewöhnlich quer über den Gewebelauf in der ganzen Breite oder von der Gewebe-Laufmitte aus nach beiden Seiten umlaufen. Solche Arbeitsbänder werden zum Quer-Rauhen und Bürsten, zum Breithalten und Querscheuern, also zum Putzen und Glätten usw. benutzt. Diese Arbeitsbänder können auch mit Warendurchgang zwischen sich zusammen arbeiten.

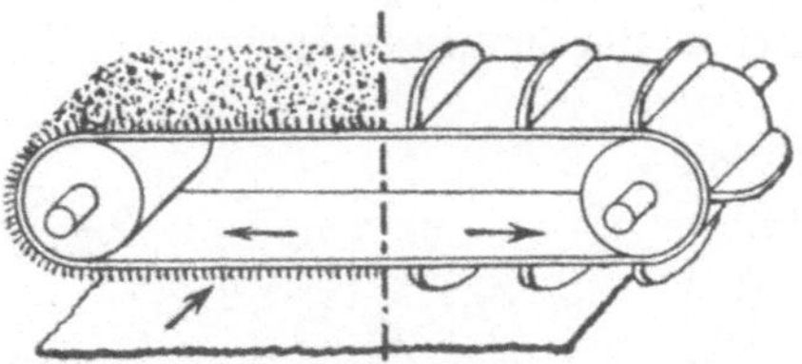

Fig. 30. Rauh-, Bürst- und Scheuerband.

E. Breitstrecker und Greifer dazu.

Beim Breithalten findet nur ein ausgleichender, mehr gleitender Angriff auf das laufende Gewebe statt und kein straffer durch Fassen der Geweberänder und deren seitliches Abbewegen erzeugter Zug. Ein solcher ist aber notwendig, wenn das, z. B. durch die Naßbehandlung in der Breite zusammengefahrene oder eingegangene Gewebe wieder auf eine gewünschte Breite gebracht, also in der Breite gereckt oder gestreckt werden soll. Das einfachste Mittel zur Ausführung dieser Arbeit besteht nach Fig. 31 im Bilde *a* aus zwei in der Gewebelaufrichtung schräg d. h. auseinanderstrebend gestellten Scheiben *s*, über welche auf der auseinander gehenden Seite, je nach der Umlaufrichtung, also oben oder unten, die Geweberänder mitlaufen, die dazu auf den Scheiben festzuhalten sind. Dies erfolgt durch endlose über Rollen *r* laufende Bänder *n* bezw. *m*, wodurch dann die Gewebebreite *w* straff gezogen und auf die Breite w_1 gebracht wird.

Die Festhaltung durch Mitlaufbänder kann verschiedentlich erfolgen: durch rauhe Riemen oder Gummistreifen, welche die Geweberänder auf die ebenfalls rauhen Scheiben *s* pressen, durch Seile *i*, die, wie im Bilde *b* gezeigt ist, sich in eine Spur am

Scheibenumfang einlegen und die Geweberänder in diese drücken, und, um das Fangen der Gewebekanten noch sicherer zu machen, durch einen auf den Scheiben sitzenden Nadelkranz, auf den sich das Gewebe legt und einsticht, so daß die spitzen Nadeln in dessen Ränder eingreifen. Wie das Bild *i* zeigt, wird dabei das Festhalten an den Nadeln *i* durch ein sich auf die Scheiben legendes Mitlaufband gesichert. Die Bilder *b* und *i* zeigen auch, wie die, je nach der gewünschten Breitstreckung schräg stehenden Scheiben *s* durch Zahnkränze oder Lochkränze mit Triebstöcken (vergl. Fig. 33) in Umlauf gesetzt werden.

Durch die sog. Aufnadelung der Geweberänder werden dieselben durchstochen und damit geschädigt, und die Randklemmung

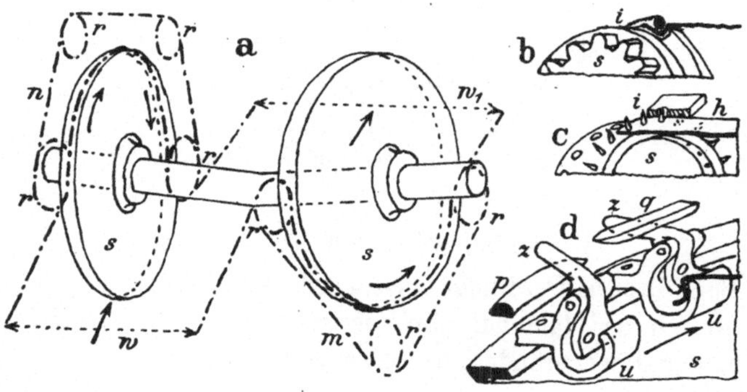

Fig. 31. Breitstrecken mit Schrägscheiben.

zum Festhalten gibt bei größerer Gewebespannung leicht nach. Deshalb wird eine Klemmung eingeführt, die, von dieser Spannung beeinflußt, mit Zunahme derselben größer wird. Dies sind die sog. Spannkluppen oder einfach „Kluppen", deren einfachste Einrichtung das Bild *d* darstellt, und die als Zangen sich zeigen, aus einem festen hohl gebogenen Teil *u* und einem in diesen gelenkig eingelassenen beweglichen Teil *o*, welcher einen ausragenden Arm *z* besitzt, bestehend. Das Unterteil der Kluppe wird an der Schrägscheibe *s* befestigt, wie auch an den Mitlaufbändern oder Ketten *m*, und beim Umlaufen derselben gleitet der Arm *z* der Kluppen ober- und unterhalb fester Ringteile *p* und *q*, wodurch, wie aus den beiden Darstellungen der Kluppe hervorgeht, dieselbe geöffnet und geschlossen wird. In der Offenstellung wird der Geweberand in das gebildete Zangenmaul eingelegt und der Rand dann durch Schließen der Zange geklemmt. Ein Anziehen des Gewebes wirkt durch die Mitnahme der Zunge *o* auf eine Verstärkung des Klemmens, also des Festhaltens. Beim Umlauf der Schrägscheiben werden selbsttätig vorn die Kluppen geöffnet oder die Zungen in der Offenstellung festgehalten, dann geschlossen, und hinten wird das breit gestreckte Gewebe durch Niederdrücken der Zungen wieder frei gegeben.

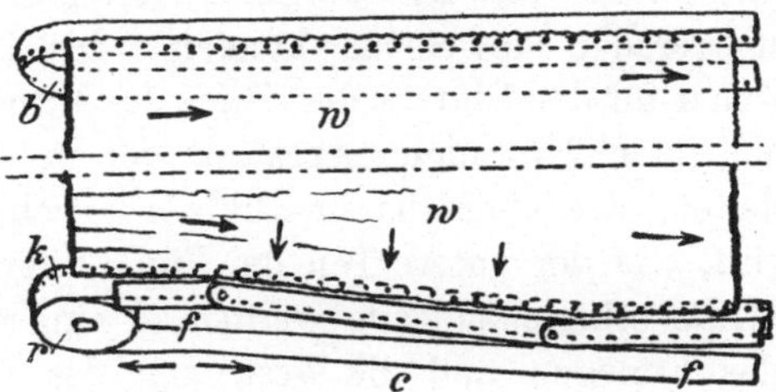

Fig. 32. Band- und Kettenführung zum Tragen und Breitstrecken von Geweben.

Diese Freigabe läßt die Krumpfung im Gewebe wieder zur Wirkung kommen, was namentlich im feuchten Zustande und bei Wollware der Fall ist, und deshalb muß zur Erhaltung der Breitstreckung das gestreckte Gewebe so weiter geführt werden. Es ist aber auch sonst beim Färben usw. eine Führung des Gewebes in freiem allseitig, d. h. oben und unten, zugänglichem Lauf notwendig, und deshalb können die Schrägscheiben nur zum Vorstrecken und nicht zum Weitertragen des gespannten Gewebes benutzt werden.

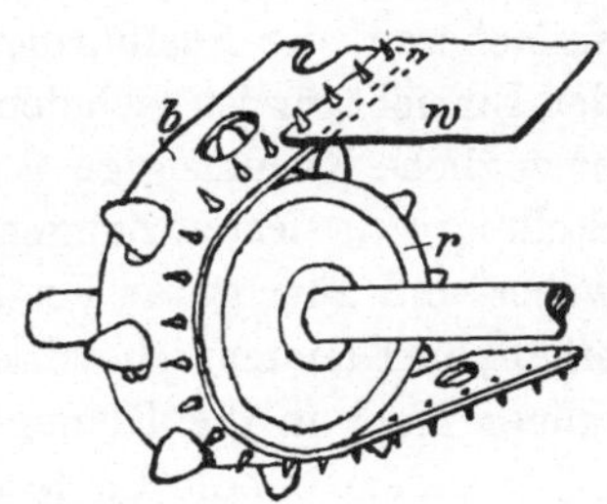

Fig. 33. Nadelband zum freien Gewebetragen.

Hierzu müssen endlos laufende Tragmittel dienen, also Bänder und Ketten. Bei denselben vermitteln das Halten der Geweberänder Nadelreihen oder Nadelleisten und Kluppen. Zum einfachen, im geraden Lauf erfolgenden Tragen des Gewebes, wie es im oberen Teile der Fig. 32 dargestellt ist, sind Nadelbänder, wie sie Fig. 33 zeigt, anwendbar. Die zu ihrem Trieb gelochten und von Stifträdern *r* mitgenommenen Bänder *b* können für mehrfache Hin- und Herführung des Gewebes im Behandlungsraum dienen, sind aber trotz dieses möglichen Schlangenweges zur Veränderung ihres Laufes in der Breite des Gewebes, also zum Breitziehen oder Spannen schwer zu benutzen. Hierzu wird deshalb eine auch seitliche Ablenkung zulassende Gelenkkette benutzt, deren Glieder zum Fassen des Geweberandes Nadelreihen oder Kluppen erhalten, wie dies Fig. 34 im Bilde *a* zeigt. Diese spannenden Kluppen- und Nadelketten sind Gelenkketten, deren Glieder an den Verbindungsstellen auch seitlich aus der Längsgeraden abweichen können. Die Glieder haben viereckige Löcher für den Eintritt der Zähne des Mitnehmer-Rades *r* (s. Bild *d*) und einen T-förmigen Ansatz *n*, der in einer teilbaren Führung *f* gleitet, wie ebenfalls im Bilde *d* ersichtlich ist. Die Führung *f* wird, wie der untere Teil der Fig. 32 zeigt, mehrteilig gemacht, und die erhaltenen Teile werden so eingestellt, daß die zuerst für das Einlegen und die Festigung des Haltens etwas gerade fortlaufende Kette *k* dann schräg nach außen geht, um das Gewebe breit zu strecken oder zu spannen, und dann zur Weiterführung in gestrecktem Zustande weiter gerade verläuft.

Die Gewebespann-Kluppen werden verschiedenartig zur Ausführung gebracht und eine diese wesentlicheren Gestaltungsrichtungen zeigende Zusammenstellung gibt Fig. 34. Bei der einfacheren, der Ausführung im Bilde *d* der Fig. 31 nahe kommenden Einrichtung ist nach dem Bilde *a* an dem Zangenkörper *k* die frei bewegliche Klemmzunge *o* angehängt, die bei nahezu senkrechter Stellung zum festen Zangen-Unterteil *u*, das zur Schonung des Gewebes und zum guten Festhalten eine etwas nachgiebige Auflage erhält, die Klemmung bewirkt. Die Gewebespannung sucht die Zunge immer mehr in die Klemmstellung zu ziehen. Die Zunge *o* fällt bei geradem oberen Laufe durch ihr Eigengewicht selbsttätig zum Zangenschluß ein und wird durch eine antreffende feste Gleitbahn unmittelbar zur Freigabe des Gewebes geöffnet d. h. zurückgedrückt.

Ungewollte Erschütterungen und Rüttelungen am Kettenlauf, was beim Wenden der Kette und im Unterlauf vorkommen kann, haben es ratsam scheinen lassen, bei den Kluppen eine Sicherung des Zangenschlusses herbeizuführen. Derselbe erfolgt einesteils durch Federwirkung, anderenteils durch Verriegelung. Die erstere Einrichtung findet sich im Bilde *d*, wo an einem Arme der Zunge *o* die an der Kluppe *k* eingehängte Windungsfeder *f* angreift, welche die Zunge dauernd zur Klemmung, also zum Zangenschluß zu bringen sucht. Allerdings bedarf die Zunge dann zu ihrer Öffnung eines stärkeren, die Federwirkung überwindenden Druckes, wozu die Zunge wieder einen Gegenarm *z* erhält, der mit einer Gleitrolle für die Öffnungsbahn versehen ist, um hier das Entlangschieben zu erleichtern. Die Zungen haben neben ihrer Klemmnase eine Fortsetzung, einesteils als Gleitarm zu ihrer Öffnung, anderenteils zum Aufhalten des sich

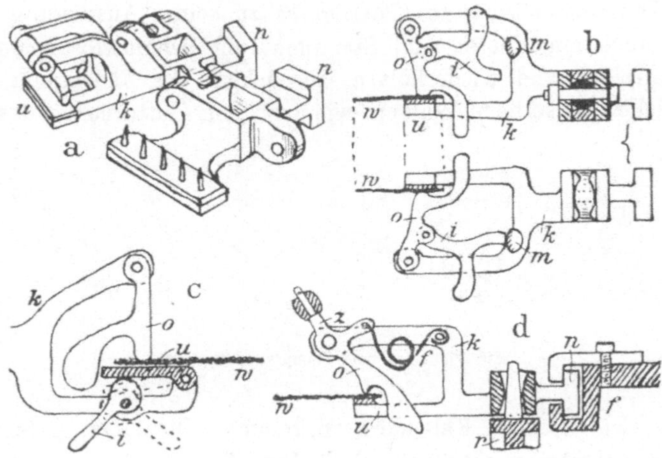

Fig. 34. Spannketten mit Kluppe und Nadelleiste und Ausführungsarten der Kluppen.

einlegenden Geweberandes *w*, welcher Arm der Zunge auch ein einseitiges Gewicht zum Selbstschluß gibt, was die Bilder *b* und *c* ersehen lassen.

Die Schlußverriegelung läßt sich ebenfalls verschieden gestalten. In den Bildern *b* und *c* sind von diesen Ausführungen zwei Arten veranschaulicht. Bei der Einrichtung nach dem Bilde *b* ist an der Zunge *o* der Riegel *i* angeschlossen, der, wie die untere Darstellung zeigt, im Unterlauf der Kette durch sein Eigengewicht zwischen die Zunge und eine feste Nase *m* einfällt und folglich ein Zurückgehen der Zunge verhindert. Durch einen Gleitansatz wird dieser Riegel, der auch damit zur Verriegelung eingedrückt werden kann, zur Zangenöffnung zurückgedrückt.

Die Kluppe des Bildes *c* hat eine Zange mit beiderseits beweglichen Faßteilen. Gegen die senkrechte sich selbsttätig einstellende Zunge *o* wird die an dem Kettengliede *k* bewegliche, das Unterteil bildende Klappe *u* durch einen in der Schlußstellung durch die angefeilte Form selbsttätig verharrenden Drehriegel *i* gepreßt erhalten. Die unrunde Scheibe dieses Riegels wird wieder durch einen Gleitarm für das Öffnen und Schließen der Kluppe verdreht.

F. Kneter und Stampfer.

Die Bearbeitung des Textilgutes zu seiner Ausrüstung umfaßt auch ein Kneten und Stampfen, um Schmutzlösungsmittel einzutreiben und wiederholt auszudrücken, das Fädengefüge zu verdichten, also beim Walken, wie auch zum Plattdrücken des Ge-

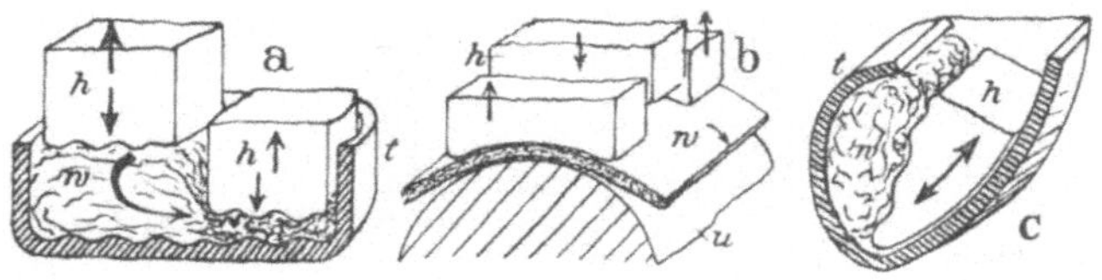

Fig. 35. Knet- und Stampfvorrichtungen.

füges, wie es beim Kalandern vorkommt. Die hierzu gebräuchlichen Arbeitsvorrichtungen zeigt Fig. 35, bei denen auf- und niedergehende Hämmer oder Stempel tätig sind. Bei der Vorrichtung des Bildes *a* arbeiten diese Stempel *h* in einem Troge *t* in welchem sich die Ware *w* befindet, aus welcher auf einer Seite z. B. die Flüssigkeit ausgedrückt wird, die sich auf der andern Seite aufsaugen kann. Damit die Ware im Trog eine allseitige Bearbeitung erfährt, wird der Trog *t* in Drehung versetzt. Der Boden des Troges und die Druckfläche der Stempel werden gewellt oder dergleichen gestaltet, so daß eine geteilte und durch die Warenbewegung wechselnde Quetschung stattfindet.

Das Stampfen glatt laufender Ware, also im ununterbrochenen Arbeiten gegenüber der Stückbehandlung im Bilde *a*, zeigt das Bild *b*. Die Ware *w* wird dabei von einer Triebwalze *u* getragen, gegen welche die Stempel *h* treffen. Es ist dies das Arbeitsbild des Stampfkalanders.

Bei der Vorrichtung des Bildes *c* arbeiten einer oder, wie bisher, mehrere nebeneinander sich bewegende Hämmer auf der einen Seite des, entsprechend der Bogenbewegung der Hämmer gestalteten Troges *t*, in dem die Ware *w* dabei gegen die gegenüberliegende Trogwand gedrückt wird. Diese Wand ist so geformt, daß der vom Hammer etwas in die Höhe gedrückte Warenknäuel beim Zurück- oder Hochgehen des Hammers sich überstürzt und nicht nur zurückrutscht, so daß sich beim folgenden Hammerniedergang der Knäuel neu formt und derselbe in anderer Lage seiner Waren-Schleifen und Falten zusammengedrückt wird. Es ist dies der Arbeitsvorgang der Loch- Stampf- oder Hammerwalke.

G. Druck- und Preßplatten.

Beim flachen Drucken und Pressen wird die Ware zwischen zwei Platten hindurchgeführt, wenn ein Warendurchgang statt-

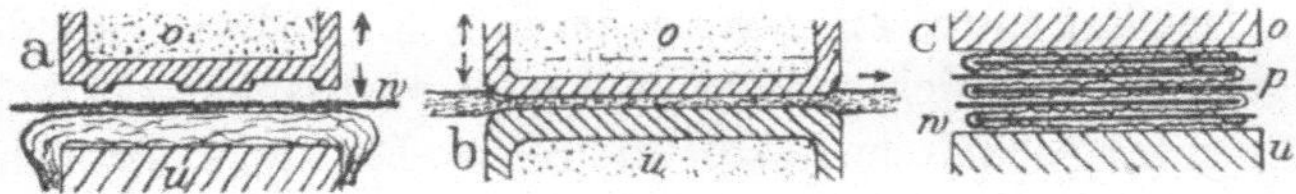

Fig. 36. Drucken und Pressen mit Platten.

finden kann, oder sie liegt bei der Stückbehandlung ruhend zwischen diesen. Von den Platten ist im ersteren Falle die eine, die obere *o*, welche nach dem Bilde *a* in Fig. 36 z. B. das Muster trägt, auf und ab beweglich und gegebenenfalls mit heizbarem Hohlraum, wie auch im Bilde *b*, versehen. Es kann aber auch die feste Unterplatte *u* heizbar und für den absetzenden Warendurchgang gegen diesen beweglich sein. Beim Drucken trägt die Unterplatte *u* (Bild *a*) das Unterlegkissen für die Ware.

Bei der Stückbehandlung wird bei Geweben dasselbe in Falten geschichtet, wie auch bei Warenstücken dieselben geschichtet werden. Um dabei die Warenschichten getrennt zu halten und jeder Schicht glatte Preßflächen zu geben, werden nach dem Bilde *c* zwischen dieselben Pappen oder Platten, die sogen. Preßspäne *p* eingelegt. Hier drückt gewöhnlich die Unterplatte *u* gegen die festgehaltene Oberplatte *o*.

5. Vorrichtungen zur Flüssigkeitsbewegung.

So wie die Bearbeitungswerkzeuge eine Bewegung gegen die zu behandelnde Ware ausführen und zur gleichen Wirkung eine Bewegung der letzteren gegen erstere und eine gegenseitige Bewegung beider stattfindet, müssen auch die als Bearbeitungsmittel anzusehenden Flüssigkeiten ebenso zu einer Bewegung gezwungen werden, damit dieselben die Ware ordentlich durchdringen und ihre Wirkung bestens äußern können. Es handelt sich also um eine Mitteilung der Flüssigkeit an die Ware, so daß diese erstere aufsaugen kann, dann aber, zur Beförderung dieses Vorganges, um ein zwangsweises Durchtreiben der Flüssigkeit in der Ware, sowohl zur ununterbrochenen, als auch zur Stückbehandlung.

a) Flüssigkeitsmitteilung.

Die dabei vorkommenden drei Arten sind schon in Fig. 15 bei Betrachtung des Warenquetschens mit angegeben und hat man:

1. Das Eintauchen, wo das im Flüssigkeitsbade befindliche Textilgut Zeit hat, sich vollzusaugen oder anzusaugen, so daß die nachfolgende mechanische Bearbeitung dieses Flüssigkeitsaufnehmen und Durchdringen fördert (vergl. Bild *a* Fig. 15). Bei Warengang, also laufender Behandlung, wird die Ware zum Eintauchen in dem Bade durchgeführt (vergl. Bild *c*), und bei der Stückbehandlung die Ware in dem Bade niedergedrückt.

2. Das Begießen und Bespritzen, wo der Warengang und auch die ruhende Ware von Siebrohren, Brausen u. dgl. übergossen oder beregnet wird (vergl. Bild *b*). Wenn die Flüssigkeit Zeit hat, die Ware durch ihr Eigengewicht zu durchdringen oder zu durchsickern, was bei Ruhelage der Fall ist, spricht man auch von einem Berieseln.

3. Das Netzen. Wird schon sprachgebräuchlich das Begießen als Benetzen, Netzen (von Nässen kommend) bezeichnet, so ist diese Arbeit als Mitteilung einer Flüssigkeitsschicht an die Ware anzusehen. Wie aus dem Bilde *e* der Fig. 15 zu entnehmen ist, taucht eine Walze in das Flüssigkeitsbad und die sich am Walzenumfang bei dessen Austritt aus der Flüssigkeitsoberfläche, dem Flüssigkeitsspiegel, anhaftende Flüssigkeitsschicht wird an die, die Walze berührende Ware abgegeben.

b) Flüssigkeitsdurchtrieb.

Zur zwangsweisen Durchdringung der Ware seitens der Flüssigkeit sind äußere Kräftewirkungen nötig, die einen durch die Ware geführten Flüssigkeitsstrom erzeugen. Hierzu dienen Pumpen, und deren Wirkungsweise auf das Textilgut veranschaulicht Fig. 37. Im Bilde *a* befindet sich über dem Warenlauf *w*, hier als zwischen Siebtüchern gehaltene Textilgutschicht gedacht, der unten offene Flüssigkeitsbehälter *l*, unter dem sich der Fangtrichter *g* befindet, aus dem durch die Kapselpumpe *p* die Luft abgesaugt wird, so daß der äußere Luftdruck auf den Flüssigkeitsdurchgang der Warenschicht hinwirkt. Bei der Stückbehandlung befindet sich nach dem Bilde *b* die Ware, gegebenenfalls oben durch eine Siebdecke geschützt, auf dem Siebboden eines

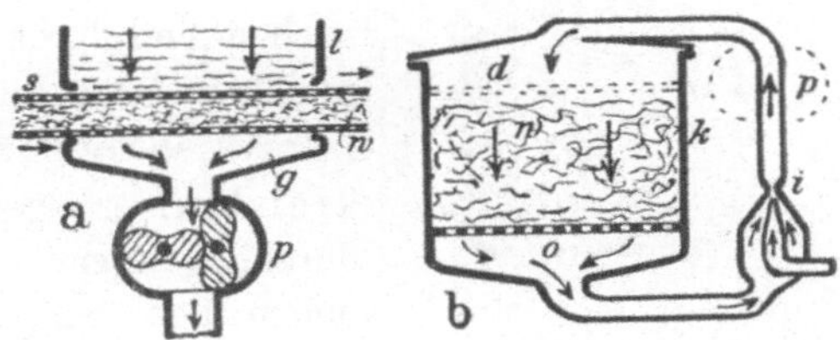

Fig. 37. Durchtreiben von Flüssigkeit durch bewegte und ruhende Warenschicht.

Kessels *k* und wird durch ein Pumpwerk der Raum *o* unter dem Siebboden entleert, so daß wieder die Flüssigkeit von außen nachgedrückt wird.

Da bei dem einmaligen Durchgang der Flüssigkeit ein Absetzen ihrer wirksamen Teile kaum genügend vollzogen wird, so ist eine wiederholte Gelegenheit dazu zu bieten und der Flüssigkeitsstrom nochmals durch die Ware zu leiten. Dies führt zur kreisenden Flüssigkeitsströmung, indem im Bilde *b* der Warenbehälter *k* oben geschlossen und die unten abgesaugte Flüssigkeit von dem Pumpwerk oben in den Behälter zurückgedrückt wird. An Stelle einer Kapsel- oder der gegebenenfalls andersartigen Pumpe (Kolben-, Membranpumpe usw.) *p* wird auch eine Strahlpumpe *i* benutzt, gewöhnlich ein Dampfstrahler, so daß die Flüssigkeit während ihres Kreislaufes warm erhalten und zum Kochen gebracht wird, was in manchen Fällen wünschenswert ist, wenn dabei auch durch die Niederschlagung des Dampfes zu

Wasser eine Verdünnung der, z. B. eine Farblösung darstellenden, Flüssigkeit stattfindet. Hierzu sind die Bemerkungen im später folgenden Abschnitt 10 zu vergleichen.

Für den Flüssigkeitsdurchtrieb wird auch die Fliehkraft ausgenutzt. Wenn man die Ware, was für jede Behandlungsform angängig ist, nach Fig. 38 in einer mit gelochter oder Siebwandung versehenen umlaufenden Trommel *t* unterbringt, so preßt sich dieselbe durch die Fliehkraftwirkung bei schnellem Trommelumlauf an die Wandung an und, wenn durch ein in den inneren freien Raum der Trommel, gegebenenfalls mit Verteilungsdüsen *d* versehenes Rohr *r* Flüssigkeit zugelassen wird, so nimmt dieselbe infolge der Fliehkraftwirkung ihren Weg nach außen durch die Warenschicht. Auch hier kann der Durchtrieb mit Flüssigkeitskreislauf erfolgen, wenn die durchgegangene Menge in einem den Schleuderkessel *t* umgebenden Gefäß aufgefangen und durch eine Pumpe nach dem Einführrohre *r* zurückgedrückt wird.

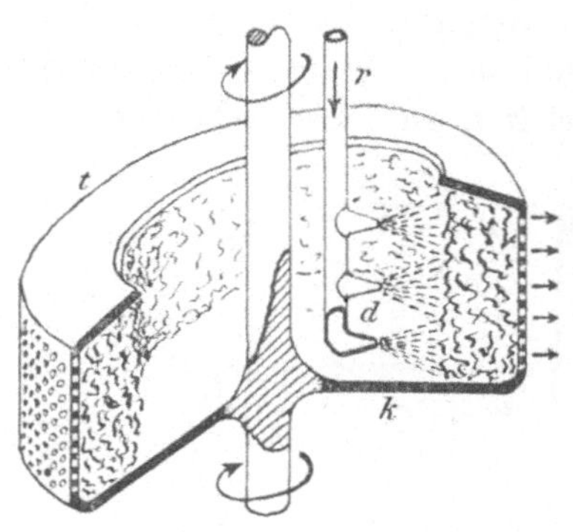

Fig. 38. Flüssigkeitsdurchtrieb im Schleuderkessel.

Es braucht nicht besonders hervorgehoben zu werden, daß diese Durchtriebmittel auch für Heißluft, Gase usw. angewendet werden, und sie werden ebenso zur Flüssigkeitsentziehung benutzt. Eine solche Entnässungsvorrichtung durch Absaugen zeigt Fig. 39. Die nasse Ware *w* läuft über einen Schlitzkasten *k*, aus dem im Rohre *l* durch eine Pumpe die Luft abgesaugt wird, so daß diesem Zuge auch das Wasser aus der Ware folgt. Dieses entzogene Wasser sammelt sich im Kasten *k* und wird aus diesem, z. B. durch einen, den ständigen Abschluß gegen dabei mögliches Lufteindringen sichernden gekerbten Umlaufhahn *h* im Rohre *r* abgelassen.

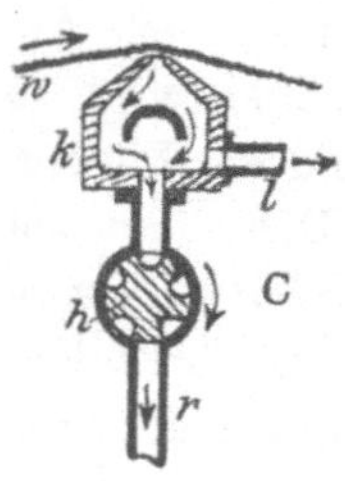

Fig. 39. Entnässen durch Absaugen.

Ebenso dient auch die Fliehkraft zur Flüssigkeitsentziehung und nicht nur durch Bettung der Ware in der Schleudertrommel, sondern auch bei bahnartiger flacher Ware durch Umlauf des daraus gebildeten Wickelkörpers, was natürlich auch beim Flüssigkeitsdurchtreiben bei Geweben und Webketten angewendet wird.

6. Gegenseitiges Flüssigkeits- und Waren-Durchschütteln.

Die gegenseitige Bewegung von Ware und Flüssigkeit läßt sich bei der ununterbrochenen Behandlung durch das Verlegen des Warenganges in die Flüssigkeitsströmung mit Gegenrichtung

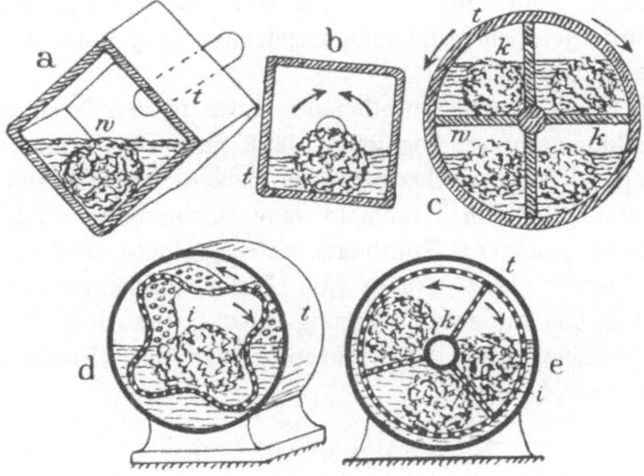

Fig. 40. Einfache und Doppeltrommeln zur Stückbehandlung.

leicht herstellen. Bei der Stückbehandlung tritt dafür das Schütteln der Ware in der Flüssigkeit bezw. mit dieser zusammen. Solche Schüttelvorrichtungen zeigt Fig. 40 und bilden dieselben umlaufende Trommeln, welche die Warenstücke mit der erforderlichen Menge Behandlungsflüssigkeit aufnehmen. Diese Trommeln haben eine Querschnittsform zu erhalten, damit bei ihrem Umlauf der Flüssigkeitskörper sich beständig in seiner Form ändert. Dadurch wird eine lebhafte Bewegung der Flüssigkeit in ihren Teilen gegeneinander oder in sich erzielt und die im Flüssigkeitsdurcheinander befindliche Ware formt sich in ihrem Knäuel selbst wieder dauernd um. Es wird also eine sehr kräftige Gegenwirkung erzielt. Die Einrichtung der Trommel ist zweifach verschiedener Art, indem nach den Bildern *a* und *b*, welch letzteres eine andere Trommelstellung beim Umlauf zur Vergleichung des sich ändernden Flüssigkeitskörpers zeigt, das Behandlungsgut *w* mit der zubemessenen Flüssigkeit in einer vollwandigen Trommel *t* von viereckigem Querschnitt, der dreieckig und mehreckig sein kann, eingeschlossen ist, oder nach dem Bilde *d* das Behandlungsgut in einer Siebtrommel *i* sich befindet, die in einer das Flüssigkeitsbad haltenden zweiten vollen Trommel *t* umläuft. In zweiter Hinsicht ist die jedesmal zu behandelnde Textilgutmenge bei den beiden vorgenannten Arten der einfachen oder Volltrommel und der Doppeltrommel, geteilt in einzelnen Kammern *k* der umlaufenden Volltrommel *t*, Bild *c*, oder der Innensiebtrommel *i*, Bild *e*, untergebracht, und man bezeichnet diese dann als Mehrkammertrommeln.

Um einem Zusammenrollen des Gutes in den Trommeln oder Trommelkammern zu begegnen, läßt man die Trommeln mit Kehrgang, d. h. abwechselnd nach beiden Drehrichtungen umlaufen und gibt den Trommeln eine solche Form, daß der in diesen mitgenommene Gutknäuel sich möglichst überstürzt und anders formt. Dies erhöht die Durchdringungswirkung der Flüssigkeit, und zu deren Förderung lagert man auch die Trommeln schräg, versetzt also die Drehzapfen aus der Mittelachse der Trommel (vergl. Fig. 92).

7. Flüssigkeitszerstäuber.

Das Flüssigkeitsbenetzen der Waren verlangt oft eine möglichst feine Verteilung der aufzutragenden Flüssigkeit und die Vermeidung von Tropfen, die bei gewöhnlichen Spritzrohren stattfinden, da diese die Gleichmäßigkeit der Auftragung stören und Flecken hervorbringen können. Hier wird deshalb die Zerstäubung oder Versprühung der Flüssigkeit vorgenommen, wozu meist Preßluft benutzt wird. Die verschiedenen Arten der Zusammenführung der Flüssigkeit und Preßluft zeigt Fig. 41 und darnach

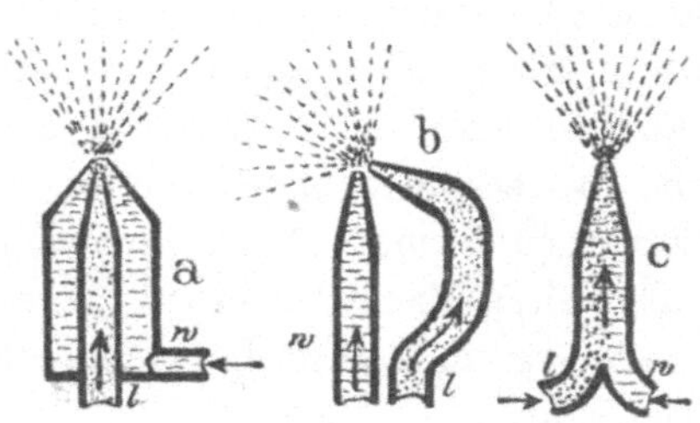

Fig. 41. Flüssigkeitszerstäuberdüsen.

dienen zum Versprühen Düsen oder Rohre mit kegelförmiger feinlochiger Ausmündung, durch welche die Flüssigkeit unter Druck austritt, so daß der Druckabfall gegen das Freie die Flüssigkeit auseinander verteilt, und sich ein Nebelkegel bildet.

Bei der Anordnung des Bildes *a* stecken die Düsen des Luftrohres *l* und der Wasserzuführung *w* ineinander, beim Bilde *b* treffen diese Düsen im Freien aufeinander, und beim Bilde *c* wird einer gemeinschaftlichen Düse das Luft- und Wassergemisch zugeführt. Diese Einrichtung findet auch zur Zerstäubung von Flüssigkeitsgemischen statt, wobei das Mischungsverhältnis durch die Regelung der getrennten Zufuhr geändert werden kann. Auch Gas- und Luftgemische können durch solche Mischdüsen zur Ausstrahlung gebracht werden. Zum Flüssigkeitszerstäuben werden dann noch Schleuderbürsten u. dergl. benutzt.

8. Waren-Spannungsregler (Längsrecker).

Wie bei der Garnverarbeitung die Fadenspannung eine wichtige Rolle spielt, so ist auch bei der Bearbeitung flachgebildeter Waren, Faden und Fadenreihen (Webketten) deren Spannung von Bedeutung. Da es sich bei der ununterbrochenen Behandlung dieser Waren auch um einen fortlaufenden Gang handelt, so sind auch die zur Fadenspannung dienenden Mittel des „Garnverarbeitungsbuches“ S. 98 hier anwendbar, soweit es sich dabei nicht um eine schlingenartige Führung handelt. Es werden dem Warenzug also Reibungshindernisse entgegengesetzt, indem derselbe gebrochen und mehrfach abgelenkt über versetzte Führungsleisten, über gebremste oder belastete Walzen, rauhe Leisten, die schon die Breithalter Fig. 24, 25 und 27 abzugeben vermögen, läuft. Indem also auf diese Einrichtungen verwiesen wird, ist hier nur zur Veranschaulichung eine Gewebespannvorrichtung in Fig. 42 gezeigt, die sich vielfach an Ausrüstungsmaschinen findet und eine leichte Spannungsregelung zuläßt. Zwei drehbare Scheiben *s* sind durch runde oder eckige Stäbe *t* verbunden, über

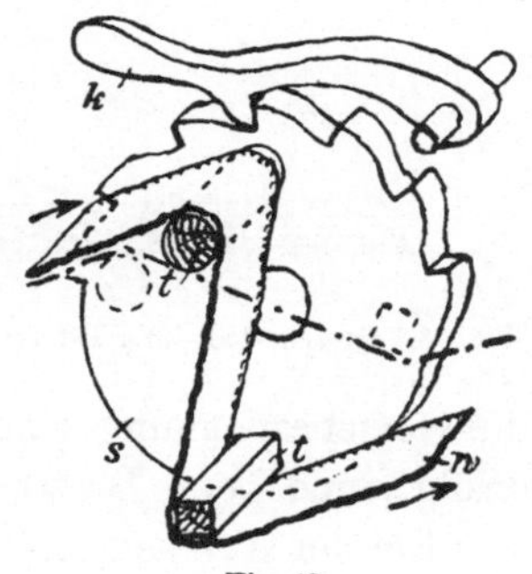

Fig. 42.
Einstellbares Längsspannungszeug.

welche, Z-förmig laufend, das Gewebe *w* hinweggezogen wird. Gegen die dabei auftretende Wirkung zur Verdrehung des Stangenwerkes ist eine Seitenscheibe *s* mit Sperrzahnkranz versehen, in den sich die Handklinke *k* legt. Durch entsprechende Verdrehung wird der Gewebelauf mehr oder weniger die Stangen umschlingend gemacht und folglich der Widerstand, also die Spannung des laufenden Gewebes geregelt. Durch diesen Widerstand wird entsprechend das Gewebe der Länge nach straff gezogen, also längs gereckt.

9. Waren-Falter und Aufspeicherung.

Die Gewebeaufspeicherung während und nach der Behandlung erfolgt, wie schon in Fig. 6 angegeben ist, durch Aufrollen auf einen Baum oder nach Fig. 5 auf ein Brett, die entsprechend in Umdrehung versetzt werden: beim Baum durch Auflegen auf eine Rollwalze oder Aufwickelung auf den frei liegenden Baum, wobei dieser aber entsprechend dem zunehmenden Wickeldurchmesser mit abnehmender Winkelgeschwindigkeit anzutreiben ist, was durch einen veränderlichen oder einen durch die Gewebespannung zum Nachgeben gebrachten Reibungsantrieb erfolgt, und beim Brettbewickeln in ähnlicher Weise.

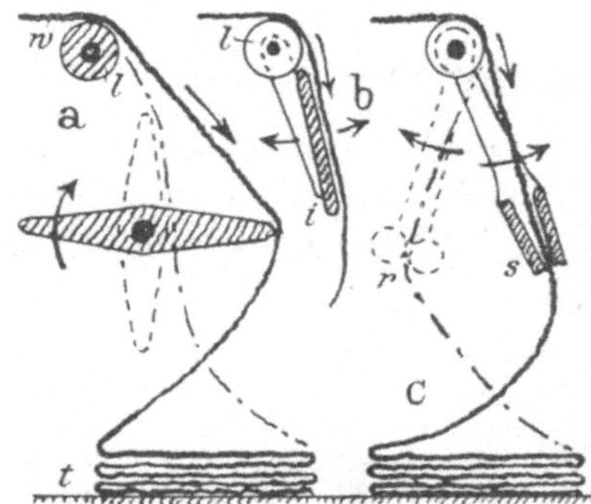

Fig. 43. Gewebe-Falt- und Täfelvorrichtungen.

Bei der Aufspeicherung durch faltige Schichtung oder Täfelung werden Einrichtungen nach Fig. 43 benutzt, wobei nach dem Bilde *a* der freie Warenabfall durch einen umlaufenden Flügel *f* behindert wird, was auch bei der Einrichtung nach dem Bilde *b* der Fall ist. Die zulaufende Ware *w* kommt an der Leitwalze *l* zum Abfall nach dem Tische *t*, und die Stellung des Flügels *f* wie die der schwingenden Tafel *i* vermitteln dabei ein Hin- und Herlegen, wie mit gestrichelten Linien angedeutet ist. Beim Bilde *c* wird die abfallende Ware durch eine schwingende Scheide *s* oder ein schwingendes angetriebenes Walzenpaar *r*, um die Warenreibung von festen Flächen, wie sie bei den anderen Einrichtungen besteht, zu umgehen, zum Hin- und Herlegen gebracht, was punktiert angegeben ist.

10. Wärmemitteiler.

Die Wärme ist nicht nur selbst ein unmittelbar wirkendes Ausrüstungsmittel, wie beim Heißpressen, aber auch ein wichtiges Hilfsmittel, wie beim Trocknen und Kochen der Waren, sondern auch ein Belebungsmittel für die Beschleunigung der Arbeiten, so, durch Erwärmen und Warmhalten der Färbe- und anderer Lösungen, des Einweich- und Spülwassers und der Ware selbst

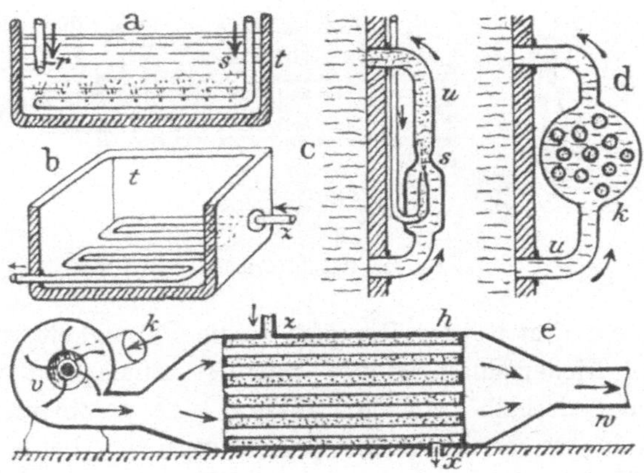

Fig. 44. Flüssigkeits- und Lufterwärmer.

bei ihrer mechanischen Bearbeitung, weil die warmen Fasern durch das Geschmeidigwerden ihres Zellstoffes sich im Gefüge öffnen und die Fasertrennung zum Lockern erleichtern. Die Wärmeübermittelung an die Ware zum Trocknen bedarf einer Sonderbetrachtung, hier werden deshalb nur die anderen Wärmemitteilungen angeführt. Die Wärmemitteilung an die Ware vor und während der Bearbeitung erfolgt durch die in Fig. 18 dargestellten Trommeln, und handelt es sich dabei (beim Dämpfen) um feuchte und um trockene Wärme. Erstere läßt sich auch mit der tauchenden Durchführung durch einen Trog heißen Wassers u. dergl. erzielen.

Die Wärmemitteilung an die Behandlungsbäder kann durch eine doppelwandige Ausführung der Kessel, Bottiche oder Tröge und die Speisung des Hohlraumes der Doppelwand mit Dampf erfolgen. Gegenüber der dazu nötigen kostspieligen Herstellung dieser Gefäße sind die in Fig. 44 dargestellten Einrichtungen einfacher. Man kann in einfachster Weise Dampf nach dem Bilde *a* durch ein Rohr *r* in die Flüssigkeit eintreten lassen, was aber nicht zu empfehlen ist. Eine bessere Verteilung des Dampfes, also gleichmäßigere Wärmung erzielt man durch ein am Boden des Troges *t* liegendes gelochtes Rohr *s* oder eine mit Löchern versehene Rohrschlange, die beide, um die Ware abzuhalten und zum eigenen Schutze, durch eine Siebplatte abzudecken sind.

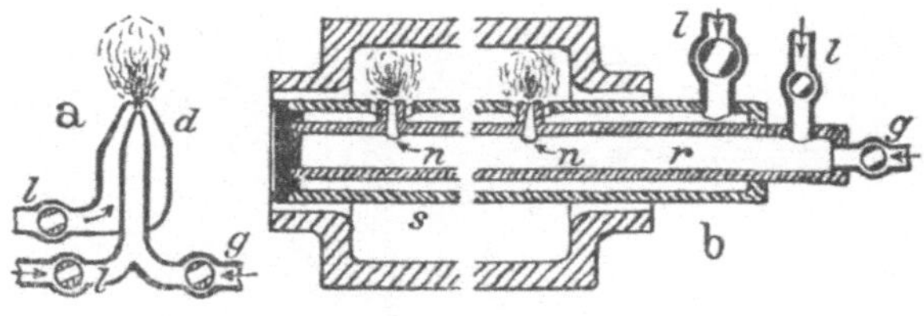

Fig. 45. Gas-Heizbrenner.

Mit dem Eintritt des Dampfes in die Flüssigkeit wird diese durch die Niederschlagung des Dampfes zunehmend verdünnt. Man benutzt deshalb nach dem Bilde *b* eine geschlossene Rohrschlange, in welche bei *z* der Frischdampf ein-, bei *x* das sich bildende Niederschlagwasser austritt. Vorgezogen wird oft die Anbringung der Wärmeeinrichtung außen am Trog, was die Bilder *c* und *d* zeigen, und zwar ersteres mit einem in dem äußeren Flüssigkeitsumlaufrohre *u* eingebauten Dampfstrahler *s* oder zur Vermeidung der Flüssigkeitsverdünnung durch einen in diesem Rohre eingebauten Heizkessel *k*, welcher ein mit Dampf gespeistes, von der durch die Erwärmung zum Umlauf gebrachten Flüssigkeit umspieltes Rohrbündel besitzt. Dies kann auch umgekehrt sein, wie der zur Erzeugung von Warmluft dienende im Bilde *e* gezeigte Kessel mit vom Dampf umspülten Durchgangsrohren *h* zeigt, durch welche der die Luft bei *k* ansaugende Schleuderbläser *v* dieselbe treibt, so daß die gewonnene Warmluft im Rohre *w* an die Verwendungsstelle geleitet werden kann. Der Dampf tritt wieder bei *z* zu, das Niederschlagwasser bei *x* aus.

Neben dem Wasserdampf, mit dem Wärmegrade über 100 schwerer zu erreichen sind, wird als Wärmemittel auch Brenngas benutzt. Dies findet aber zweckmäßig nicht mit einfachen Lochbrennern statt, da auch auf ein rußfreies Verbrennen gesehen werden muß. Deshalb wird das Brenngas mit Luft gemischt und der Flamme umschließend noch Frischluft zugeführt. Nach Fig. 45 Bild *a* werden Düsenbrenner benutzt, bei denen die vom Rohre *l* kommende Luft mit dem vom Rohre *g* kommenden Gas sich im Rohre mischt, und die Brennerdüse ist mit einer Luftzuführdüse *d* umgeben.

Die entsprechende Einrichtung zum Wärmen von Preßwalzen, wo wegen der engen Zapfen äußere Verbrennungsluft schwer zutreten kann, zeigt das Bild *b*. Das durch die Walze *o* reichende, mit den Brenner- oder Flammendüsen *n* versehene, das Gas- und Luftgemisch enthaltende Rohr *r* ist mit dem Luftzuführrohr *s* umschlossen.

11. Behandlungs-Teilung.

Die beschriebenen Arbeitsmittel üben auf das zu behandelnde Gut einen Angriff aus und die Stärke desselben mit seiner Dauer bestimmt die Größe der Wirkung, die als Ausrüstungszweck gegeben ist. Diese Wirkungsgröße besteht bei der Naßbehandlung in einer vollen Durchdringung des Gutes, die, obwohl durch mechanische Mittel, sowie durch Wärme und andere physikalische Mittel unterstützt, doch eine gewisse Zeit erfordert, was in gleicher Weise beim Trocknen zutrifft, und bei der Trockenbehandlung muß der Angriff auch zu einem gewissen Grade in die Warenfläche eindringend sein, was ebenfalls eine bestimmte Dauer desselben voraussetzt.

Die für eine bestimmte Arbeitsleistung in einer gegebenen Zeit nötige Angriffstärke ist nun oft ohne eine übermäßige Anstrengung des Behandlungsgutes zu groß, und dies führt zu einer Teilung der auszuführenden Arbeit, zur Behandlungsteilung. Eine bildliche Darstellung der verschiedenen Arbeiten dieser Arbeitsteilung, von der gerade die Ausrüstungstechnik besonderen Gebrauch macht, gibt Fig. 46. Die Größe der zu leistenden Arbeit ist durch ein Rechteck zu bezeichnen, dessen Seiten die Stärke *s* und die Dauer *d* des Angriffes sind. Die Arbeitsleistung ist folglich das rechnerische Ergebnis der Vervielfältigung von Stärke und Dauer der Arbeitswirkung, und die Vergrößerung der einen dieser zwei rechnenden Größen führt zur Verminderung der anderen und umgekehrt. Um also eine Arbeit zu beschleunigen, d. h. deren Dauer abzukürzen, muß der tätige Angriff kräftiger erfolgen, und, wenn durch schwächereren Angriff das Gut geschont werden soll, die Arbeitsdauer verlängert werden. Bei den zwei Behandlungsarten der Ausrüstung ist bei der Stückbehandlung die Arbeitsdauer die Zeit, während welcher das Gut in der Bearbeitung verbleibt, bei der ununterbrochenen Behandlung wird die Behandlungsdauer durch die Warengeschwindigkeit gegeben, eine Steigerung der letzteren, also der raschere Warendurchlauf und diesem zufolge die kürzere Dauer bedingt eine Stei-

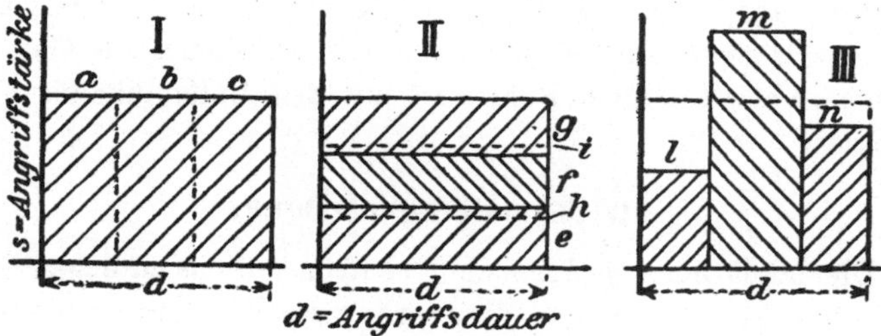

Fig. 46. Veranschaulichung der verschiedenen Arten der Behandlungsteilung.

gerung der während desselben wirkenden Angriffstärke, und, da diese wieder durch die Art der Behandlungswerkzeuge beschränkt ist, zu einer Vervielfachung derselben. Von dieser Regel wird durch verschiedene Teilung Gebrauch gemacht. Zur Veranschaulichung der gleichteiligen Arbeitszerlegung dient das Bild I. Das durch die Seiten d und s bestimmte Arbeitsrechteck wird z. B. in 3 Teile a, b und c zerlegt und der Angriff wirkt folglich in der Stärke s gleichbleibend in 3 gleichen Abschnitten in der gegebenen Durchlaufszeit d des Gutes oder der Ware.

Die Arbeitsabschnitte a, b, c können nun untereinander auch verschieden sein, was dann heißt, daß die Ware in dem Bereich der 3 Abschnitte verschieden lange verbleibt und trotz des gleichbleibenden Angriffes in den 3 Abschnitten doch die gleiche Arbeitswirkung erleidet. Unter Beibehaltnng der Dreiteilung kann man von einer Vor-, Haupt- und Nacharbeit sprechen, wobei wohl meist der mittleren, wie die Bezeichnung sagt, der Hauptteil der Leistung zufällt. Die erste, die vorbereitende Arbeit macht das Gut für die länger wirkende Hauptarbeit geeigneter, und die Nacharbeit, als dritte Bearbeitungsstufe, bedarf zu ihrer ausgleichenden Wirkung meist nur einer geringeren Zeit.

Die Teilung des Rechteckes ist nach dem Bilde II auch in senkrechter Richtung möglich, d. h. in derselben Zeit oder gleichzeitig sind verschiedene Arbeitsstufen tätig, die in ihrer Angriffstärke selbst gleich sind, was die gleichen Teile *e*, *f* und *g* darstellen, oder, wie bei *h* und *i* punktiert angedeutet ist, darin verschieden sein können. Die in den Wirkungsabschnitten tätigen Werkzeuge haben also einen verschiedenstarken Einfluß auf die Ware.

Schließlich ist noch eine Verschiedenheit der Arbeitsabschnitte nach Dauer und Wirkung gleichzeitig möglich, wie dies das Bild III zeigt, und erfolgt darnach, bei gleichbleibender Summe der geteilten Rechteckschnitte wie vorher, dem Abschnitte *l* entsprechend, die Vorarbeit mit geringerem Angriff in kürzerer Dauer, wie ähnlich die Nacharbeit dem Abschnitte *n* zufolge, während die Hauptarbeit nach dem Abschnitte *m* kräftig auf längere Dauer erfolgt, weil eben das Gut dafür vorbereitet ist und darnach der nachhelfend ausgleichenden Behandlung unterliegt.

Für die nachfolgende Betrachtung der besonderen Ausrüstungsmaschinen gibt also die Arbeitsteilung durch Vervielfachung der Arbeitswerkzeuge mit gegebenenfalls verschieden großer Arbeitswirkung ein gutes Vervollkommnungsmittel, welche Maßnahmen zusammen eine Steigerung der Leistung durch Erhöhung der Arbeitsgeschwindigkeit bezw. Verkürzung der einzelnen Behandlungen zulassen. Da die Arbeitsgeschwindigkeit die Leistung bestimmt, sie aber in ihrer möglichen Steigerung durch die wechselnde Art und Güte der Ware in ihrer zulässigen Anwendung bestimmt wird, so ist auch eine Regelung der Arbeits- oder Durchgangsgeschwindigkeit im Behandlungsfelde nötig, der Antrieb der Ausrüstungs-Maschinen muß also wechselbar und veränderlich sein, wozu dieselben entsprechende Einrichtungen erhalten.

Zweite Hälfte: Die besonderen Vorrichtungen und Maschinen der Ausrüstungsarbeiten.

Erster Teil.

Die Vorbereitungsbehandlung.

1. Vorbemerkung.

Wie bei den beiden anderen Arbeitsgruppen der Textilindustrie, der Spinnerei oder Garnherstellung und der Garnverarbeitung oder Warenerzeugung, verschiedene Vorarbeiten notwendig sind, um das Arbeitsgut in die für die eigentliche Herstellung oder Erzeugung erforderliche Eignung zu bringen, so ist dies auch bei der Ausrüstung der Fall. Das hierbei zur Behandlung kommende Gut wird von den genannten Gruppen nicht immer in der geeigneten Behandlungsform abgeliefert, diese muß also erst hergestellt werden, und die Waren bedürfen einer Vorbehandlung, welche die eigentliche Ausrüstungsarbeit in ihrem Angriff erst voll zur Wirkung kommen läßt. Letzteres betrifft nicht bloß die Entfernung störender Fremdkörper sondern auch die Veränderung der Warenoberfläche in den zu fördernden Zustand.

2. Die Herstellung der Behandlungsform.

Die Ausrüstungsarbeiten, namentlich Arten der Naßbehandlung und das Trocknen, verlangen nicht nur eine besondere Behandlungsform des Gutes, sondern auch eine eigentümliche Gestaltung deren Träger, der Spulen, der Ketten- und Warenbäume usw. Dieselben müssen für die Behandlungsflüssigkeiten durchlässig sein, und werden daher, wie dies Fig. 47 veranschaulicht, mit ganz oder teilweise gelochter Wandung ausgeführt. Wenn nicht schon bei der Garnherstellung und Warenerzeugung solche Tragstücke benutzt werden, sind die Waren vor der Ausrüstung auf solche zu bringen, das Garn ist also umzuspulen, und Fadenketten und Gewebe sind umzuwickeln. Eine Ausrüstungsanstalt bedarf daher mitunter *Spul- und Wickel-* oder *Aufroll-Maschinen*.

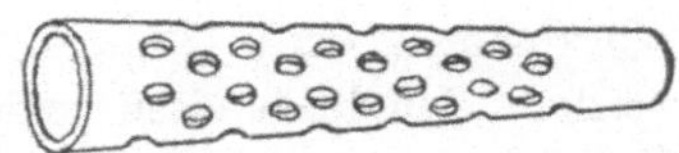

Fig. 47. Wandgelochte Wickelspule.

Bei der Garnbehandlnng bildet eine besondere Form der Strähn, der nur vereinzelt gleich von der Spinnmaschine gebildet wird, und das Garn muß daher auf den Weifen, deren Arbeitsbild Fig. 51 darstellt, von den gesponnenen Kötzern k durch Aufwickeln auf einen Haspel h mit nebeneinander liegenden Windungen in Strähnform gebracht werden. Hier dient die Weife dann nicht als LängenMeß- und Zählmaschiene, sie dient nur, eine gleichmäßige Fadenlage zu erzielen, die für die Behandlung zu sichern ist, weshalb die Strähne mehrfach zu unterbinden oder zu *fitzen* sind. Dies erfolgt auch durch Maschinen, die am ruhenden bewickelten Haspel oder der Weifkrone entlang geführt werden und dabei die Garnlagen mit Kettelstich oder sonst wie vernähen. Dieses Vernähen findet am Umfang des Strähnes z und mehrmals statt.

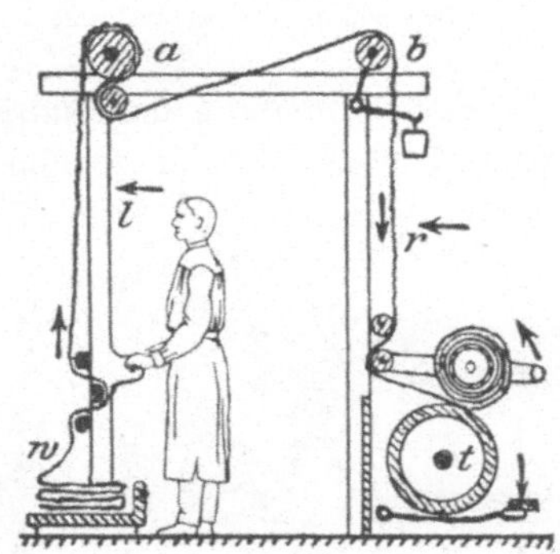

Fig. 48.
Rohwarenprüf- und Aufrollmaschine.

Die Gewebe und andere Waren bedürfen vor der Ausrüstungsbehandlung einer Prüfung nach etwaigen Fehlern, welche am Warenrande ausgezeichnet werden. Dieses findet beim *Überziehen* statt, indem eine Durchsicht der Ware gegen eine Lichtquelle im fadenscheinigen Bilde dessen Unregelmäßigkeiten zeigt. Dieses *Beschauen* der Rohware findet oft beim Aufrollen derselben zur Behandlungsform statt, und eine betreffende Maschine im Durchschnitt als Arbeitsbild zeigt Fig. 48. Das gewöhnlich gefaltet ankommende Gewebe w wird längs- und breitgespannt, indem die Stäbe der Breithaltung nach Fig. 27 gekerbt sind, von der Triebwalze *a* in die Höhe, dann über den Standort des Warenprüfers hinweggezogen, und wieder nach unten zur Aufrollung geleitet, wobei vom Beobachter derselben in der Richtung *r* auch die Außenseite der zuerst in der Schaurichtung *l* geprüften Ware besichtigt werden kann. Das Aufrollen findet durch freie Auflage des hohlen gelochtwandigen Baumes auf der Trommel *t* statt, und durch Fußtritt bezw. Handstange ist von den Prüfern beim Vorkommen eines Fehlers der Maschinenantrieb schnell abzustellen. Ungleichheiten zwischen dem Anzug der Walze *a* und der Trommel *t* werden durch die beweglich belastete Walze *b* ausgeglichen.

Beim Aufrollen gewebter oder gewirkter Schlauchware, welche sich durch ihr Fadengefüge leicht einzieht, wird, um einen straffen faltenlosen Wickel zu erhalten, nach Fig. 49 vor die Druckzylinder *c*, an denen die Aufrollung stattfindet, in den Warenschlauch ein linsenförmiges Ausbreitstück *l* frei eingelegt.

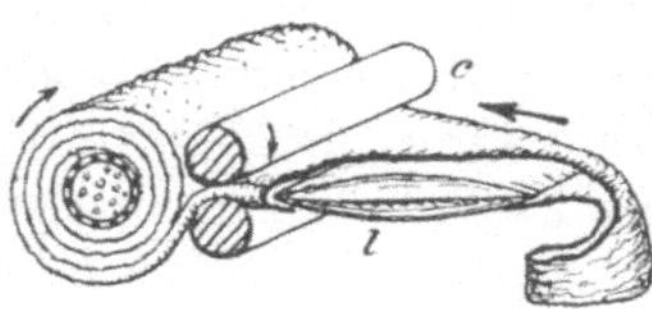

Fig. 49.
Wickeleinrichtung für Schlauchware.

Die Verbindung der Endränder der Warenstücke für das Endlosmachen zur durchlaufenden Behandlung im Stück und den fortlaufenden Warengang bei der ununterbrochenen Behandlung, welche Arbeit durch Vernähen noch viel von Hand ausgeführt wird, erfolgt auch durch Nähmaschinen, die auf fahrbaren Gestellen angebracht sind, um gleich an die Behandlungsmaschinen im Bedarfsfalle herangebracht zu werden. Dabei werden die übereinandergelegten Ränder gewöhnlich durch eine Kettelnaht verbunden. Die dabei auftretende Warenüberlappung läßt sich mit der in Fig. 50 gezeigten Nähvorrichtung vermeiden. Hier werden

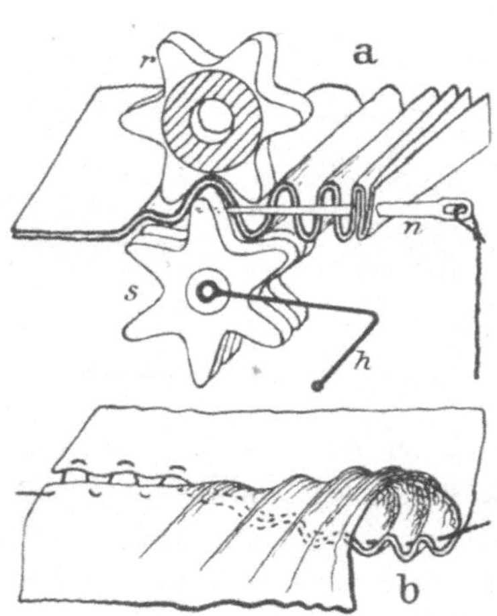

Fig. 50. Verbinden der Warenenden durch Heftnaht für glatten Lauf.

die Warenränder nicht über, sondern aneinander gelegt und nach dem Bilde *a* einem mit Handkurbel *h* in Umdrehung gebrachten ineinander greifenden Sternräderpaar *r*, *s*, das in der Breite gespalten ist, wie das zur Hälfte dargestellte Oberrad *r* zeigt, zugeführt. Zwischen diesen Rädern werden die Warenränder gefaltet, und die Falten auf eine im Mittelspalt entgegenstehende Nadel *n* aufgeschoben, an deren Endenöhr der Verbindungsfaden angeschlossen ist, der beim Nadeldurchzug zwischen den Randfalten zu liegen kommt, wie aus dem Bilde *b* zu entnehmen ist. Wird dann, wie darin gezeigt ist, durch Umwenden des einen Warenrandes die geschlossene Ware auseinander gezogen, so entsteht zwischen den frei voneinander liegenden Rändern eine Heftnaht und der Warenlauf bleibt glatt.

3. Das Putzen oder Noppen.

Die von der Spinnerei her noch am Garn hängenden Schalenreste, die auch bei der Verarbeitung noch nicht abgefallen sind,

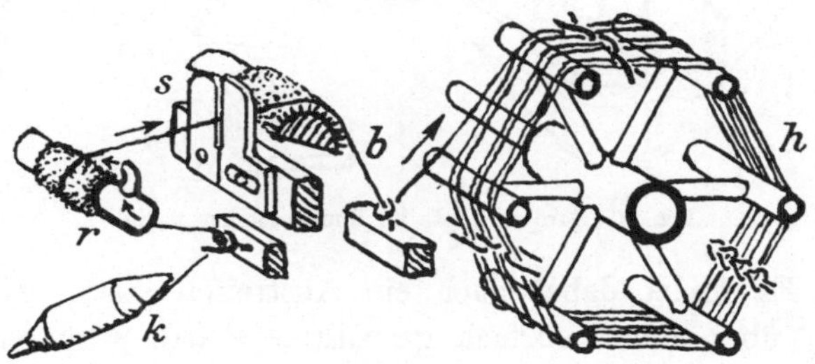

Fig. 51. Garnweife mit gefitzten Strähnen und Putzvorrichtungen.

Fadenknoten und heraushängende Fadenenden an den Waren, wie andere Fremdkörper, was alles eine gleichmäßige Ausrüstungsbehandlung stören würde, sind zu entfernen, und diese rein mechanische Trocken-Reinigungsarbeit wird als Putzen gegenüber dem nassen Waschen bezeichnet.

A. Das Garnputzen.

Beim Garn wird das Putzen meist während des Umspulens oder Weifens vorgenommen und Fig. 51 gibt mit dem Weifenbild auch die einfachsten Putzvorrichtungen. Es gilt die erwähnten Fremdkörper abzustreifen, und dazu wird der Garnfaden durch den in seiner Weite der Garnstärke entsprechend einstellbaren Schlitz einer Scheide *s* geführt. Die Fremdkörper bleiben an dieser sitzen, und etwa mit durchgegangene, dabei gelockerte Teilchen werden dann von dem rauhen Belag der Bremsleiste *b* aufgenommen. Die Führung durch einen solchen Belag nimmt auch etwa anhaftenden Faserstaub hinweg, und um eine solche Abstreifleiste von diesem selbst wieder zu befreien, wird dieselbe abgeblasen, indem sie beispielsweise als Rohr *r* mit Austrittdüsen *d* ausgeführt wird. Die Entfernung der bei *s* vom Schlitz gefangenen Fremdkörper kann ebenfalls durch Abblasen erfolgen.

Zum Garnputzen werden die Spulmaschinen usw. mit Reinigungsköpfen, wie beispielsweise in Fig. 52 bei *a* gezeigt ist, ver-

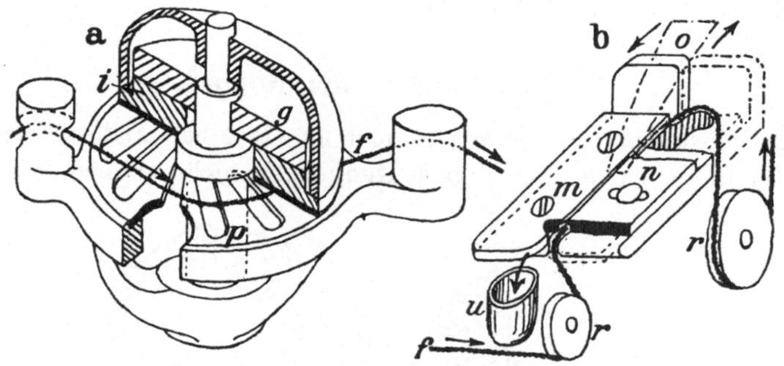

Fig. 52. Garnputzköpfe für Spulmaschinen u. dgl.

sehen. Es findet dabei auch ein Abstreifen statt, indem der Faden *f* über eine mehrfach geschlitzte Platte *p* mit entgegenstehenden scharfen Schlitzkanten geführt und dabei durch eine aufliegende Scheibe *l* gegen die Abstreifkanten gedrückt wird. Die Platte *l* wird mit durch eine Glocke geschützten Gewichtscheiben *g* entsprechend belastet, durch die Stellung der Schlitzkanten wird der darüber gleitende Faden auf der runden Platte *p* nach außen gedrängt, und die gefangenen Fremdkörper fallen durch die Schlitze nach unten ab.

Eine andere Einrichtung zum Fangen der Fremdkörper zeigt das Bild *b*. Der Faden wird dabei durch den zwischen zwei etwas unterschnittenen Stahlplatten *m* und *n* gebildeten, in seiner Weite der Garnstärke durch Verstellung der Platte *n* angepaßten Schlitz geführt, der sich mit dem Garnlauf etwas verengt, so daß die Fremdkörper gewissermaßen schonender gelöst werden. Die sich klemmenden Körper werden zeitweise durch den Schieber *o* zurückgestrichen und fallen in das Sammelrohr *u* ab. Der nach dem Durchlauf dieses Schlitzes von einem senkrechten Führungsschlitz etwas gewendete Faden wird von den Rollen *r* geleitet, und der angezogene Faden kann mehrere dieser Vorrichtungen mit zunehmend engerem Klemmspalt durchlaufen, die vorzunehmende Leistung also in Arbeitsstufen erzielt werden.

B. Das Waren- oder Gewebe-Putzen.

Bei Geweben und anderen Waren hängen von dem Schußeinlegen, Kettenfädenanmachen usw. oft einzelne Fäden länger heraus, bei denen ein Abstreifen nicht möglich ist und die abgeschnitten werden müssen. Hier ist die Handarbeit noch unentbehrlich und zur Unterstützung derselben dienen Vorrichtungen, wie in Fig. 53 veranschaulicht, wo die Ware auf bewegten Tischen, d. h. Trommeln *t*, den die Fäden abschneidenden Mädchen dargeboten wird. Zur beidseitigen Warendarbietung erfolgt die Leitung im Schlangenwege über zwei Trommeln und die dabei vor sich gehende Wendung des Warenlaufes findet sich wiederholt bei Gewebeausrüstungsmaschinen. Das gefaltet vorgelegte Gewebe kommt über eine Spannvorrichtung an die erste Trommel *t*, und werden an derselben die anhängenden Fäden durch eine mit Gewicht angedrückte Bürstleiste *l* glattgestrichen, wie dadurch auch größere und lose anhängende Fremdkörper vom Gewebe abgestreift werden. Von der langsam vorbeilaufenden Gewebefläche werden die Fädenenden mit einer Handschere durch die auf das Schutzbrett *i* sich stützende Arbeiterin abgeschnitten, und dies erfolgt für die andere Gewebeseite an der zweiten Trommel *t*,

Fig. 53. Maschine zur Gewebehandputzerei.

von welcher weg das Gewebe über zwei einstellbare Spannwalzen *s* aufgerollt wird. Je nach dem Unreinigkeitsgrade kann das Gewebe schneller oder langsamer laufen, wozu die Durchgangsgeschwindigkeit durch einen Wechselantrieb der Vorrichtung einzustellen ist, welche Einrichtung, wie schon bemerkt, sich meistens an den Ausrüstungsmaschinen für ununterbrochene Behandlung findet.

Diese Behandlungsart ist allein bei der Putzarbeit anzuwenden, was die in Fig. 54 in Arbeitsbildern dargestellten verschiedenen

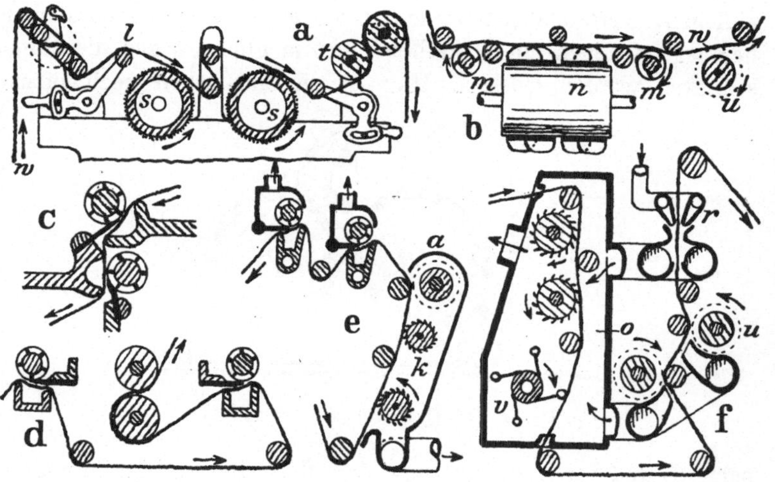

Fig. 54. Einrichtungen der verschiedenartigen Gewebeputzmaschinen.

Arten solcher Gewebe-Putzmaschinen zeigen. Bei der Maschine des Bildes *a* erfolgt das Abstreifen der vorstehenden Fremdkörper von der Gewebefläche durch Walzen *s* die mit Schmirgel oder Kratzen belegt sind. Das Gewebe läuft durch einen Spanner über Leitwalzen, so daß die erste Walze *s* die Gewebefläche bestreicht, und dieser Bestrich oder Anstrich wird durch die Stellung der einen Leitwalze *l* nach Bedarf geregelt. Durch die zweite Walze *s* erfolgt eine Doppelung der Abstreifarbeit, und den Warenabzug bewirkt die Triebwalze *t* mit daraufliegender Druckwalze.

Bei der Einrichtung des Bildes *b* wird die Gewebefläche der Laufrichtung noch durch Leistenwalzen *m* (vgl. Fig. 23) und in der Querrichtung durch über Trommeln *n* laufende Schabebänder (vgl. Fig. 30) abgestrichen, wobei wieder die Anstrichgröße durch stellbare Leitwalzen veränderlich gemacht wird. Die so bearbeitete Gewebefläche wird dann zur Entfernung der gelösten, noch etwas anhängenden Fremdkörper durch eine Bürstenwalze *u* bestrichen.

Das Putzen erfolgt auch durch ein Abschneiden oder Abscheren mit Schneidzeugen nach Fig. 23 *c*, wozu hier das Bild *c* zeigt, wie beide Gewebeseiten nacheinander von solchen bedient werden. Diese Anordnung der, fremdsprachlich als „cropping"-Maschinen bezeichneten Gewebeputzer ist wenig übersichtlich und durch die des Bildes *d* überholt. Die Schneidzeuge sind hier gleich und wagrecht angeordnet, und das Gewebe zum Wenden für die beidseitige Bearbeitung entsprechend umführt. Auch hier wird eine Arbeitsteilung durch Schneidzeugvervielfachung angewendet, wie das Bild *e* zeigt, und dabei vor diesen die Gewebefläche mit entgegenlaufenden Kratzenwalzen und einer Bürstwalze *u* zur Vorarbeit behandelt. Alle diese Walzen laufen in einem Gehäuse, aus dem die Luft und damit der entfernte Schmutz abgesaugt wird.

Es gilt beim Putzen auch den etwa im Fadengefüge sitzenden Staub zu entfernen und eine vollkommene Putzmaschine auch für diese Arbeit zeigt das Bild *f*. In einer abgeschlossenen Kammer *o* wird das Gewebe einseitig durch Kratzenwalzen und ein Schlaggestell *v* bearbeitet, was bei doppelter Anordnung dieser Werkzeuge mit entsprechender Gewebeführung auch beidseitig erfolgen kann, und das Gewebe gelangt dann beidseitig unter Abbürstwalzen *u* und entgegenstreichenden Preßluftstrom durch die Düsenrohre *r*, wo die Luft aus vorgesehenen Fangrohren und der Vorarbeitkammer *o* abgesaugt wird.

4. Das Sengen und Abflammen.

Die Beseitigung der von der Spinnerei her am Garn und deshalb auch in der daraus gearbeiteten Ware ausragenden das Garn rauh machenden Faserenden ist zwar eine Ausrüstungsarbeit, die am schon behandelten z. B. gefärbten Gut auch vorgenommen wird und die deshalb nicht als reine Vorbereitungsarbeit anzusehen ist, doch erfordern bestimmte Arbeiten wie das Drucken, das nasse Seidenfeinen usw. diese Beseitigung als Vorarbeit, weshalb dieselbe schon hier betrachtet wird. Es gilt dabei eine glatte Warenfläche zu erzeugen, was durch ein Abbrennen oder Abflammen und ein Verkohlen oder Versengen der Fäserchen durch Führung der Ware über Glühkörper oder an und durch Flammen erfolgt. Die Arbeit wird nur im ununterbrochenen Lauf ausgeführt.

A. Das Garnsengen.

Dieses Glattmachen des Garnes erfolgt während des Umspulens und wird zum Abbrennen das Garn nach dem Bilde *a* in Fig. 55 durch die nicht rußende, also blau brennende Flamm eines Leuchtgasbrenners *e* mit großer Geschwindigkeit (120 m minutlich) geführt. Dieses Flammen des Leuchtgases wird durch starke Mischung desselben mit Preßluft in Düsen nach Fig. 45 erzielt und die Flamme bildet sich in einem geschlitzten Rohre *r*, durch welches das Garn, von stellbaren Leitwalzen gehalten, läuft. Zum Ablöschen etwa noch glühender Fäserchen läuft das Garn dann

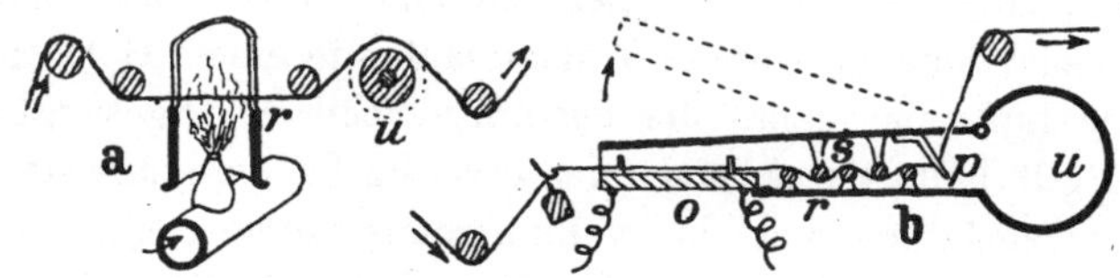

Fig. 55. Einrichtungen zum Abflammen und elektrischen Sengen von Garn.

über eine mit Plüsch bezogene Walze *u* im Gleich- oder Gegenstrich.

Die praktischeren Glühkörper für das Garn werden mit Durchleitung des elektrischen Stromes geheizt und liegen nach dem Bilde *b* in einem Rohre *r* bei *o*, über welche, durch diesen gehalten, das Garn hinwegläuft. Das Garn geht dann im Schlangenweg zwischen Stäbchen *s* hindurch, um abgelöscht zu werden und durch eine Abstreifscheide *p*, wobei der entstehende kohlige Staub durch ein Sammelrohr *u* abgesaugt wird. Das Rohr *r* ist zweiteilig zum Aufklappen der oberen Hälfte für die Zugänglichkeit der Glühkörper. Bei diesen Garnsengern muß mit dem Ausrücken auch die Wärmequelle abgestellt werden.

B. Das Gewebe-Sengen.

Hier gibt es ebenfalls zwei Arten zur Erzielung einer fäserchenlosen Warenfläche: das berührende Überführen über Glühkörper und das Bestreichen mit Flammen. Die erstere Art mit

Erglühen des Sengkörpers durch Unterfeuerung veranschaulicht das Bild *a* der Fig. 56. Die Ware *w* gelangt nach Breitstreckung durch eine Walze *h* (vgl. Fig. 26), also dem nötigen Faltenlosmachen, von Leitwalzen *l* gehalten zur seichten Auflage an dem etwas gewölbten kupfernen Glühkörper *g*, an dem das Verkohlen der Faserenden, bestimmt durch die Gewebegeschwindigkeit, die zu regeln ist, stattfindet. Bei Unfällen und zum vorübergehenden Stillstand wird das Gewebe von den nach oben ausschlagenden Leitwalzen *l* abgehoben.

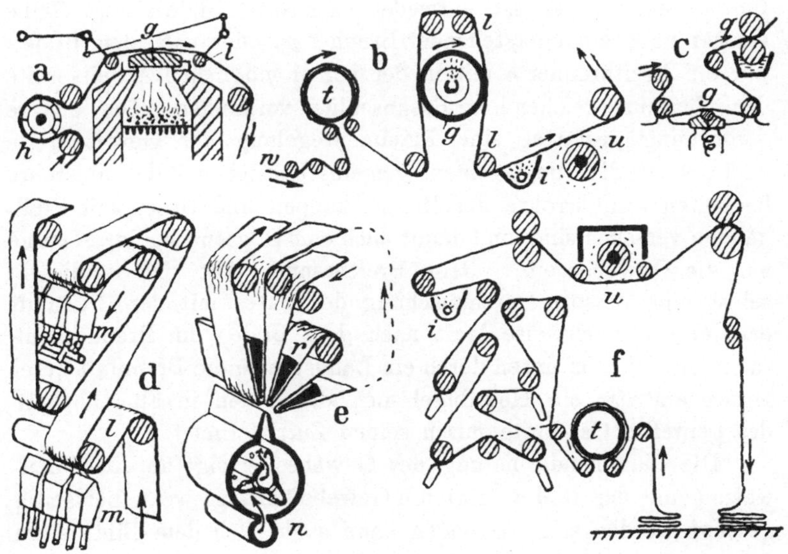

Fig. 56. Einrichtungen der Gewebe- und Waren-Senge- und Abflammaschinen.

Eine Maschine mit einem mit dem Gewebe sich bewegenden und durch Gasheizung zum Glühen gebrachten Sengkörper *g* zeigt das Bild *b* in den arbeitenden Teilen. Die gestraffte Ware wird zuerst über eine Dampftrommel *t*, dieselbe voll umschließend, geführt, um an- oder vorgewärmt zu werden, was natürlich das Anbrennen wesentlich unterstützt, denn die scharf trockenen Fäserchen kohlen leichter. Der Glühkörper *g* ist ein Hohlzylinder, an dem das Gewebe zweimal durch Leitwalzen *l* gehalten zur Anlage kommt. Zum Ablöschen ist eine Besprühung mit Wasserdampf in der Rinne *i* vorgesehen und zur Entfernung der verkohlten Teilchen arbeitet die Bürstwalze *u* an der gesengten Warenfläche.

Das Erglühen der Sengkörper wird auch durch den elektrischen Strom bewirkt, und genügt dann eine einfache Rundstange, allerdings aus sehr widerstandskräftigem Metall (z. B. Platin), wie dies im Bilde *c* gezeigt ist. Das Ablöschen erfolgt hier durch ein Annetzen der in einem Wassertrog tauchenden mit einer Druckwalze arbeitenden Trieb- oder Warenanzugwalze *q*.

Die zweite Art der Sengarbeit, das Bestreichen der Gewebefläche mit Flammen, erfolgt mit Gasbrennern nach Fig. 45, welche einesteils ein Leuchtgas-Luft-Gemisch, andernteils Preßluft zugeführt erhalten. Es ist entweder nach dem Bilde *d* eine Reihe solcher nebeneinanderstehender Brenner *m*, oder nach dem Bilde *e* nur ein Breitbrenner *n* mit in der vollen möglichen Arbeitsbreite der Maschine reichendem Brennschlitz vorhanden. Die erstere Anordnung gestattet eine Flammenregelung der Gewebebreite nach, wozu die von je einem gemeinschaftlichen Zuleitungsrohre bedienten Einführrohre der Brennerkappen und Düsen mit Stellhähnen versehen sind, und damit auch eine Begrenzung der Flamme auf die Gewebebreite. Beim Breitbrenner läßt sich in diesem selbst eine bessere Durchmischung des Gases mit der Brennluft erzielen; beispielsweise läuft nach dem Bilde *e* im Brennerhohlraum, in den von unten durch ein Längsrohr *n* die Brennluft unter Druck eintritt, ein Hohlflügel um, durch den in Flügellöchern das gepreßte Gas-Luftgemisch seinen Zutritt findet.

Die Flammendarbietung des Gewebes erfolgt an einer Leitwalze *l* und das Bild *d* zeigt die Gewebeführung, wenn beidseitig gesengt werden soll. Dagegen kann auch nach dem Bilde *e* ein Führungskörper *r* angewendet werden, an dessen Keilstücken das Gewebe in scharfer Abbiegung an die Flamme kommt, die durch den Breitbrenner weit ausschlagend an den genäherten Keilspitzen das Gewebe mehrmals trifft, so daß nach der angegebenen Führung des Gewebes dasselbe z. B. auf der Vorderseite zwei mal, auf der Rückseite einmal beflammt wird.

Zur Leistungserhöhung, also für große Warengeschwindigkeit werden auch bei Schmal- oder Einzelbrennern dieselben vielfach angeordnet, nach dem Bilde *f* z. B. einseitig vier mal. Diese Sengmaschine hat, wie fast allgemein, eine Vorwärmtrommel *t* und eine Ablöschung oder Funkentötung mit Dampfrinne *i* und ein Abbürsten der kohligen Reste durch die in einem besonderen Kasten untergebrachte Walze *u*. Der Arbeitsgang wird bis über 100 m minutlich erzielt. Bei der auch wegen der Beschädigungsgefahr der Ware nötigen großen Geschwindigkeit kann die Flamme nicht gut bei Waren mit weiter gestellter Fadenlage in die Fadenzwischenräume eintreten, um die in der Ware selbst liegenden Fäserchen, also die Fäden seitlich abzubrennen. Deshalb wird bei solchen Waren auch die Flamme des Brenners durch die Ware gesaugt.

Wie ersichtlich werden schon die Sengmaschinen mit Bürstenwalzen zur Entfernung des kohligen Staubes versehen. Diese Arbeit wird aber vollkommener auf besonderen Maschinen vorgenommen, wie eine solche Fig. 57 zeigt. Es sind zwei mit gemeinschaftlicher Staubabsaugung versehene Kammern vorhanden, in deren erster das Gewebe bei seinem Hochgang beidseitig mit Schlag- oder Schüttelwalzen (vgl. Fig. 19) und in der zweiten beim Niedergang ebenso beidseitig mit Bürstenwalzen (vgl. Fig. 21) bearbeitet wird. Je vollkommener diese trockene Reinigung erfolgt, desto sauberer fällt die Naßbehandlung aus.

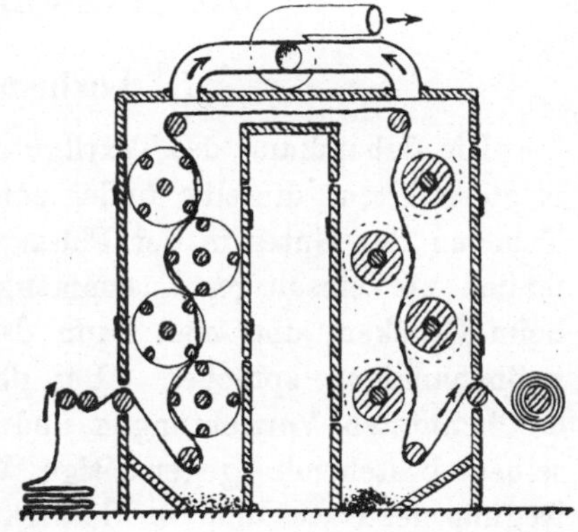

Fig. 57. Gewebeputzmaschine nach dem Sengen.

Zweiter Teil.

Die Naßbehandlung.

1. Vorbemerkung.

Die Behandlung des Textilgutes mit Flüssigkeiten trennt sich in zwei Arten; dieselbe findet entweder im Vollbade, also durch Tauchen des Gutes in der Flüssigkeit, oder durch ein gewissermaßen nur einseitiges Zusammenkommen der beiden statt, z. B. beim Drucken, und man kann daher von einer Voll- und Halbnaßbehandlung sprechen. Bei der ersteren unterscheiden sich die benutzten Vorrichtungen und Maschinen durch das in denselben bestehende gegenseitige Verhältnis von Ruhe und Bewegung des Gutes und der Flüssigkeit, wobei auch immer zwischen der Stück- und der ununterbrochenen Behandlung zu unterscheiden ist. Wenn auch nicht in allen diesen Möglichkeiten, so sind doch einige derselben auch bei der Halbnaßbehandlung zu finden, und alle diese Unterschiede in der beliebigen Vereinigung ihrer kennzeichnenden Merkmale ergeben die große Verschiedenheit der Einrichtungen zur Naßbehandlung, die selbst wieder für die Hauptbehandlungsformen — loses Gut und Warenstücke, Garnspulen und Garnsträhne, sowie Garnketten und flachbahnige Ware — verschiedener Einrichtungen bedarf. Die Naßbehandlung ist deshalb ein vielseitiges und vielumfassendes Gebiet der Ausrüstungstechnik.

Entwickelt hat sich dieses Gebiet aus der einfachen Anlage der altzünftigen Färberei, wie sie durch Fig. 58 veranschaulicht wird. Das zu behandelnde, nur naß zu reinigende oder zu waschende und zu färbende Textilgut, ob es lose Wolle, Garnsträhne oder fertige Ware ist, wird in einem eingemauerten für Unterfeuerung eingerichteten Kupferkessel *k* gelagert, in dem dann die Flüssigkeit, Wasser, Lauge oder Farbstofflösung, zugeschüttet wird. Die Einbettung des Gutes erfolgt meist am Vorabend des eigentlichen Behandlungstages mit kalter oder schwach anzuwärmender Flüssigkeit, so daß diese Zeit hat, in das Gut einzudringen, oder letzteres sich vollsaugen kann. Weil dabei ein Weichwerden der genäßten im trockenen Zustande als spröde zu bezeichnenden Fasern stattfindet, ist dieser Vorgang ein Erweichen und wird mit Einweichen bezeichnet. Das vollgesogene Gut erhält dann die wirklich angreifende Lösung, welche nunmehr das Gut leichter durchtränkt und deren Angriff durch die Erwärmung, die zum Kochen gesteigert wird, Unterstützung findet. Es findet dabei z. B. beim Wollewaschen eine Verseifung des der rohen Wollfaser anhaftenden fettigen Tierschweißes statt und beim Färben nimmt der Zellstoff der Faser besser die Farbe auf. Das so behandelte Gut, wobei ein Umrühren des Kesselinhaltes weiter unterstützend wirkt, wird dann aus dem zum hindernden

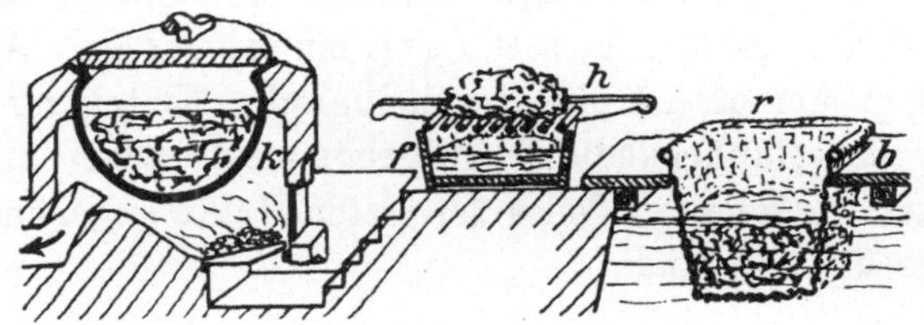

Fig. 58. Anlage zur Naßbehandlung mit handwerksmäßiger Bedienung.

Dunstentweichen abzudeckenden Kessel *k* entnommen und auf einen tragbaren Rost oder eine Traghorde *h* gelegt, die über ein Faß *f* gestellt wird, welches die durchtropfende Flüssigkeit zur weiteren Verwertung mit der im Kessel verbleibenden ausgeschöpften Menge auffängt. Das so etwas entnäßte Gut ist dann noch von dem aufgesaugten Rest der Behandlungsflüssigkeit zu befreien, wozu dasselbe von einem in eine entsprechende Öffnung der Bühne *b* einzuhängenden Korbe *r* aufgenommen wird und damit in das unter der Bühne gewöhnlich fließende Wasser gelangt. Durch dieses wird der Flüssigkeitsrest im Korbe zunehmend verdünnt und das Gut rein gespült, wobei ein Umrühren desselben während seines Schwimmens im Wasserbade diese Arbeit unterstützt.

Schon bei dieser einfachen Handhabung ist zu beobachten, daß das Gut für den Naßbehandlungszweck einer wiederholten Flüssigkeitswirkung bedarf, daß die Flüssigkeiten dabei in ihrer Art und Zusammensetzung abwechseln und daß die in der Reihe vorangehende Flüssigkeit erst aus dem Gut zu beseitigen ist, ehe die nächste in Wirkung tritt, denn das fettige Rohgut muß z. B. erst gewaschen werden, ehe das Färben stattfindet. Diese verschiedenen Arten der Flüssigkeitsbehandlung, das Einweichen, die nasse Reinigung oder das Waschen, das Ab- und Reinspülen, das Kochen und Brühen, das Säuern und Beizen, das Vor-, Aus- und Nachfärben sind in bezug ihrer mechanischen Wirkung auf das Gut gleich und deshalb auch die Vorrichtungen zur Hervorbringung derselben bis auf ihre Stoffausführung, wegen des chemischen Einflusses der Säuren und Salze auf die Metalle usw. Ein Unterschied für die Art der Flüssigkeit ist also für die Betrachtung der Wirkungsmittel für den gegebenen allgemeinen Arbeitszweck, die volle Durchdringung des Gutes mit der Flüssigkeit, nicht zu machen; nur bei der Flüssigkeitsform, ob tropfbar, leicht verflüchtigend und gasförmig, stellt sich ein solcher ein. Aus diesen Erwägungen heraus ist die technologische Einteilung zur Betrachtung der Naßbehandlung vorgenommen, wobei die in den Abschnitten des zweiten Teiles der ersten Hälfte gegebenen Richtlinien entscheidend sind.

2. Die Vollnaßbehandlung mit tropfbaren Flüssigkeiten.

A. Ruhendes Gut in ruhender Flüssigkeit.

Da bei diesem Verhältnis die mechanisch treibende Einwirkung für die Flüssigkeitsdurchdringung fehlt, so ist diese nur

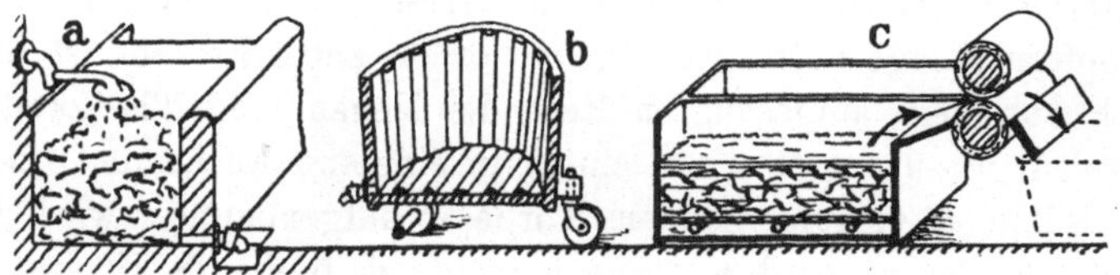

Fig. 59. Einweichbottiche.

an die Aufsaugefähigkeit des Gutes gebunden, also an die von derselben bedingte Zeit, und wird deshalb vorwiegend als Einleitung für die Behandlung unter Bewegungsverhältnissen, d. i. zum Einweichen benutzt. Hierzu dienende Einrichtungen zeigt Fig. 59; bei der des Bildes *a* wird das Gut in beliebiger Behandlungsform von ortsfesten Behältern oder Trögen aus Steingut u. dergl.

aufgenommen und beim Einlegen von der Einweichflüssigkeit z. B. mittels beweglicher Brause besprüht. Um die Aushebung des nassen Gutes und seine Unterbringung auf einem Beförderungsmittel zur nächsten Behandlungsstelle zu umgehen, werden nach dem Bilde *b* die Einweichtröge selbst fahrbar gemacht, und, da gewöhnlich die Einweichflüssigkeit vor der folgenden Behandlung zu beseitigen ist, die ortsfesten Einweichtröge nach dem Bilde *c* mit einem Entnässungsquetschwerk für die Herausnahme versehen. Das nasse, aber nicht mehr triefende Gut fällt von diesem in einen Beförderungskorb und der, der abwechselnden Beschickung und ununterbrochenen Bedienung wegen, mehrteilige Trog ist auch mit einem gelochten Doppelboden und darunter liegender Dampfrohrschlange zum Anwärmen der Weichflüssigkeit versehen.

Einen ortsfesten Behandlungstrog mit Flüssigkeitswechsel zeigt Fig. 60. Das auf dem Bodenrost getragene Gut kann durch die darunter liegende Heizrohrschlange auch zum Brühen gebracht werden. Die eine Flüssigkeit kann nach ihrer Wirkung durch das Bodenventil *r* in den Fußbodenbehälter *a* abgelassen werden, und wird dann aus dem gleichen Behälter *b* die zweite Flüssigkeit durch die mit einem Stellhahn beide Behälter bedienende Schleuderpumpe *p* mit Hilfe eines Verteilungssiebrohres in den Behandlungstrog *t* gefördert. Die verbrauchte Flüssigkeit wird wie bei den anderen Trögen in einen Bodenabführkanal gelassen.

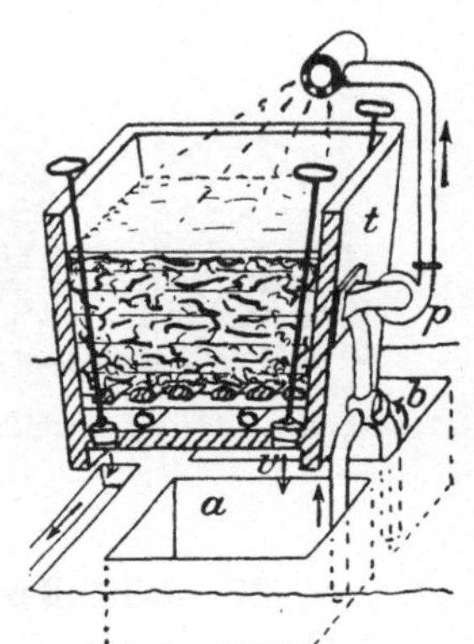

Fig. 60. Einweich- und Brühbottich zur wechselweisen Füllung mit verschiedenen Flüssigkeiten.

Um bei solchen Behandlungströgen die Bedienung, namentlich das Herausnehmen des Gutes zu erleichtern, wird nach den Bildern *a* und *b* der Fig. 61 dasselbe von einem Siebkorbe aufgenommen, der nach *a* senkrecht von einer Deckenwinde aushebbar ist und dann zur schnellen Entleerung gekippt werden kann, oder nach *b* unmittelbar aus dem Troge kippend ausgehoben wird, um seinen Inhalt auszuschütten. Bei Behandlung von Gewebestücken, wobei dasselbe im Strang oder breitliegend in den Trog gelegt wird, mit Hilfe eines Schwingers oder dergl. (Fig. 43), wird das Gewebe oder ähnliche flachbahnige Ware durch eine obere Zugwalze *z* in einem Trogabteil ausgezogen und nach ebener Fortführung abfallend in einem Förderwagen gefaltet; aus einem gleichen Wagen wird umgekehrt das Gewebe in die Höhe gezogen und wie ersichtlich in den Behandlungstrog gelegt. Der Trog ist mit Heizrohren zur Flüssigkeitsanwärmung und gegebenenfals zum Brühen oder Kochen versehen, und findet also eine Stückbehandlung statt.

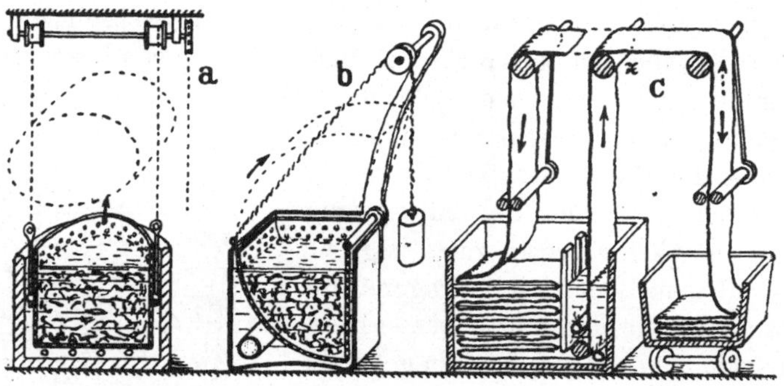

Fig. 61. Arten der Beschickung und Aushebung des Behandlungsgutes aus den Trögen oder Bottichen.

B. Ruhendes Gut in bewegter Flüssigkeit.

1. Vorbemerkung.

Bei diesem Verhältnis wird das Behandlungsgut dem Flüssigkeitsstrom ausgesetzt oder von der Flüssigkeit durchströmt. Dazu muß das Gut in einem durchlässigen Behälter gelagert, in diesem also verpackt werden. Dies gibt nur eine Stückbehandlung bei diesem Verfahren, das man demzufolge auch als Packbehandlung bezeichnet. Die Flüssigkeitsströmung wird hervorgebracht durch ein pumpenartiges An- oder Durchsaugen oder Durchdrücken des Gutes von der Flüssigkeit oder durch physikalische (Wärme und Luftdruck) Unterschiede, und es ist noch zu unterscheiden, ob dies im freien oder geschlossenen Behälter, also unter natürlichem Luftdruck oder einem höher erzeugten Druck, d. h. im dicht abgeschlossenen Behälter stattfindet, und eine in dem wiederholt zu beschickenden Behandlungsbehälter vorhandene Flüssigkeitsmenge in Strömung versetzt oder ein von außen eingeleiteter

Dauer-Zuflußstrom tätig ist. Die letzteren beiden Arten werden durch die Vorrichtungen der Fig. 62 gekennzeichnet. Wenn man die linke Seite des Bildes a für sich betrachtet, so hat man einen Behandlungsraum oder eine Kammer *c*, die durch den Deckel *d* beschickt und entleert wird und in welcher das Gut durch einen Siebboden niedergehalten wird. Die Kammer *c* verengt sich zu einem Zylinder, in dem der Kolben k verschiebbar ist. Beim Nieder- oder Eindrücken desselben wird die im Rohre *r* zugelassene Flüssigkeit in das Gut gepreßt und dieselbe tritt beim Rückgehen des Kolbens wieder heraus. Wird diese Einrichtung gegenseitig verdoppelt, wie das ganze Bild *a* zeigt, und die zwei Kolben *k* z. B. durch eine mit Zahnstangentrieb-Kehrlauf hin- und her-

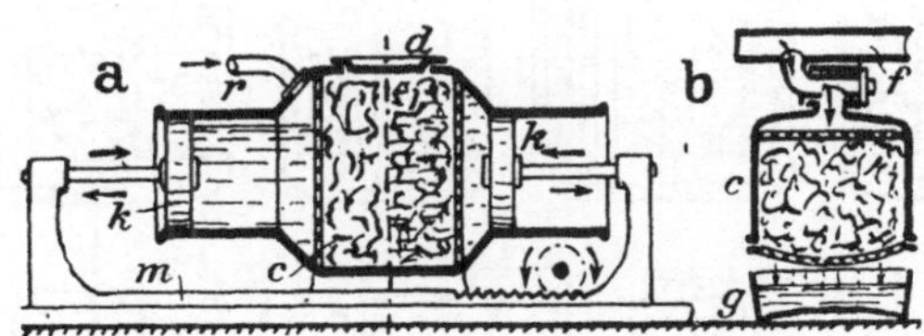

Fig. 62. Durchtreiben und Durchsickern der Flüssigkeit durch eingeschlossenes Gut mit Wechsel- und Dauerströmung.

gehende Schiebebrücke *m* verbunden, so wird die eingeschlossene Flüssigkeit abwechselnd von beiden Seiten mit Ansaugen und Pressung durch das Gut bewegt. Es besteht also ein zwangsweiser Flüssigkeitsdurchtrieb, der eine vollkommene Durchdringung des Gutes bei wiederholter Betätigung bis zum gewollten Grade sichert.

Diesem gegenüber wird nach dem Bilde *b* der Gutbehälter an die Flüssigkeitsdruckleitung *f* angeschlossen und zwar zur bequemen Be- und Entladung an einem Hahnstutzen kippbar. Die zutretende Flüssigkeit sickert also durch ihr Eigengewicht durch das Gut, um nach dem Durchgange von dem Gefäß *g* aufgenommen zu werden, oder wird durch den Flüssigkeitsdruck durch das Gut nach außen gepreßt. Dieser kann dabei durch eine Pumpe und, wenn eine Wärmewirkung zulässig ist, auch durch Dampfspannung erzeugt werden.

2. Offene Behälter.

Die für die faßbare Gutmenge abgemessene Flüssigkeitsmenge in ersterer in Strömung zu bringen, ist der Arbeitsvorgang der in Fig. 63 dargestellten Vorrichtungen. Dies wird zunächst in einfachster Weise durch Wärmeunterschiede bei den Vorrichtungen der Bilder *a* und *b* bewirkt. Bei ersterem wird in dem Raum unter dem Siebtrogboden für das Gut die Flüssigkeit erhitzt, die dann der Ausdehnung folgend in dem leichtesten Wege, in einem Mittelrohr *r* in die Höhe steigt, sich über das Gut ergießt und dasselbe durch eigene Schwere durchsickert, um sich im unteren Dampfschlangenheizraum zu sammeln und den

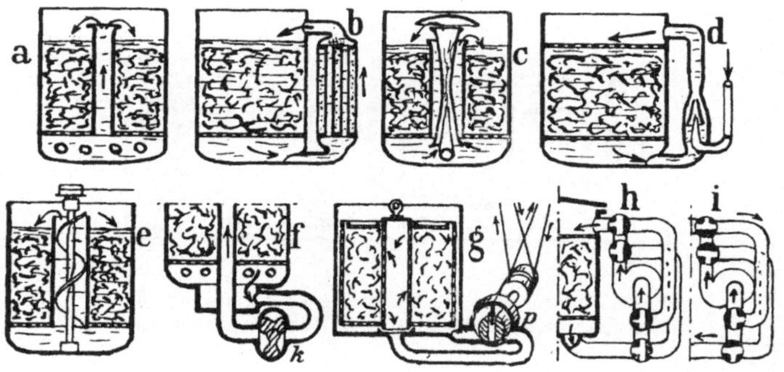

Fig. 63. Offene Behälter mit freiem Durchsickern und zwangsweisem Durchsaugen mit kreisendem Flüssigkeitsstrom und Stromumkehrung.

Weg von neuem zu machen, so daß ein dauernder Kreislauf der Flüssigkeit herbeigeführt wird. Die diesen bewirkende Erhitzung findet beim Bilde *b* nach Fig. 44 außerhalb des Gutbehälters statt.

Dieser Flüssigkeitskreislauf wird durch ein Heben zum Übergießen unterstützt, was einesteils durch Dampfstrahl-, anderenteils durch mechanische Pumpen erfolgt. Anordnungen der ersteren Art zeigen die Bilder *c* und *d* und zwar mit im mittleren Steigrohre *r* selbst oder außen am Behandlungsbehälter angebrachtem Förderer. Da mit diesen Einrichtungen eine Verdünnung der gegebenen Flüssigkeitsmenge verbunden ist, anderseits nicht immer deren damit verbundene Erwärmung gewünscht wird, wird die Flüssigkeitsförderung mit Pumpen, wie sie in den Vorrichtungen der Bilder *e* bis *h* in ihrer verschiedenen Durchführung gezeigt ist, vorgezogen. Bei *e* ist im Steigrohre eine sich drehende

Schraube für das Heben der unten sich sammelnden, durchgesickerten Flüssigkeit benutzt, bei *f* saugt ein Kapselwerk *k* die Flüssigkeit ab und drückt sie in das Steigrohr zurück. Zur leichteren Beschickung wird das Gut auch in einem aushebbaren Siebkessel mit innerem Siebrohr untergebracht, der nach *g* in dem Behandlungsbehälter mit letzterem auf den kegelförmigen Saugstutzen der Flügelpumpe *p* gesetzt wird. Die so aus dem Mittelrohre *r* abgezogene Flüssigkeit wird durch die Pumpe in den Behälter zurückgedrückt, um in diesem durch das Gut gesaugt zu werden. Wird die Drehungsrichtung der Flügelpumpe *p* zeitweilig gewechselt, was durch ein Riemenwendegetriebe, wie gezeichnet, leicht zu bewirken ist, so wird auch die Durchgangsrichtung der Flüssigkeit im Gut gewechselt, was zu vollkommener Durch-

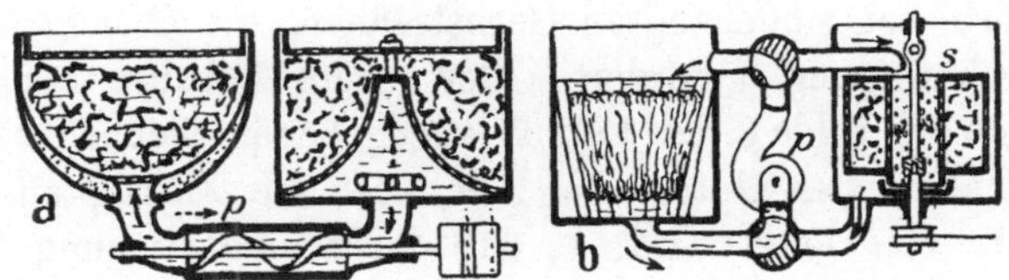

Fig. 64. Zwillingsbehälter mit wechselnder Tätigkeit.

dringung und allseitiger Benässung der Fasern nötig ist, wie aus Fig. 13 hervorgeht, denn durch den runden Faserkörper wird der Flüssigkeitsstrom geteilt, so daß derselbe die Hinterseite des Körpers nur unvollkommen trifft. An Stelle des Kehrtriebes der Pumpe werden zu gleichem Zwecke auch Umleitungen mit Dreiweghähnen angeordnet, was das Bild *h* zeigt, und ist aus dem Bilde *i* die Stellung der Hähne zum Wechsel der Stromrichtung ersichtlich.

Zur Vereinfachung der Anlage, und um einen Pumpenstillstand für die Be- und Entladung der Behandlungskufen mit kreisender Flüssigkeit oder Flotte, wie man sagt, zu umgehen, werden dieselben, was sich wiederholt in der Ausrüstungstechnik findet, paarweise mit gemeinschaftlicher Pumpe gekuppelt, wie die Bilder Fig. 64 zeigen, die auch verschiedene Ausführungen dieser Kufen darstellen. Bei *a* sind die zwei Kufen durch eine Schraubenflügelpumpe *p* verbunden, die im Verbindungsrohr liegt und durch ein Wendegetriebe zum abwechselnden Aussaugen und Zurückdrücken der Flüssigkeit aus und in die Kufen gebracht wird. Bei *b* sind die Kufen durch Rohre mit Umstellhähnen, zwischen denen die Schleuderpumpe *p* arbeitet, verbunden, so daß hier die Kufen abwechselnd arbeiten und stets bei Be- und Entladung der einen die kreisende Flotte in der anderen Kufe tätig ist. Natürlich kann auch hier eine wechselnde Richtung der Strömung durch die vorher angegebenen Mittel stattfinden.

Das Bild *a* zeigt links für das allseitige leichte Hineinreichen die Kufe hohlkugelförmig, rechts dieselbe für möglichst gleichen Durchgangsweg der Flüssigkeit durch das Gut mit einem entsprechenden Siebeinsatz. Der linke Behälter des Bildes *b* hat einen Kegeleinsatz zur Aufnahme des Gutes, so daß bei der Strömung nach unten dasselbe sich dichter legt. Bei umgekehrter Strömung wird das Gut dann wieder gelockert, und wird durch diese Vorgänge, namentlich bei eingehängten Garnsträhnen, die Gleichmäßigkeit der Durchdringung gefördert. Der rechte Behälter bei *b* zeigt den schon im Bilde *g* der Fig. 63 angegebenen Siebbehälter *s* für die Aufnahme des Gutes, bei dem aber die Flüssigkeit in das Mittelrohr eingeleitet wird, so daß durch eine Drehung des Behälters, indem derselbe auf eine Bodenumlaufscheibe gesetzt wird, eine Schleuderwirkung entsteht, die auch die gleichmäßige Flüssigkeitsverteilung an das gepackte Gut zur Folge hat.

Aus den gegebenen Beispielen ist schon ersichtlich, wie diese ortsfesten Behandlungskufen, die durchweg oben offen sind, also als stehend bezeichnet werden, vielseitig ausgebildet werden. Dazu trägt nun auch die Behandlungsform des Gutes und dessen Bettung in der Kufe, d. i. die P a c k u n g s a r t, bei. Verschiedene dieser veranschaulicht Fig. 65. Die volle Durchdringung verlangt dabei stets eine vollständige Füllung des Packraumes. Garnkötzer werden hierzu, was bei losem Fasergut und Lumpen an sich schon möglich ist, zur dichten Lage mit den ineinander greifenden Spitzen nach *a* zusammen- und nach *b*, oberhalb, versetzt aufeinander gelegt. Bei größeren Spulen werden nach *b*, unten, die entstehenden Zwischenräume durch Leerstöcke *l* ausgefüllt. Nach *c* werden an dem mittleren Siebaufsatzrohre sternförmig kleine Aufnahmebehälter, z. B. für Bandspulen, angesetzt, die vorn durch Siebdeckel geschlossen werden, und solche Bandwickel und Kreuzspulen werden nach *d* auch auf abstehende Siebrohrstutzen des mittleren Aufsatzrohres gesteckt, das hier aus ineinander geschobenen Rohren besteht, so daß jeder Stahlrohrkranz seine Zu- und Ableitung für sich findet, die Gleichmäßigkeit der Durchdringung der getrennt steckenden Körper also gesichert wird. In gleicher Weise wird nach *h* auch mit Garnkötzern verfahren, die gelochte Hülsen besitzen, um die gleichmäßige Einzeldurchdringung zu erhalten. Nach *f* links werden die Behandlungskörper von Garn und Krempelband auf Siebrohre gesteckt, die unmittelbar auf dem Saug- und Druckrohre der Strömungspumpe sitzen, und nach *f* rechts die Siebrohrhülsen der Körper zwischen

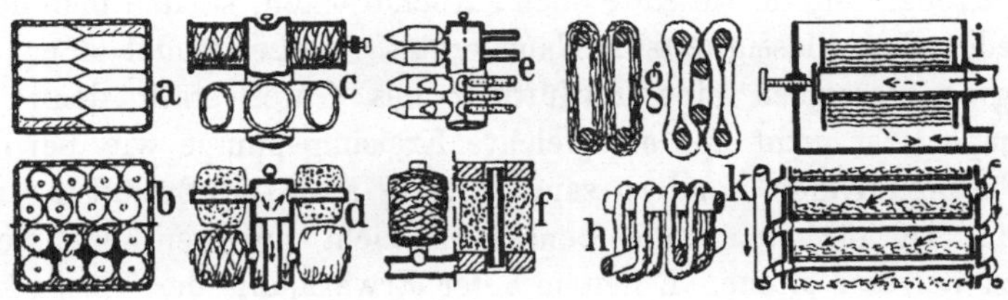

Fig. 65. Packungsarten des Behandlungsgutes.

Einlegeboden *v* gehalten. Garnsträhne werden auf Stäben in die Kufen gehängt, auch nach *g* links mit unteren Spannstäben, wobei nach *g* rechts für die Dichtlage der Strähne noch Zwischenstäbe eingelegt werden. Noch vollkommener wird diese Einbettung, wenn nach *h* die Hänge- und Spannstäbe sich kreuzen.

Garnketten und Gewebe werden auf gelochte Bäume gewickelt und diese stehend oder liegend nach *i* in die Kufen eingesetzt, so daß der mittelbare Hohlraum durch Kegelschluß mit andersendiger Verschraubung auf das Saug- und Druckrohr der Kreisungspumpe trifft. Die Bettung erfolgt schließlich nach *k* in einzelnen aufeinander sich schichtende Einsatzhorden, deren Ober- und Unterräume mit den zugehörigen Zweigen des gemeinschaftlichen Saug- und Druckrohres in Verbindung treten.

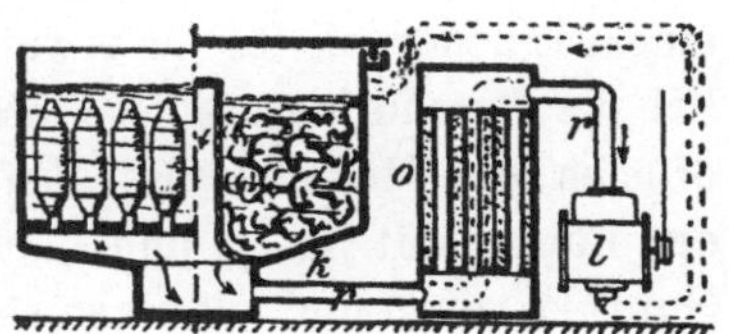

Fig. 66. Flüssigkeitsdurchtrieb durch Luftdruckunterschied.

Die Herbeiführung der Durchdringung in Packkufen mit einseitiger Luftabsaugung, also dem Durchtreiben vom Druck der Außenluft, veranschaulicht Fig. 66. Der Bodenraum der Kufe *k*, die entsprechend für aufgesteckte

Einzelkörper, wie links gezeigt, oder geschichtetes Gut mit mittlerem Siebrohr, wie rechts gezeigt, eingerichtet wird, steht durch das Rohr *r* mit der Luftpumpe *l* in Verbindung, und beim Arbeiten der letzteren wird die Flüssigkeit aus dem Gut gezogen, welche nach Pumpenstillstand und Luftzulaß wieder zum Wechselstromarbeiten durch eigenen Druck in das Gut zurücktritt. Die Flüssigkeit kann dabei durch einen Röhrenkessel *o* gesaugt werden, in dem sie für das erneute Zutreten an das Gut angewärmt wird. Die Luftpumpe kann die Flüssigkeit dann auch, wie punktiert angegeben ist, in die Kufe oben zurückdrücken, so daß man dann wieder den Flüssigkeitskreislauf erhält. Dabei findet aber vor Beginn desselben eine Entlüftung des Gutes statt, denn die Pumpe *l* ist nicht nur eine leichte Kreisungspumpe wie bei den bisherigen Kufen, sondern saugt kräftig an. Die Entlüftung des Gutes ist für eine volle Benässung nicht unwesentlich, wenn auch bei den offenen Kufen mit der Erwärmung der Flüssigkeit die Abstoßung der von derselben mitgerissenen Luft von selbst vor sich geht.

3. Geschlossene Behälter.

Die bisher betrachteten offenen Behälter gestatten die Behandlung des eingebetteten Gutes mit heißer und kochender Flüssigkeit, Wasser, rein und angesäuert, Lauge und Farbflotten aber nur bis zum Koch-Wärmegrade des gewöhnlichen Luftdruckes d. i. bis zu nahezu 100 Grad. Gewisses Textilgut verlangt aber zur Erzielung einer bestimmten Einwirkung dieser Flüssigkeiten die Behandlung mit höheren Graden, und da diese meist nur bei entsprechender Drucksteigerung in den Behältern erzielt werden, müssen dieselben geschlossen sein und erfahrungsgemäß einem Innendruck bis zu etwa 3 atm. genügen. Dabei muß natürlich die Durchdringung des Gutes ebenso vollkommen sein, wie bei offenen Behältern, es ist also eine Strömung und ein Kreislauf der Flüssigkeit nötig, und dabei ist auf mögliche Entlüftung des Gutes zu sehen und auf einen steten bedeckenden Flüssigkeitsstand desselben, denn es würden sonst durch die Deckstellen gegen das Flüssigkeitseindringen und durch das Einbrennen des heißen Dampfes an den trocken bleibenden Stellen Flecken entstehen, die kaum mehr aus dem Gut durch eine Nachbehandlung zu entfernen sind.

Die geschlossenen Behälter für das zu behandelnde Gut, das irgend eine bettungsfähige Behandlungsform besitzt, die sogen. Hochdruckkochkessel, werden in stehender und liegender Anordnung ausgeführt. Die erstere ist in Fig. 67 im Bilde *a* dargestellt. Der mit großem Fassungsraum für das Gut (lose Baumwolle, Garnsträhne, Garnketten, Gewebe u. dgl. im Strang) ausgeführte Kessel *k* hat zum Durchsaugen aller Teile der Ein-

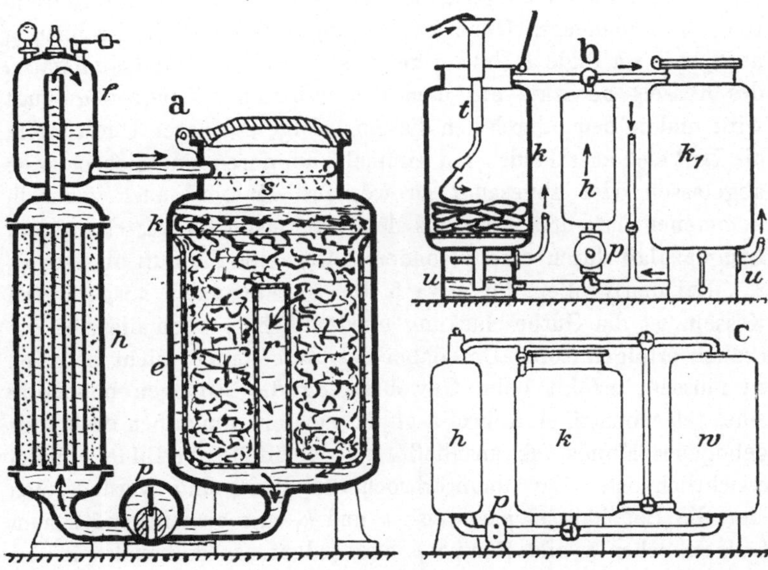

Fig. 67. Stehende geschlossene Behälter (Bäuchkessel) in einfacher und Doppelanordnung und mit Hilfsbehälter.

bettung in gleich langem Wege einen die Kesselwandung frei lassenden Siebeinsatz *e* mit mittlerem Siebrohr *r* und oberem Flüssigkeitszulaßsiebrohr *s* zur gleichmäßigen Verteilung. Die am Boden des Kessels durch die Flügelpumpe *p* abgesaugte Flüßigkeit wird durch den Röhrenkessel *h* nach oben gedrückt und dabei zum Kochen gebracht und darin erhalten. Die Flüssigkeit oder Lauge steigt dann in dem mittleren Rohre des darüber sitzenden Gefäßes *g* in die Höhe und ergießt sich in dasselbe, um daraus in das Rohr *s* zu laufen. Das Gefäß *g* wirkt einesteils für die Ermöglichung der Ausdehnung der heiß werdenden Flüssigkeitsmenge, andernteils sammelt sich darin die beim Kochen aus der

Lauge von dieser mitgeführte entweichende Luft, die durch einen Lufthahn zeitweilig abgelassen wird. Das Gut im Kessel *k* steht also von oben immer unter Lauge, ein Zutreten von Dampf an dasselbe wird vermieden.

Diese ihrer Wirkung nach als Bäuchkessel bezeichneten Behälter werden auch nach Fig. 63 mit innerem und äußerem Dampfstrahler und mit mittlerem Pumpensteigrohr ausgeführt und mit Kolbenpumpen ausgerüstet, doch ist die beschriebene Einrichtung vollkommener. Ohne Ausdehnungsgefäß wird die Entlüftung auch, wie im Bilde *b* links gezeigt ist, durch ein Untersatzgefäß *u* des Kessels bewirkt, aus dem die einlaufende Lauge abgesaugt wird und in dem, durch den diesem zufolge erzeugten Unterdruck, die Luft sich ausscheidet und sammelt, um durch eine Siebschlange abgelassen oder abgesaugt zu werden. Es wird auch zur vollkommenen Luftentfernung aus dem Gut, also dem Kessel vor dem Laugenzulaß durch eine besondere Luftpumpe die Luft abgesaugt.

Bei den großen, für etwa 5 cbm Fassungsraum ausgeführten Kesseln ist die Gutbeschickung umständlicher, wenn dieselbe geordnet erfolgen soll. Um dabei das Kesselinnere nicht betreten zu müssen, erfolgt beim Gewebestrang das Einlegen mit Hilfe eines teleskopartigen Rohres *t*, an das sich ein von außen drehbares gebogenes Mundstück anshließt, wie ebenfalls im Bilde *b* links ersichtlich ist. Zur ununterbrochenen Bedienung werden auch hier die Bäuchkessel paarweise *k* und k_1 mit gemeinschaftlichem Laugenkocher *h* und Pumpe *p* angeordnet, so daß während der Entladung und Beschickung des einen Kessels der andere arbeitet.

Zur Wiederbenutzung der gebrauchten Lauge für das Vorkochen der nächsten Beschickung schaltet man nach dem Bilde *c* den Kessel *k* mit seinem Kocher *h* und seiner Pumpe *p* mit einem Hilfsgefäß *w* zusammen, das den Laugenvorrat aufnimmt. Man kann damit auch die Entlüftung bewirken, indem sich darin durch den Unterdruck die Luft ausscheidet und dann herausgedrückt wird. Durch Dreiweghähne in den Verbindungsrohren ist eine vielseitige Handhabung mit der Lauge in den Kesseln *k* und *w* möglich, so daß man z. B. erst einweichen, dann vor- und nachkochen kann, wie es eben die Behandlung des Gutes erfordert. Diese Bäuchkessel dienen im besonderen zur Vorbereitung des Baumwollfasergutes und der auch verarbeiteten Baumwolle im allgemeinen für das Bleichen. Die Baumwollfaser ist mit einem Pflanzenfett überzogen, welches die Einwirkung des Bleichmittels (Chlor) hindert und das deshalb zu entfernen ist. Dies erfolgt durch das Kochen mit Natronlauge in Wärme von etwa 120 Grad. Dieses Bäuchen ist deshalb ein wichtiges Arbeitsglied im Bleichvorgang.

Da die Beschickung der stehenden Bäuchkessel, wie bemerkt, umständlich ist, was auch bei den offenen Behältern der Fall ist, wenn diese nicht mit aushebbarem, also außerhalb zu be- und entladendem Gutträger versehen werden, so führt man diese Behälter auch liegend mit ein- und ausfahrbaren Wagen zur Aufnahme des Gutes aus, was aus Fig. 68 hervorgeht. Bei dem Behälter des Bildes *a* besitzt dieser Beschickungswagen *w* eine Mittelkammer *r*, die durch einen Kegelschluß an der hinteren Stirn-

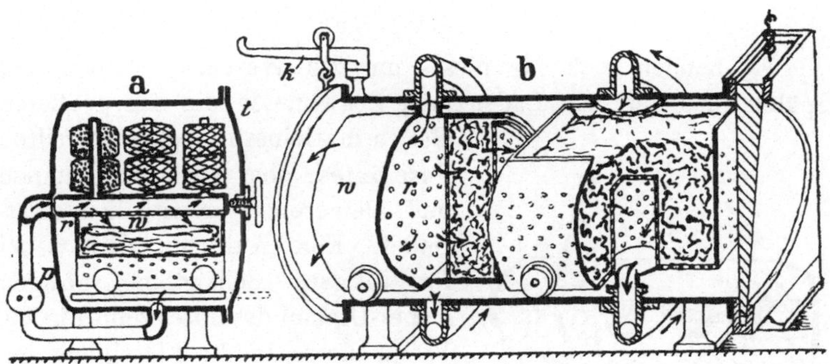

Fig. 68. Liegende Behälter mit Beschickungswagen und kreisendem Laugenstrom.

wand und eine Niederdrückschraube an der vorderen Kesseltür *t* mit dem Druckrohr der Pumpe *p* in Verbindung gesetzt wird. Von der Kammer *r* aus stehen Siebrohrstutzen ab, auf welche Bandwickel oder Spulen gesteckt werden, und für geschichtetes Gut, wie unterhalb angedeutet ist, tritt die Lauge durch die Siebwandung der Kammer an dasselbe. Bei dem Behälter des Bildes *b* hat der linke Beschickungswagen *w* eine Verbindung mit dem an der höchsten Stelle des runden Kesselmantels einmündenden Druckrohre der Kreisungspumpe, und die Verteilungskammer *r* für die zylindrischen Beschickungsräume, die Siebwandung besitzen, ist senkrecht mit Stirnsiebwänden versehen. Der Beschickungswagen rechts hat eine mittlere Saugkammer, die mit dem unten mündenden Saugrohr der Pumpe in Verbindung gebracht wird, so daß sich die Lauge oben durch ein Verteilungssieb frei über das Gut im seitlich und unten geschlossenen Wagen ergießt. Beim Behälter *b* ist links gezeigt, wie die schwere Verschlußtür an den Stirnwänden beim Lösen von einem Drehkrahn *k* getragen, und rechts, wie zum senkrechten Ausheben für das Öffnen dieselbe keilförmig ist, so daß ihr Eigengewicht auf die erforderliche Abdichtung hinwirkt.

C. Im Flüssigkeitsbade bewegtes Gut.

Hier hat die Behandlungsform einen Einfluß auf die Einrichtung der benutzten Arbeits Maschinen, die deshalb getrennt zu betrachten sind. Es handelt sich um die sich ergebende verschiedene Führung des Gutes im Bade und durch dasselbe.

1. Loses Gut.

Es handelt sich für dieses um das Waschen, Färben und Spülen, das bei dem Baden oder Schwimmen des aus größeren Ballen in kleinere Flocken zerteilten Fasergutes, aber auch bei Lumpen und kleineren Warenstücken stattfindet. Eine Kufe mit dem dabei für längere Behandlung nötigen Dauer-Umlauf des Gutes zeigt Fig. 69. Wenn dieses in die Flüssigkeit geworfen wird, so wird es vorn an der Kufe durch eine sternartige Walze *l* untergetaucht und das dadurch am etwas aufsteigenden Boden hinschwimmende Gut wird dann durch eine schwingende Rechenschaufel *g* im Bade wieder nach vorn geschoben, um wiederholt untergetaucht zu werden und so die volle Sättigung zu finden.

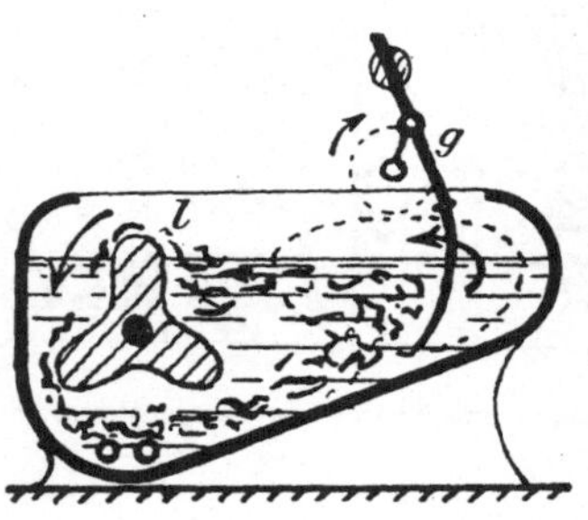

Fig. 69.
Wasch- und Färbekufe mit Gutumlauf.

Dieser Gutsumlauf wird wagrecht in einem runden oder ovalen Bottich nach Fig. 70 herbeigeführt, der innen eine Insel *i* besitzt, so daß ein mit Flüssigkeit gefüllter Umlaufkanal gebildet wird, in dem an ein oder zwei Stellen ein Fortschieben des Gutes stattfindet. Dies wird, wie rechtseitig dargestellt ist, von umlaufenden Rechenflügeln *r*, welche das Gut untertauchen, und Schwingrechen *f*, wie links gezeigt ist, besorgt. Die hin- und hergehende und dabei im Rücklauf aushebende Bewegung dieser

Rechen wird von einer Kurbel *k* erteilt, wobei die Rechenstange in einer drehbar gehaltenen oberen Hülse *h* sich verschiebt. Der Bottich erhält zur Scheidung des sich absetzenden und senkenden Schmutzes einen gelochten Doppelboden, unter dem zur Baderwärmung wie in Fig. 69 die Rohrschlange liegt. Zum Ausheben des Gutes dient die Schwingschaufel *s*, die in gleicher Weise wie der Rechen *f* bewegt wird, dabei aber von einer zweiten Kurbelscheibe *e* mit Lenker eine Schwingung zum Legen des erfaßten Gutes auf das Abführtuch *t* erhält.

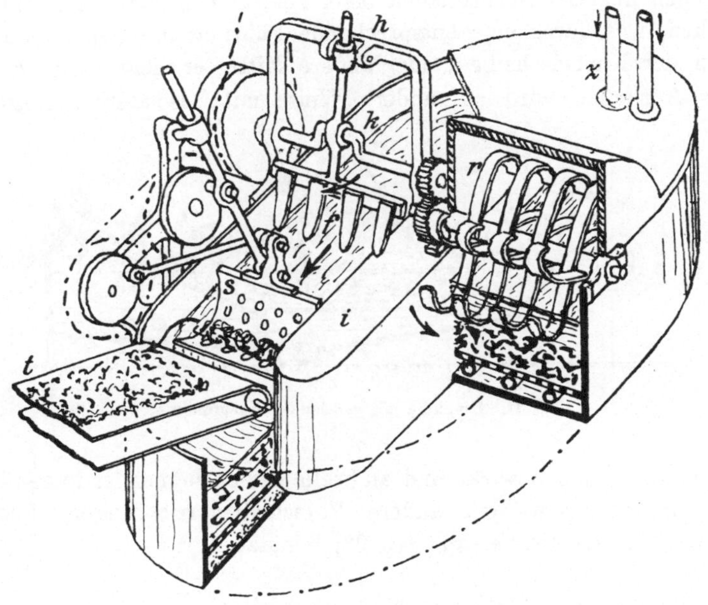

Fig. 70. Ovaler Bottich mit Umlaufkanal, Tauch- und Schieberechen und Ausheb eschaufel.

In dieser Kufe können durch den Wechsel der bei *z* zutretenden Flüssigkeit verschiedene Behandlungen nacheinander in verschiedener Dauer, z. B. Waschen und Nachspülen, stattfinden, für eine kürzere Behandlung genügt dagegen auch das gerade Durchschwimmen eines Bades, wie es bei der Kufe Fig. 71 besteht. Das von dem endlosen Tuch *z* zugeführte Gut fällt frei in das Bad, wird aber auch, wie punktiert angegeben ist, durch eine Flügeltrommel eingetaucht. Im Bade arbeiten eine Anzahl Schwingrechen *g*, welche das schwimmende Gut nacheinander weiterschieben, bis dasselbe am Ende auf den schräg ansteigenden Siebboden gelangt, wo es durch den infolge von Schlitzführungen von den Kurbeln *k* gerade vorgeschobenen Rechen *r* zum Austritt zwischen den Quetschwalzen *g* gelangt, welche den größten Teil der aufgesaugten Flüssigkeit zurückhalten. Es ist zu beachten, daß die Schwingrechen schräg in das Bad eintauchen und auch so heraustreten, so daß das Fasergut sich um die Zinken schlingt und dadurch in dem warmen Bade zu Verfilzungen Anlaß gibt. Diesem ist zu begegnen durch ein senkrechtes Eintauchen der Rechen und Senkrechtbleiben beim Verschieben sowie dem Hochgehen, was durch eine entsprechende Führung mit Gegenlenker *f* von der Kurbelscheibe *i*, oder andere Mittel erreicht wird. Auch das Ausheben wird auf andere Weise mit besonders geführten

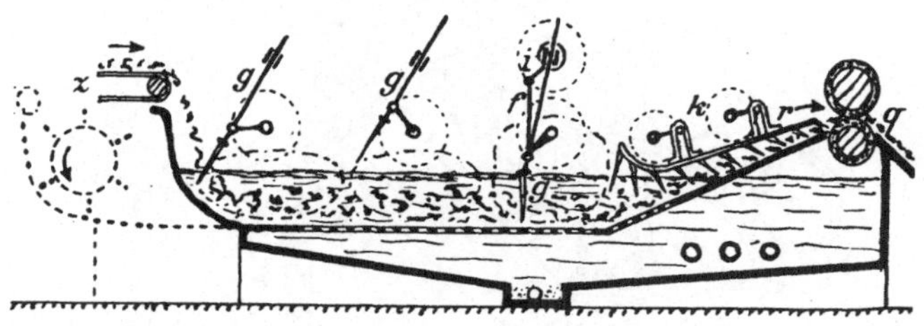

Fig. 71. Langkufe mit gerader Gutdurchführung.

Scchaufelrechen bewirkt und an Stelle der nacheinander folgenden Schwingrechen werden andere Vorschiebevorrichtungen (Langrechen, Rechenketten vgl. Fig. 93) benutzt.

2. Garnsträhne.

Bei diesen wird meist nur eine Stückbehandlung vorgenommen und die Behandlungsform muß meist erst besonders geschaffen werden. Berücksichtigt man, daß diese zugearbeitet und die Stückbehandlung, namentlich wenn im Einzelstück vorgenommen, immer umständlich ist, so kann es der allgemein technischen Betrachtung wundernehmen, daß das Garn nicht lieber in die Form einer Kette, also in nebeneinanderliegende Fäden der zu behandelnden Garnkörper gebracht wird, weil dies die ununterbrochene Behandlung wie bei den flachbahnigen Waren zuläßt. Die Strähnbehandlung, die auch kleine Gutmengen zuläßt, ist aber für verschiedene Zwecke noch notwendig und die dafür dienenden Maschinen finden auch noch jetzt ihre Weiterbildung.

Der Strähn ist ein endloser Körper der zum Tragen in einfachster Weise eines durchgesteckten Stabes oder Stockes bedarf, auf welchen er hängend in das Bad gebracht oder eingehängt wird, wie dies Fig. 72 im Bilde *a* bei 1 zeigt. Wenn der Strähn nicht ganz untertaucht, was wegen der Handhabung Schwierigkeiten begegnet, so wird durch das teilweise Eintauchen eine Veränderung in der Aufhängstelle nötig, der Strähn muß also auf seinem Träger umgezogen werden, wobei er durch das Bad gezogen wird. Bei rein handlicher Ausführung wird dies durch einen zweiten Stock mit Wechsel gegen den ersten bewerkstelligt, wie dies das Bild *a* in verschiedenen Arbeitsstellungen verdeutlicht.

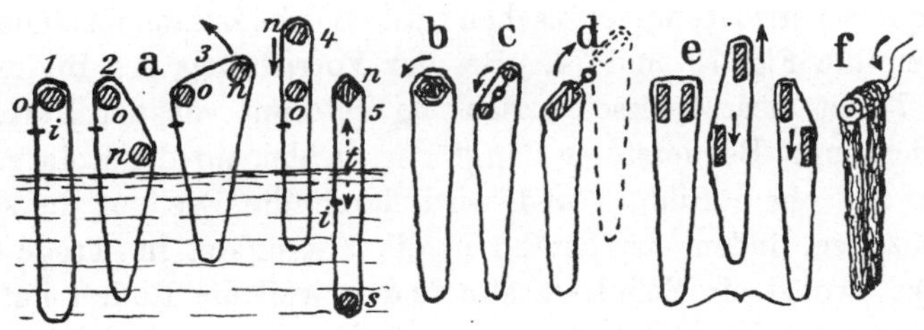

Fig. 72. Vorrichtungen zum Umziehen eintauchender Garnsträhne.

Hierzu ist, um die Bewegung des Strähnes in sich zu zeigen, eine Fitzstelle *i* bemerkt. Der Strähn, oder auch eine Reihe Strähne nebeneinander, hängt auf dem Stock *o* (bei 1); mit dem zweiten Stock *n* wird der Strähn innen unterfaßt (bei 2) und einseitig ausgehoben (bei 3), so daß der Stock *n* über den Stock *o* kommt (bei 4), welcher nun herausgezogen und der Stock *n* an dessen Stelle niedergelassen wird. Der Strähn ist nun in dem Bade (der Färbeflotte) um das Stück *t* (bei 5) umgezogen, und dieser Vorgang wird immer wiederholt. Der Strähn kann dabei durch einen Beschwerstock *s* (bei 5) gespannt oder mit straffer Fadenlage erhalten werden.

Die Stöcke werden rund und vieleckig ausgeführt (bei 4 und 5), und wenn ein solcher, für die Mitnahme des Strähnes eckiger Stock gedreht wird, so erfolgt dabei das Umziehen oder Durchziehen dauernd (vgl. Bild *b*). Das Ausheben und Niederlassen nach dem Bilde *a* ist aber, weil dabei eine absetzende erschütternde Bewegung des Strähnes eintritt für dessen Durchdringung mit der Flüssigkeit sehr nützlich, und diese Bewegung wird bei drehenden Trägern nachzuahmen getrachtet durch eine haspelartige Ausführung des Trägers nach dem Bilde *c* oder ein einseitig umlaufendes Brett nach *d*. Auf mechanische Weise werden ebenso zwei abwechselnd den Strähn aushebende und niederlassende Leisten, wie die Stellungen des Bildes *e* erkennen lassen, benutzt, und es wird die Tragwalze auch in kurbelartigen Umlauf gebracht (nach *f*), womit aber die Mittel für diese Schüttelbewegungen nicht erschöpft sind.

Bei der Strähnbehandlung gibt es zunächst eine Einzelbehandlung, wobei, um beim Abnehmen des nassen Strähnes die überschüssige Flüssigkeit nicht herumzutropfen zu lassen, eine Ausquetscherrichtung vorgesehen wird. Solche Zusammenstellungen zeigen die Fig. 73 und 74. Bei der Vorrichtung des Bildes *a* in Fig. 73 ist diese Quetschvorrichtung getrennt von der Durchzugvorrichtung. Bei letzterer hängt der Strähn auf der Rolle *r* (vgl. auch das obere Bild a_1) und wird durch die Drehung derselben umgezogen, indem der Strähn in die Flüssigkeit im Troge *t* eintaucht, wobei ein Schütteln stattfindet, weil die Rolle *r* auf dem Zapfen einer Kurbelscheibe *i* sitzt und von der Welle derselben für sich durch die Räder i_1 angetrieben wird, so daß die Schüttelung durch die Kurbelscheibe *i*, wobei der Strähn im Troge auch gestaucht wird, im veränderlichen Verhältnis zum Umlauf geregelt werden kann. Nach dem Durchtränken muß der Strähn abgenommen und auf die Spurrolle *e* (vgl. das Bild a_2) gelegt werden, wobei derselbe von der Rolle des Gewichtshebels *g* gespannt wird. In die Spur der Rolle *e* drückt sich die am Gewichtshebel g_1 sitzende Rolle *d*, wobei während des Umlaufes der Rolle *e* der Strähen ausgequetscht und dabei infolge der Verbindung der Hebel *g* und g_1 ein Zusammenwirken des Spannungs- und Preßdruckes stattfindet.

Bei der durch die Bilder *b* und b_1 veranschaulichten Vorrichtung bleibt der Strähn für das Ausquetschen auf der Umzugrolle *r* hängen. Die Druckrolle *d* sitzt dazu an einem von der unrunden Scheibe *x* gesteuerten Hebel, und in gleicher Weise wird der Winkelhebel *w* gesteuert, an dessen aufrechtem Arm, an einem daran drehbaren Winkelhebel *v*, die Strähnspannrolle *s* sitzt, welche für das Durchtränken den Strähn in Trog *t* niederhält. Nach der Sättigung des Garnes hebt die Rolle *s* den Strähn aus und spannt denselben durch einen Federzug, den die Steuerscheibe des Winkelhebels *w* für diesen frei gibt.

Bei der dritten in den Bildern *c* und c_1 dargestellten Vorrichtung wird das Entnässen des gesättigten Strähnes durch Zusammendrehen oder Auswringen bewirkt. Der wagrecht auf den Rollen *r* und *s* hängende Strähn wird durch die an einem Schwinghebel sitzende Rolle *n* in das Flüssigkeitsbad des Troges *t* ein-

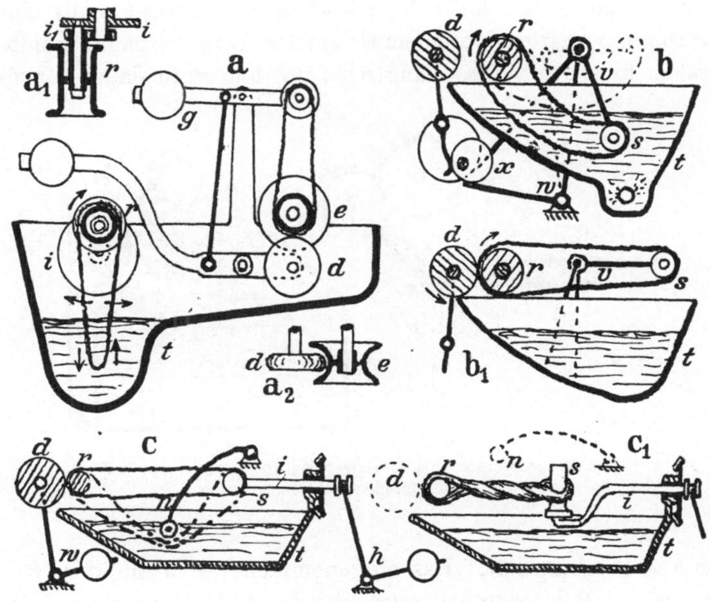

Fig. 73. Maschinen zur Einzelbehandlung von Garnsträhnen zum Durchtränken.

getaucht und darin durch die, auf die (des Auswringens wegen schwache) Rolle *r* sich legende, am Winkelhebel *w* sitzende Rolle *d* durchgezogen. Nach der Sättigung wird die Rolle *n* ausgehoben und durch den Gewichtshebel *h*, welcher an der die Rolle *s* tragenden Achse *i* sitzt, der Strähn straff gezogen. Die Asche *i* ist viereckig und wird während ihrer Vorschiebung in Drehung versetzt, so daß das Zusammendrehen des Strähnes unter dauerndem Anzug von sich geht. Beim Zurückziehen des Hebels *h* wird der Strähn zum Abnehmen locker.

Die Maschinen unter *b* und *c* arbeiten selbsttätig, und von ihrer Steuerrolle aus werden die Umzug- und Ausdrück-Dauer festgesetzt. Es handelt sich folglich bei solchen Einzelsträhn-Behandlungsmaschinen auch um an Bewegungsvorrichtungen reiche Maschinen. Dieselben finden eine Sonderanwendung für das Stärken oder Schlichten.

Das Waschen der gefärbten Garnsträhne durch Abspülen der Färbeflüssigkeit findet durch Umziehen im Wasserbade und Bespritzen mit dauerndem Ausquetschen statt, wie dies Fig. 74 darstellt. Beim Bilde *a* läuft der zwischen den Rollen *r* und *s*, durch Anbringung letzterer an einem Gewichtshebel *g*, gespannt erhaltene Strähn über dem Wasserfangtrog *t* um und wird dabei von dem

Fig. 74. Maschinen zum Einzelwaschen von Garnsträhnen mit Ausquetschvorrichtungen.

Rohre *u* aus bespritzt. Das aufgenommene, sich mit dem Reste der vorigen Behandlungsflüssigkeit mischende Wasser wird dann zwischen der Tragrolle *r* und der nachgiebig angedrückten Druckrolle *d* ausgequetscht und ist hier die Benutzung gehöhlter und gewölbter Walzenflächen angegeben. Nach, gegebenfalls, Aufschlagen des gelenkig in seinem Anschluß gemachten Spritzrohres *u* und Niederdrücken des Fußtrittes *f* zur Entspannung wird der Strähn abgenommen und über die Haken *h* und h_1 gelegt, von denen der erstere in Drehung versetzt und der zweite, an der verschiebaren Stange *i* sitzende feste Haken h_1 durch ein mit Hilfe eines Zahnstangenangriffes wirkendes Gewicht gespannt wird. Ein Fußtritt f_1 bringt auch hier die Freilage des ausgewrungenen Strähnes.

Beim Bilde *b* wird der Strähn zwischen zwei ausragende Tragrollen r, r_1 und eine auf diesen ruhende Druckrolle *d* geschoben und durch den Umlauf unter ständigem Umpressen durch das Bad im Troge *t* gezogen, wobei der Strähn innen und außen von den Rohren *u* bespritzt wird. Zur Entnässung dient das Quetschwalzenpaar *q* mit einem Zuführtuch für den abgenommenen nassen Strähn. Die Anordnung wird gewöhnlich mit zwei gegenüberstehenden Umzugwalzenpaaren und einem gemeinschaftlichen, dazwischen stehenden Quetschwalzenpaar getroffen, so daß immer eines der ersteren Paare arbeitet, während von anderen der Strähn gewechselt wird, um eine ununterbrochene Handhabung durch eine Person zu haben. Zu gleichem Zwecke werden auch die Maschinen Fig. 73 paarweise angeordnet.

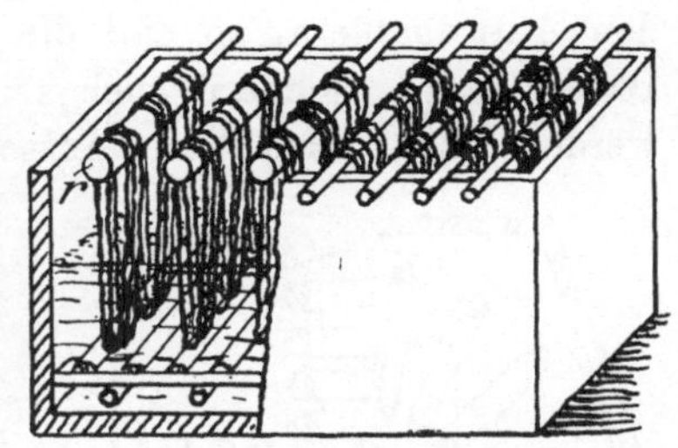

Fig. 75. Kufe zur Reihenbehandlung von Garnsträhnen.

Die Wirtschaftlichkeit des Betriebes erfordert aber eine Bewältigung von Strähnmengen, also eine gleichzeitige Behandlung einer Anzahl Strähne, die auch, wo nicht eine besondere Durchtränkung mit dickeren Flüssigkeiten oder Beizen nötig ist, angeordnet wird. So zeigt Fig. 75 eine Kufe für das Einhängen

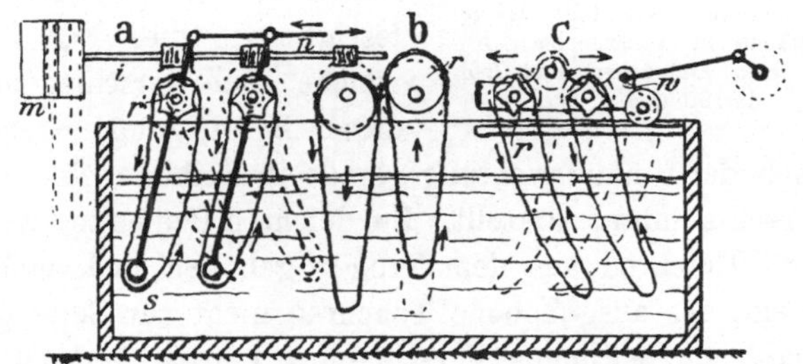

Fig. 76. Einrichtungen zur Schüttelbewegung der Garnsträhne im Bade.

mehrerer Strähne, in je einer Zahl auf Rollen *r* und Stöcken, von denen für das Durchziehen erstere umlaufen, letztere umgelegt werden. Die Flüssigkeit in der Kufe kann, wie dies auch sonst überall möglich ist, durch die in Fig. 44 angegebenen Mittel erwärmt werden. Wie bei einer solchen Kufe zur Reihenbehandlung von Strähnen deren erforderliches Schütteln erzielt wird, veranschaulicht in drei Beispielen Fig. 76. Bei *a* sind sechseckige Tragrollen *r* benutzt, welche durch ihre Drehachse den Flüssigkeitszulauf an die Strähne besitzen können und die von einer Schneckenwelle *i* aus ihren gemeinschaftlichen Antrieb erhalten, sowie auf ihren Achsen Hebel für die Rollen *s* tragen, welche durch gemeinschaftliches Hin- und Herschwingen durch Bewegen der Hebel von einer Schiebestange *n* aus die Strähne im Bad bewegen. Bei *b* sitzen die Tragrollen versetzt auf den gemeinschaftlich ineinandergreifenden Antriebrädern, so daß die Strähne nicht nur senkrecht im Bade bewegt, sondern auch seitlich zum Ausschwung gebracht werden. Bei *c* wird dieser Ausschwung durch Lagerung der Tragrollen *r* auf einem, von einer Kurbel aus geschobenen Rollwagen *w* erzielt. Eine Förderung der Durchdringung wird noch durch ein wechselndes Umziehen der Strähne im Bad erzielt, wozu die umlaufenden Tragrollen von einem Wendegetriebe *m* ihren Lauf erhalten.

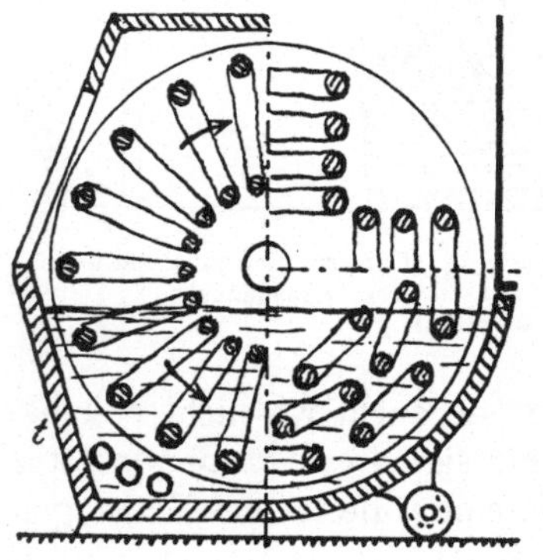

Fig. 77. Drehbares Traggestell für gespannte Strähne in verschiedenen Anbringungen zum Eintauchen und Baddurchführen.

Zur gleichzeitigen Behandlung mehrerer Strähne werden dieselben an einem Tauchrade befestigt, wie dies Fig. 77 zeigt, welche auch verschiedene Arten dieser Befestigung, strahlenartig links, nach der Umlaufsrichtung gerade in Reihen rechts oben und versetzt rechts unten, darstellt. Zur leichten Bedienung wird dabei das ganze Tauchrad aus dem Trog *t* gehoben und auch dieser selbst, wenn das ausgehobene Tauchrad nicht zur Seite gebracht werden soll, zur seitlichen Verschiebung fahrbar gemacht.

Für die leichte Bedienung wird ein solches Traggestell für mehrere Garnsträhne in wagerechter Anordnung und solchem Umlauf ausgeführt, wie dies Fig. 78 veranschaulicht. Die sternartig an der Scheibe *u* sitzenden drehbaren Rollen *r* führen die auf diesen hängenden Strähne nicht nur in den Ringbottich *b* von der ausgebauchten Aufhängstelle *a* zu dieser zur Abnahme zurück, sondern ziehen dabei dieselben im Bade auch um. Wenn, wie linksseitig angedeutet ist, die Achsen der Rollen gelenkigen Anschluß an die Triebräderwalzen erhalten und sich auf einer Bahn abrollen, so kann durch bergige Stellen dieser Ringbahn auch ein Senkrecht-Schütteln der Strähne vor sich gehen.

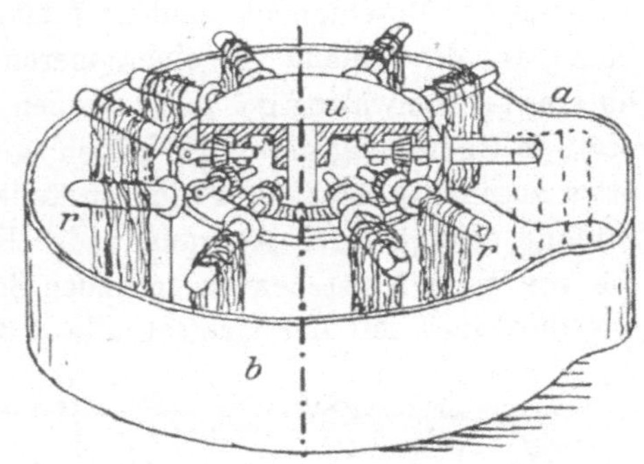

Fig. 78. Mehrsträhnbehandlung mit wagrechtem Umlauf des Traggestelles.

Die gleichzeitige Behandlung mehrerer Strähne, aber in den verschiedenen erforderlichen Arbeitstufen haben selbsttätige Maschinen, wie sie Fig. 79 zeigt, zum Gegenstande. Die Strähne sitzen dabei auch an einem umlaufenden Träger und nach dem Bilde *a* strahlenförmig oder nach *b* der Umlaufrichtung

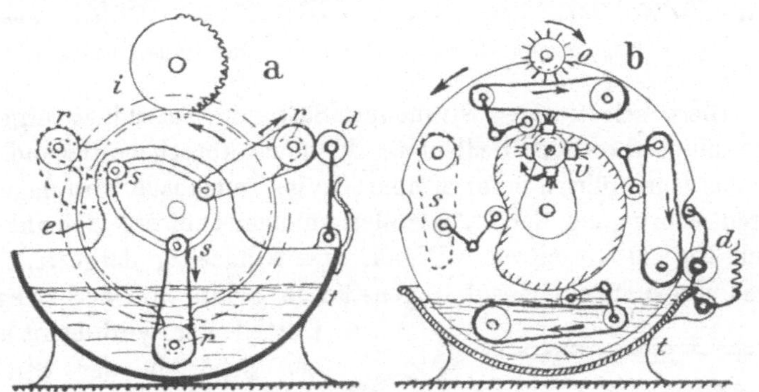

Fig. 79. Selbsttätige Maschinen zur gleichzeitigen Behandlung mehrerer Strähne in den verschiedenen Arbeitstufen.

nach. Die Maschine nach *a* ergibt drei Arbeitstellungen: zur Abnahme des gesättigten und Aufhängen des neuen trockenen Strähnes, links, wozu die Spannrollen *s* der Strähne für deren Nachlassen in einer entsprechenden Rundbogenbahn geführt werden, zum Durchziehen des angespannten Strähnes im Bade des Troges *t*, unten, und für das Ausquetschen des gesättigten Strähnes durch die an einem federnden Hebel sitzende Rolle *d*. Die Scheibe *e*, an der die

Tragrollen *r* sitzen, die von einem Mittelrade aus in Drehung versetzt werden, macht durch ein Rad *i* mit ausgebrochenen Zähnen eine absetzende Drehbewegung.

Bei der Maschine *b* kommt noch eine vierte Arbeitstufe, oben, hinzu, wo die Strähne vor einer oberen vollen Walze *o* und einer unteren Leistenwalze *v* gebürstet werden, um die beim Ausquetschen etwa in Unordnung geratenen Fadenlagen wieder auszurichten und etwa zusammenklebende Fäden zu teilen. Die Anspannung der Strähne erfolgt durch Anordnung der Rollen *s* an Winkelhebeln, die von einer feststehenden unrunden Scheibe aus bewegt werden, wie dies auch mit der Quetschrolle *d* der Fall ist.

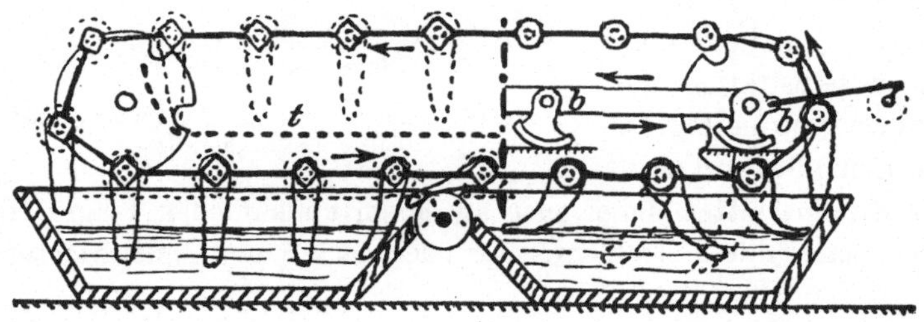

Fig. 80. Trägerkette für Garnsträhne zu deren ununterbrochenen Behandlung.

Diese selbsttätigen Strähngarn-Sättigungsmaschinen ergeben eine ununterbrochene Bedienung, die ununterbrochene Behandlung für das Durchführen einer Strähnreihe im Tauchbade wird dagegen durch Anbringung der Trägerrollen an einer endlosen Gelenkkette nach Fig. 80 vermittelt. Wenn, wie rechtseitig dargestellt ist, diese Kette in einem auf Bogenstücken *b* hin- und herbewegten Gestell sitzt, wird damit auch ein Schütteln der Strähne im Bad bewerkstelligt. Mit einer solchen Trägerkette lassen sich die Strähne auch durch verschiedene Bäder in aufeinanderfolgende Tröge führen, wobei die Tröge hintereinander oder wie links bei *t* angedeutet ist, auch übereinander stehen können.

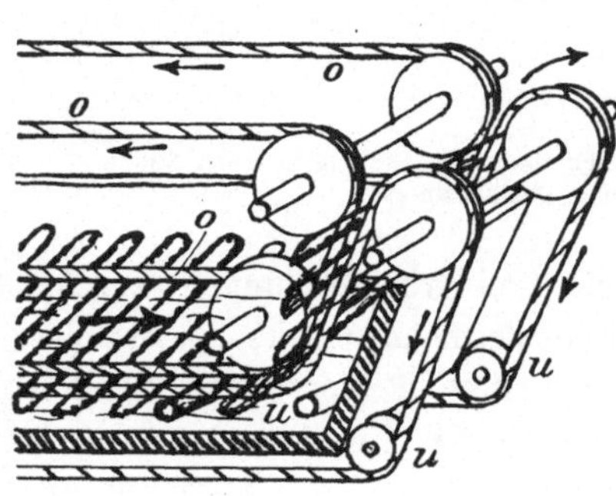

Fig. 81. Führung der Strähne durch endlose Klemmträger.

Die ununterbrochene Durchführung der Strähne wird auch durch Klemmung derselben zwischen endloslaufenden Gurten und Seilen erzielt, was Fig. 81 zeigt. Die Strähne werden von zwei Stellen je zwischen zwei dieser Seile *o*, *u* geklemmt und in der gewünschten Weise von diesen durch das Bad bewegt. Ein absetzender Fortgang der beiden Klemmseilläufe, unter sich verschieden, bringt eine Selbstbewegung der Strähne im Bad hervor und wechselt auch bei versetztem Gang der zusammengehörigen Klemmseile unter sich die Klemmflächen am Strähn zur allseitigen Bespülung also der Vermeidung von Flecken.

3. Ware im laufenden Strang.

Das Zusammennehmen von Geweben und anderen in fortlaufender Bahn erzeugten Waren, auch der Garnketten, zu einem runden Strang ergibt eine gute Aufnahme von Flüssigkeit beim Tauchen in solche, weil durch die Faltlagen Ansaugekanäle gebildet werden, und dann eine gute Durchdringung beim Quetschen, weil dabei der dicke Strang einen dem Druck gut nachgebenden Körper bildet, indem sich die Faltlagen immer anders anordnen, so daß eine gute Verteilung der Aufsaugung vermittelt wird.

a) Stückbehandlung.

Auch ohne die vorbemerkte unterstützende Quetschung wird zur Durchtränkung der Warenstrang durch das Flüssigkeitsbad gezogen, wie dies das Bild *a* der Fig. 82 zeigt. Das im Trog *t* schlangenartig liegende Warenstück wird über den Haspel *y* genommen und durch Umlauf desselben aus dem Bade gezogen und in dasselbe zurückgelegt. Durch einen Kehrtrieb des Haspels erfolgt dieses Durchziehen wiederholt und in der Richtung abwechselnd, was die Sättigung unterstützt.

Um einen genügend langdauernden Durchzug ohne Kehrtrieb des Haspels zu erhalten, wird der Warenstrang nach Fig. 50 endlos gemacht und das Durchtränken von einem Quetschwalzenpaar *g* unterstützt, wie dies das Bild *b* zeigt. Es laufen dann auch meist mehrere Warenstränge, vor dem Quetschen von einem Leitrechen *r* auseinandergehalten, gleichzeitig in der Maschine. Vom Walzenpaar *q* werden die Stränge über eine Triebwalze *i* zum Abfall in den Trog *t* gebracht, wo sie sich schlangenförmig zusammenlegen und auf der entsprechend gebogenen Trogwand nach unten abrutschen, um dort wieder in die Höhe zu wiederholtem Eindruck der Flüssigkeit gebracht zu werden.

Dies ist eine Stückbehandlung und dabei haben die dargestellten Einrichtungen nach den Bildern *d* bis *g* Vervollkommnung gefunden. Zum einfachen endlosen Durchzug wird nach *d* für einen großen Fassungsraum des Troges der Haspel doppelt angeordnet, nach *e* kommt, um zwei Quetschstellen zu schaffen,

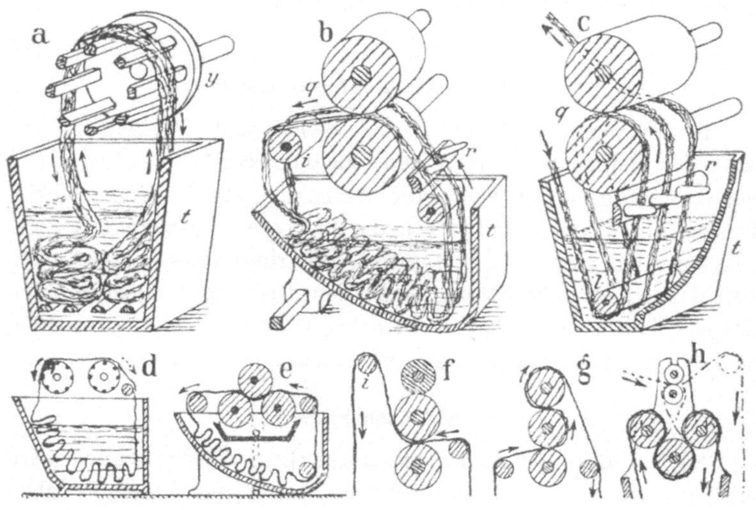

Fig. 82. Vorrichtungen für die Behandlung von Ware in Strangform im offenen Durchzug.

auf zwei Unterwalzen eine Oberdruckwalze zu liegen und die ausgepreßte Schmutzflüssigkeit wird von den Walzen abtropfend von einem besonderen Trog aufgefangen und kann aus diesem fortgeleitet werden. Nach *f* wird zur Druckvermehrung auf die Oberwalze des Quetschwerkes noch eine Schwerwalze gelegt, und für einen besseren Abfall der Warenstränge in den Trog durch Höherlegen der Abführwalze *i* eine größere Fallhöhe erzielt. Nach *g* wird für zweimaliges Quetschen zwischen drei Walzen der Strang im Schlangenweg zwischen denselben geführt, nach *f* ähnlich wagrecht, wobei aber gegen die Anordnung des Bildes *e* zwei Oberwalzen auf einer Unterwalze ruhen.

b) Behandlung im dauernden Arbeitsgang.

Zur ununterbrochenen Behandlung, also zum ununterbrochenen Ein- und Auslauf, wird nach dem Bilde *c* der Fig. 82 der Strang in Schraubenwindungen um die untere Quetschwalze *q* und die Leitwalze *l* im Trog *t* geführt, so daß entsprechend der Länge des Schraubenganges ein wiederholter Durchzug stattfindet, wie dies auch beim Bilde *h* bei drei Walzen der Fall ist. Dieses Bild zeigt auch die Ein- und Ausführung des Stranges für Dauerlauf durch ein besonderes kleineres oberes Quetschwerk.

Der geschlossene Warenlauf im Bilde *b*, welcher in seinem lose gefalteten Teil eine größere Warenlänge unterzubringen gestattet, kann nach dem Vorbilde *c* auch für dauernden Warenlauf zur ununterbrochenen Behandlung auch im Schraubengang erfolgen, und bleibt die laufende Ware zur Aufsaugung dann wiederholt länger im Trog, als bei *c*. Dies wird für das Brühen, Beuchen oder Kochen der Ware zur ununterbrochenen Behandlung ausgenützt und werden dazu nach Fig. 83 die arbeitenden Teile in einer abgeschlossenen Kammer, dem Beuchkessel *k*, untergebracht. Der durch ein mit kleiner abschließender Spurrolle versehenes Loch bei *e* eintretende Warenstrang wird über die Walze *a* abfallend in den ersten durch Zwischenwände gebildeten Abteil eines Korbes *o* gelegt, in welchem die Ware nach unten in das Kochbad sinkt, um aus diesem von dem Quetschwalzenpaar *q* herausgezogen zu werden. Der Strang läuft dann über die Walze *b* zum Einlegen in den nächsten Abteil und dieser Warenumlauf wiederholt sich, bis der Strang schließlich über die Walze *c* nach außen tritt.

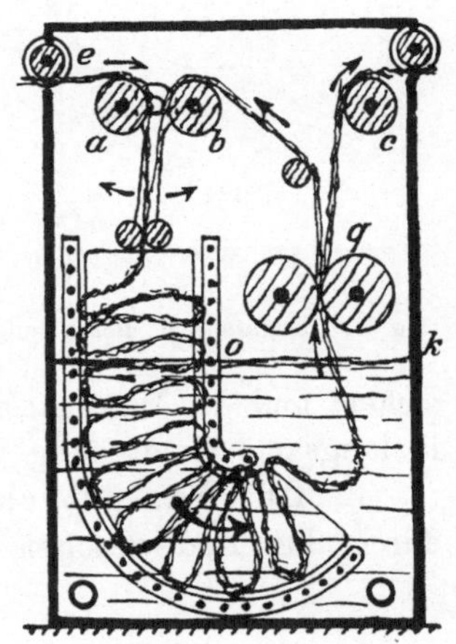

Fig. 83. Führung des ununterbrochen laufenden Warenstranges in geschlossener Bäuchkammer.

4. Ware in laufender breiter Bahn.

Auch bei breitbahnigen Waren, Geweben, Gestricken und Geflechten, findet für deren Durchführung in freier offener Lage im Behandlungsbade eine Stück- und ununterbrochene Behandlung statt.

a) Stückbehandlung.

Für diese Art sind dabei drei Fälle zu unterscheiden:

1. Das Warenstück wird aufgehaspelt und der Warenhaspel dann ins Behandlungsbad gebracht und darin bewegt. Dies Verfahren findet auch für Krempelband und Garn statt, die nebeneinanderliegend gehaspelt werden. Die Haspelung erfolgt nach Fig. 84 spiralig in getrennt liegenden Windungen für den freien Flüssigkeitszutritt zwischen diesen, wozu in zwei in der Warenbreite voneinander abstehenden, auf einer gemeinschaftlichen Achse sitzenden Schlitzkreuzen *k* Stäbe *s* eingelegt werden, die die Wickelungen voneinander halten. Die Stäbe *s* werden gegen Verschiebung gesichert und der Warenhaspel in die Badkufe eingelegt und darin in langsame Umdrehung versetzt.

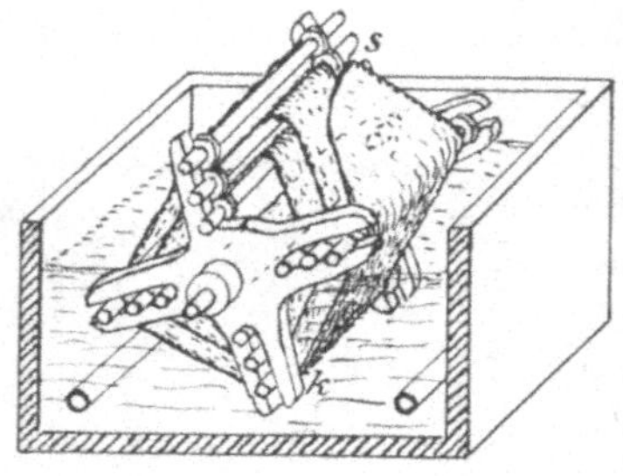

Fig. 84. Zeughaspel im Behandlungsbade.

2. Das Warenstück wird durch Ab- und Aufwicklung durch das Bad gezogen. Einrichtungen hierzu zeigt Fig. 85.

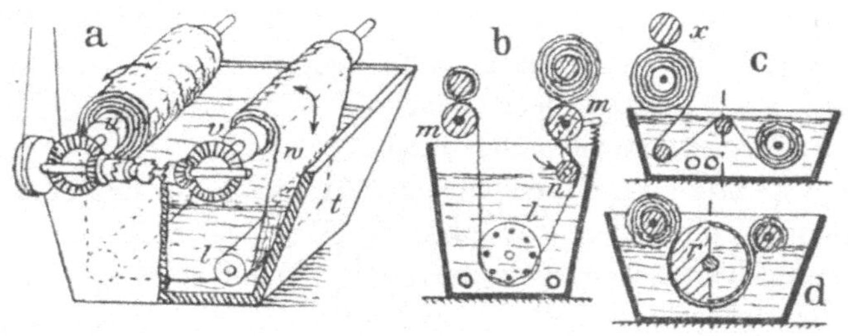

Fig. 85. Durchzugmaschinen zur Stückbehandlung mit wechselnder Durchzugrichtung.

Nach dem Grundbilde *a* liegen über dem Troge *t* die Warenbäume *u* und *v*, auf denen die Warenenden befestigt sind und zwischen denen die Ware über die Leitwalzen *l* im Troge in die Flüssigkeit getaucht wird. Die Bäume *u* und *v* werden durch einen Kegelradwendeantrieb abwechselnd in Umlauf gesetzt und wickeln, dabei die Ware auf, indem sich dieselbe von dem lose gemachten Baum ab- und durch das Bad zieht. Es ist also eine Durchzugmaschine mit wechselnder Durchzugrichtung, die den Namen Aufsetzkasten und „Jigger“ führt. Diese Maschine hat auch ihre Ausbildung, wie die Bilder *b* bis *d* zeigen, gefunden, letztere beiden Bilder mit je zwei Ausführungen. Nach dem Bilde *b* wird anstatt der, eine zunehmende Durchzuggeschwindigkeit gebenden Warenaufwicklung auf den gleichmäßig angetriebenen Baum die Aufrollung von auf Walzen *m* sich frei legenden Rollbäumen getroffen, was einen gleichmäßig bleibenden Durchzug verleiht, und die Leitwalze *l* ist für den vollen Flüssigkeitszutritt gitterartig; um der zwischen den gleichmäßig angetriebenen Walzen *m* durch Aufsaugung etwa auftretende Längung oder Kürzung des Warenlaufes zwischen den Rollstellen zu begegnen, werden nachgiebig gelagerte Leitwalzen *n* angebracht. Beim Aufwickeln wird nach *c* links eine Beschwerwalze *x* auf den Wickel gelegt, welche nicht nur den Warenanzug erleichtert, sondern auch die Aufwicklung dicht macht und die Flüssigkeit in die Warenlagen preßt. Nach *c* rechts findet Auf- und Abwicklung der Ware im Bade selbst statt und nach *d* wird die Ware im Bade durch Führung über eine Trommel *r*, die, wie rechts gezeigt ist, auch gelochte Wandung erhält, breitgespannt erhalten, was z. B. bei Wirkware nötig ist und dem bei freier Führung auftretenden Schrumpfen begegnet.

3. Das Warenstück wird, wie bei der Strangbehandlung nach Fig. 50 und Fig. 82, bei *b* endlos gemacht und wiederholt durch das Bad gezogen, wobei auch hier ein Quetschen der nassen aus dem Bade tretenden Ware die Sättigung unterstützt. Einrichtungen dieser Art zeigt Fig. 86. Nach dem Grundbilde *a* wird die Ware *w* aus dem Sättigungstroge *t* durch die Walze *m* angezogen und geht erst zur Flüssigkeitsverteilung durch ein treibendes Riffelwalzenpaar *r* und dann durch das Ein- und Ausdrückwalzenpaar *q*, um von dort zu gewichtslangem freien Rückfall in den Trog von der Walze *l* in die Höhe geführt zu werden. Die ausgepreßte Flüssigkeit kann beim Waschen im Innentroge *o* aufgefangen und abgeleitet werden.

Beim Bilde *b* kann sich die Ware vor dem Eintritt zwischen die Quetschwalzen *q* im Durchgehen des Bades im Troge *o* erst noch weiter sättigen und sie kann dies auch wiederholt nach einem Verquetschen zwischen den Walzen *n* tun. Die Ware wird auch so geleitet, daß sie sich aufeinander reibt, indem eine Leiste *i* mit federndem Andruck die Warengänge zur Berührung bringt.

Nach dem Bilde *c* findet neben der Sättigung vor dem Ausquetschen eine wiederholte Sättigung mit Ausquetschen statt, indem der zugleich als Auffangmittel dienende Trog *o* zweiteilig ist und drei Quetschwalzen übereinander liegen, zwischen denen die Ware zweimal hindurch geht. Es findet dabei auch ein Wechsel der Druckseite der Ware statt. Zu besserer Flüssigkeitsaufnahme wird die Ware im Trog *o* nach dem Bilde *d* auch mit

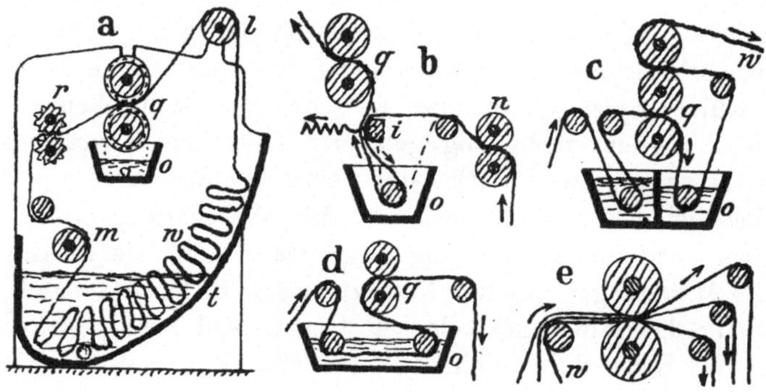

Fig. 86. Einrichtungen der Breitwaschmaschinen für Stückbehandlung.

Leitwalzen zum längeren Eintauchen genötigt, und es können nach *e* auch mehrere Warenstücke übereinanderliegend in einer Maschine gleichzeitig behandelt werden.

b) Behandlung im fortlaufenden Warengang.

Die Verbindung des Warentauchtroges mit einem Quetschwalzenpaar ist für die Breitbehandlungsmaschinen, wie auch bei der Strangbehandlung im ununterbrochenen Lauf, kennzeichnend, weil dieses Walzenpaar die Ware bewegend oder treibend ist. Zur Sättigung mit nachfolgendem Eindrücken der Flüssigkeit kann die Vereinigung von Tauchen und Quetschen in verschiedener Weise erfolgen, was Fig. 87 zeigt. Es ist dies die Zusammenstellung der Einrichtungen der einem gleichen Arbeitszweck dienenden, je nach der Tränkflüssigkeit aber verschiedene Namen wie Padding- und Stärkmaschine, Foulard, Klotzmaschine, Brennbock, Setz- und Fixiermaschine usw. tragenden Vorrichtung. Bei *a* wird vor dem Quetschwalzenpaar die Ware durch eine Tauchwalze zum Durchgang im Bade gezwungen, bei *b* ist diese Tauchwalze gleich als Quetschwalze ausgebildet und preßt gleich im Bade die Ware an der Unterwalze des üblichen Quetschwalzenpaares aus, bei *c* macht durch mehrere Leitwalzen die Ware im Bade einen längeren Weg, bei *d* findet eine Warenleitung

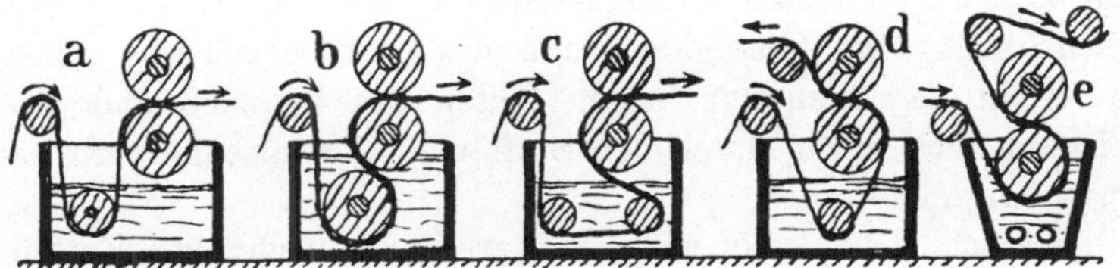

Fig. 87. Einrichtungen zum Tränken mit Eindrücken bei breitbahniger Ware.

statt, damit Ein- und Abführung sich auf derselben Seite des Quetschwalzenpaares befinden, und bei *e* dient die untere Quetschwalze selbst als Tauchleitwalze für die Ware.

Der Weg, welchen die Ware im Tauchbade zu reichlicher Sättigung zu machen hat, kann nun selbst wieder durch verschiedene Leitwalzenanordnungen so gestaltet werden, wie dies Fig. 88 zeigt. Bei einfacher senkrechter Durchführung nach *a*

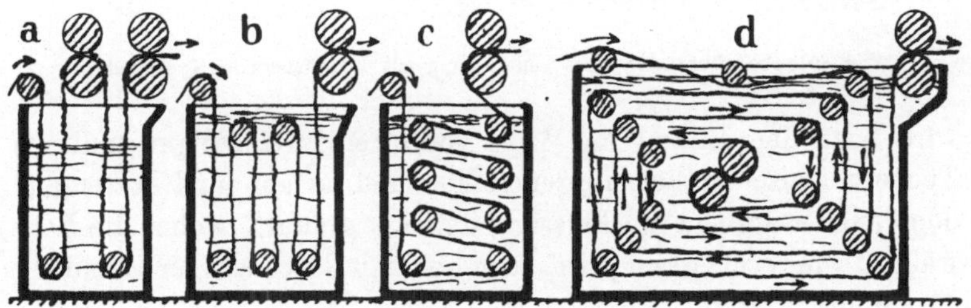

Fig. 88. Führungen der Gewebebahn im Tauchtroge.

kann nach jedem Nieder- und Hochlauf die Ware zwischen ein Trieb-Quetschwalzenpaar geführt werden, der mehrfache solche Warenlauf nach *b* auch frei erfolgen. Nach *c* erfolgt der Warengang wagrecht und nach *d* spiralig nach innen und so nach außen zurückkehrend in wagrechter und senkrechter Bahn, wobei innen an der Kehrstelle der Spirale ein Trieb-Quetschwalzenpaar, also innerhalb des Bades arbeitend, vorgesehen ist. Diese Führungs- oder Leitungsarten können auch untereinander verbunden werden.

Es ist zu beachten, daß bei diesen Führungen die Ware mit den Umfangsflächen der Trieb- und Leitwalzen in Berührung kommt und die Ware in dem Freigang dem Einschrumpfen in der Breite unterliegen kann. Beides vermeidet eine gespannte Führung der Ware von Nadel- oder auch Kluppenketten (vgl. Fig. 33 und 34) in dem Flüssigkeitstroge, was Fig. 89 bei *a* veranschaulicht. Die Flüssigkeit kann das Gewebe während seines Laufes in derselben auf beiden Seiten frei bespülen und ihre Wirkung wird nicht durch den Stoff von Leitwalzenkörpern beeinträchtigt.

Ähnlich muß auch gewisse Ware, z. B. bedruckte Ketten, schonend und getragen durch das Bad geführt werden. Hierzu

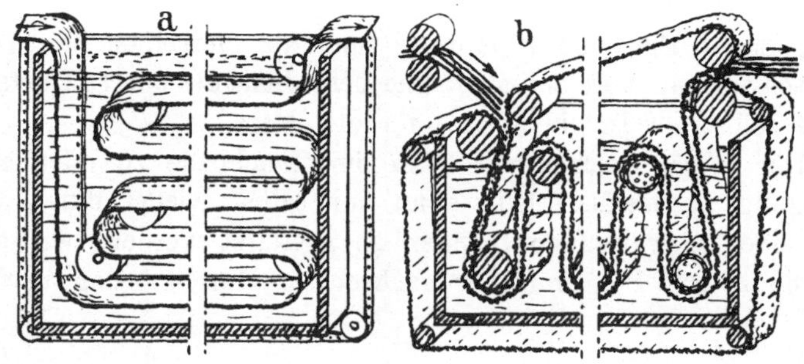

Fig. 89. Freileitung der Ware und Leitung mit Tragtüchern im Tauchbade.

wird nach dem Bilde *b* die Ware von zwei durchlässigen endlosen Tüchern zwischen sich aufgenommen und so auf- und absteigend oder auch wagrecht im Flüssigkeitstroge geführt, wobei die Leitwalzen, wie rechts gezeigt ist, auch hohl mit durchlässiger Wandung ausgeführt werden.

Wie bei der Strangbehandlung kann auch bei breiter Warenbahn im dauernden Fortlauf das Brühen, Kochen und Bäuchen bewerkstelligt werden, und zeigt bezügliche geschlossene Kammern oder Kessel mit innerer Warenführung Fig. 90. Bei *a* findet nach einer senkrechten Tauchführung im Laugenbade eine wagrechte Führung im Dunst des Kochbades statt, wobei die Leitwalzen Rohre sind, von denen die stärkeren Triebwalzen auch zur Warennachwärmung geheizt werden können. Bei *b* wird das eintretende Gewebe *w* von einem Schwingleger in einen von zwei endlos laufenden Siebtüchern *m* und *n* gebildeten Korb faltig geschichtet, von dem die Warenschichtung durch das Bad auf die andere Seite geführt wird, wo die Ware von der Walze *l* ausgezogen und wieder nach außen geführt wird. Bei dem runden, liegenden, durch einen Dampfmantel geheizten Kessel des Bildes *c* legt sich die durch einen Wandungsschlitz bei *e* eintretende Ware durch eine schwingende Leitwalze auch in Faltschichten ein, die sich durch ihr eigenes Gewicht nach unten drücken und auf der anderen Seite wieder ausgezogen werden.

Es ist im Abschnitt B 3 dieses Betrachtungsteiles bemerkt, daß das Kochen auch unter Druck, d. h. höherem Wärmegrade

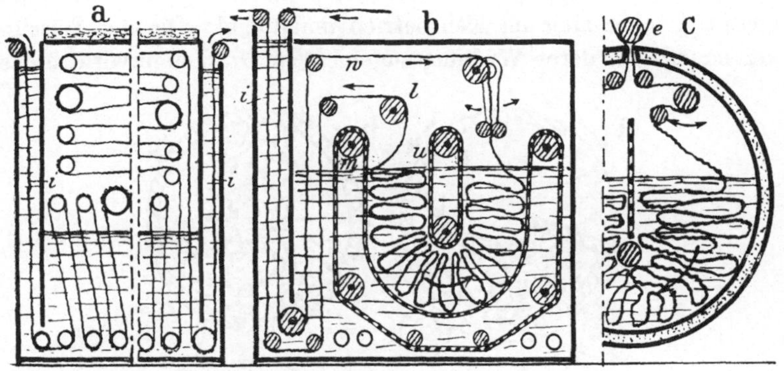

Fig. 90. Kocheinrichtungen für ununterbrochenen breiten Warengang.

als 100 Grad stattzufinden hat. Um gegen diesen im Innern der Bäuchkammer herrschenden Überdruck einen Verschluß beim Ein- und Austritt der Ware zu haben, erfolgt dieser in einem besonderen Abteil *i*, der nur unten mit dem Kammerinnern in Verbindung steht und der einen durch den Druckunterschied von innen und außen beeinflußten Wasserverschluß abgibt. Bei *b* erfolgt Ein- und Austritt im selben Abteil und wird der Abschluß des Ein- und Austrittes auch durch rein mechanische Mittel, z. B. mit Hilfe einer dichtenden Walze, wie das Bild *c* angibt, erzielt. Es ist zu beachten, daß die flachwandigen Kammern eine besondere Versteifung gegen inneren Überdruck verlangen, während die runde Form dagegen widerstandsfähiger ist und hier ein Dampfmantel Abkühlungsverlusten begegnet. Jedoch werden auch bei flachwandigen Kesseln z. B. die Decken, wie das Bild *a* zeigt, mit Dampfkammer ausgeführt.

D. Gut und Flüssigkeit in gegenseitiger Bewegung.

Auch bei diesem Verhältnis in der Vollnaßbehandlung, welches eine gute Flüssigkeitsdurchdringung sichert, sind beide Behandlungsarten gebräuchlich.

1. Stückbehandlung.

Loses Fasergut und lose Warenstücke werden zunächst mit dem Flüssigkeitsbade geschüttelt. Letzteres befindet sich nach Fig. 91 in Trommeln *t*, die nach dem Bild *a* offen sind und eine abwechselnde Kippung ausführen, oder nach *b* geschlossen und einseitig, mehr aber im Kehrbetrieb umlaufend. Die der Flüssigkeitsmenge für deren Wirkung zugemessene Gutmenge wird in das

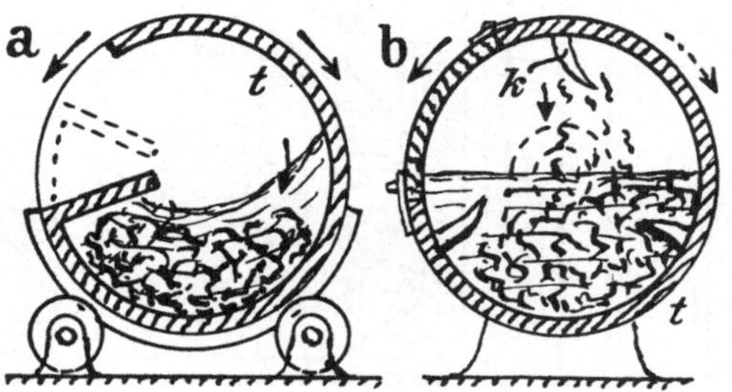

Fig. 91. Offene und geschlossene Kipptrommel für die Behandlung von losem Gut.

Bad gebracht, und das träge schwimmende und sich absetzende Gut wird bei der Trommelbewegung in gegenseitiger Wirkung durchdrungen. Die Gutbewegung wird nach *b* auch durch Mitnahmeklauen *k*, durch Leisten oder nach *a* durch Schöpfbretter unterstützt.

Diese um ihre Mittelachse schwingenden Trommeln erzeugen mehr ein Abrollen und damit Zusammenrollen des Gutes, dem zwar durch den Kehrtrieb begegnet ist, und das auch die anderen bezeichneten Mittel zu verhindern haben. Deshalb wird eine seitliche Bewegung nach der Trommellängsrichtung die Teile des Gutes mehr durcheinander bringen und damit die Gleichmäßigkeit der Sättigung fördern. Dies findet in der schräg gelagerten Trommel nach Fig. 92 statt, wo sich der Flüssigkeitskörper bei deren Umlauf in seiner Form dauernd und wesentlich verändert, und deshalb eine vielseitige Bewegung erzeugt wird. Die Trommel *t* erhält auch noch einen Kehrtrieb durch ein Wendegetriebe, der Flüssigkeitszufluß während des Arbeitens muß aber durch den Drehzapfen erfolgen. Diese Trommelmaschine wird zum Durchtränken bis zu einem bestimmten Grade benutzt, wobei dieser Grad durch die eingeschlossene Flüssigkeitsmenge bestimmt wird, die das Gut völlig aufsaugt.

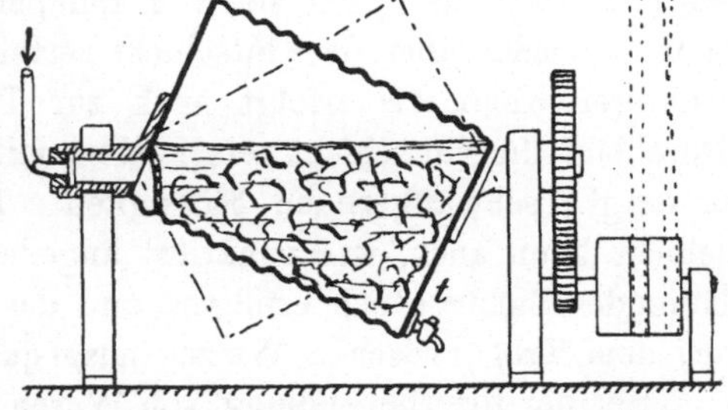

Fig. 92. Schräg gelagerte Trommel mit auch seitlicher Bewegung des Inhaltes.

2. Dauerbehandlung.

Die so kurz, im Gegensatz zur anderen Behandlungsart, bezeichnete Behandlung findet bei dem vorher betrachteten Gut

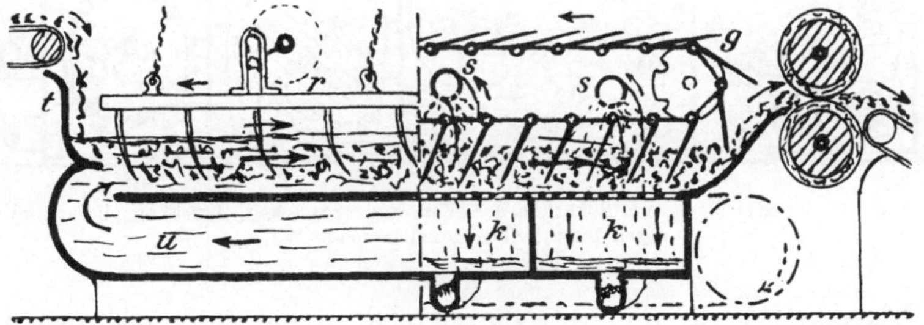

Fig. 93. Tröge mit geradem Durchgang der Gutschicht und wechselnder Flüssigkeit.

naturgemäß in fortlaufender Schicht statt. In Fig. 93 ist links ein Längstrog dargestellt, in den das Gut einfällt und durch einen schwingenden hoch- und niedergehenden Rechenrahmen *r* mit geradem Vorschub vorwärts bewegt wird. Die mitgenommene Flüssigkeit tritt am Ende des Troges in einen unter dem Boden desselben angebrachten Rücklaufkanal *u* und aus demselben vorn wieder an die frisch zukommende Ware, so daß die Flüssigkeit einen teilweisen, mit der Gutbewegung stattfindenden Kreislauf macht. Gelöster Schmutz kann sich dabei im Rücklauf absetzen und die Flüssigkeit ihre Erneuerung finden.

Bei der geraden Fortbewegung des Gutes im Troge *t*, die, wie rechts in Fig. 93 gezeigt ist, auch durch eine Rechenkette *g* erfolgen kann, wird ein Flüssigkeitskreislauf dadurch erzielt, daß der Trogboden durchlocht ist und die Flüssigkeit nach unten in Behälter *k* fällt, aus denen sie, von Pumpen gehoben, durch Spritzrohre *s* wieder über der Gutschicht verteilt wird. Die Anordnung mehrerer Kammern erfolgt auch zur Trennung der sich beim Durchlauf der Gutschicht verschieden, mit ausgezogenem Schmutz u. dergl., schwängernden Flüssigkeit. Die Bewegung der Gutschicht kann auch, wie punktiert angedeutet ist, durch ein endlos laufendes Siebtrogtuch erfolgen, und das Gut wird beim Austritt aus dem Trog zwischen Walzen ausgequetscht.

Bei der Breitbehandlung von Waren sind verschiedene durch Schütteln derselben und Aufrühren oder andere Bewegung der

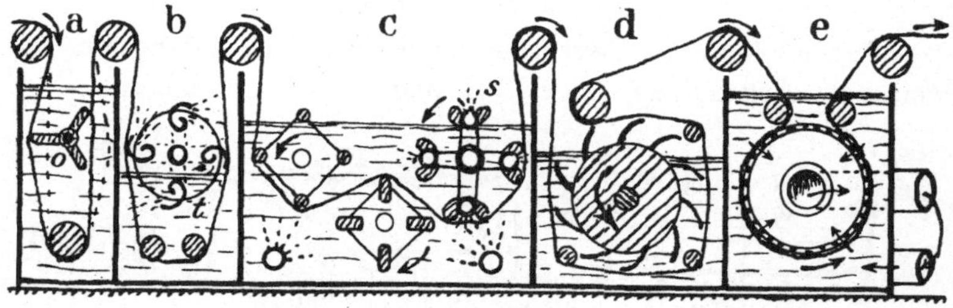

Fig. 94. Einrichtungen zum Schütteln der Ware und Flüssigkeit, Aufrühren dieser und deren Durchtreiben durch laufende Ware.

Flüssigkeit herbeigeführte, die Durchdringung fördernde gegenseitige Bewegungen möglich, wie solche Fig. 94 in anschließend gezeichneten Bottichen für einen Warengang gezeigt sind. Bei *a* wird die Ware von einer Flügelwelle in Schüttelungen versetzt, bei *b* von den Strahlen umlaufender Spritzrohre mit Leitschaufeln getroffen, bei *c* ebenso von umlaufenden Schlagleisten, die auch, wie bei *s* gezeigt ist, selbst wieder als durch Leisten geschützte Spritzrohre ausgeführt werden, wobei das Flüssigkeitsbad durch Strahlrohre aufgerührt wird; bei *d* wird die im Umlauf geführte Ware von einer Trommel mit weichen Schlagleisten bearbeitet und bei *e* wird die Ware über eine Trommel mit gelochter Wandung geleitet, aus der die Flüssigkeit durch die Ware gesaugt und wieder in den Bottich zurückgedrückt wird.

Die vollkommene Gegenseitigkeit von Warengang und Flüssigkeitsströmung wird mit Einrichtungen nach Fig. 95 erzielt. Wie oben bei *a* gezeigt ist, findet der senkrechte Warengang in seinen einzelnen Zweigen in Trögen mit sich abstufenden Trennwänden statt, so daß die zulaufende Flüssigkeit von den Trögen immer in den im Warengang vorhergehenden Trog überläuft. Das Bild *b* zeigt eine ähnliche Anordnung für in der Senkrechten im Schlangengang erfolgenden Warenlauf, der teilweise durch Tauchrinnen *i* stattfindet, aus denen abwechselnd rechts und links die Flüssigkeit durch die Ware, bezw. mit dieser in die darunter befindliche Rinne abläuft. Bei beiden betrachteten Einrichtungen ist auch eine Bewegung von Ware und Flüssigkeit nach gleicher Richtung mit verschiedener Geschwindigkeit zu treffen möglich.

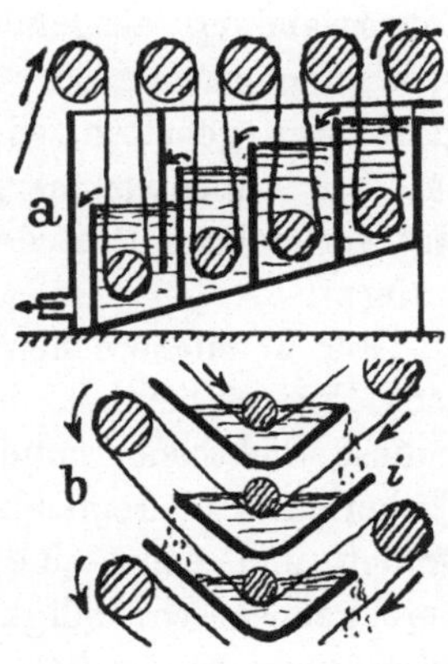

Fig. 95. Gegengerichteter Gang der Ware und Flüssigkeit.

3. Die Vollbehandlung mit flüchtigen Flüssigkeiten.

Solche leicht verdunstende und vergasende Flüssigkeiten, wie Äther, Benzin, Spiritus usw. finden Anwendung zu Reinigungs-, Entfettungs- und anderen Zwecken, wie zum Waschen von Wolle, ohne dieselbe naß zu machen und dadurch zur leichten Fettgewinnung aus dem Schmutzwasser zu dienen, zur Lösung von fettigen Schmutzflecken aus Kleidungs- und Warenstücken, zur Nachbehandlung nach dem Färben usw. Es kommt dabei vornehmlich eine Stückbehandlung vor, jedoch wird z. B. beim Wollereinigen auch ein ununterbrochener Warengang vorgenommen. Zur Behandlung eignen sich die meisten der für Wasser und wässerige Lösungen dienenden beschriebenen Vorrichtungen und Maschinen, sofern deren Behandlungsraum luftdicht abzuschließen ist und sie eine volle Durchdringung des Gutes mit dem flüchtigen Lösungsmittel gewährleisten. Hierzu darf die Gutschicht nicht zu stark sein und muß sich loser halten.

Bei ruhendem Gut werden z. B. Vorrichtungen mit wechselnd kreisendem Flüssigkeitsstrom mit geteilter Schichtung nach Fig. 65 bei *k* benutzt, so daß beim Strömungswechsel eine Lockerung der Gutschicht stattfindet; für die besonders in Betracht kommende gegenseitige Gut- und Flüssigkeitsbewegung werden meist Doppeltrommeln nach Fig. 40*e* benutzt, bei denen die Innentrommeln für möglichst freien Flüssigkeitsdurchgang mit Gitterwandung ausgeführt werden und die nur eine Schwenkbewegung machen oder Mehrkammern besitzen, so daß das Gut getrennter gehalten wird. Nach Ablassen des Lösungsmittels aus der Außentrommel wird durch schnelleren Umlauf der im Gut verbliebene Rest desselben durch Schleuderwirkung vollends entfernt.

Für ununterbrochene Behandlung werden geschlossene Kufen nach Fig. 93 benutzt, in denen das sich auflagernde Gut durch endlose Siebtücher hindurchgeführt wird, wobei auch mehrere Tücherläufe übereinander mit Hin- und Hergang eingerichtet werden und dann eine große Leistung durch Steigerung der Durchgangsgeschwindigkeit erreicht wird. Es ist noch darauf aufmerksam zu machen, daß die flüchtigen Lösungsmittel feuergefährlich und meist leicht entzündlich sind, und dieser Umstand darf bei Wahl der so verschiedenartig sich bietenden Behandlungseinrichtungen nicht unberücksichtigt bleiben. Deshalb soll das Gut möglichst trocken denselben entnommen werden.

4. Die Vollbehandlung mit Gasen und Dämpfen.

Die Behandlung mit gasförmigen Flüssigkeiten, als welche Kohlen- und schwefelige Säure und andere in tropfbar flüssiger Form gewöhnlich kaum zu habende Säuregase in Betracht kommen, hat auch in geschlossenen Kammern stattzufinden, wobei das Einheitsgewicht der Gase gegenüber dem der Luft und bei dem Hauptmittel dieser Behandlungsart, dem Wasserdampf, dessen Spannung zu berücksichtigen ist. Solche Begasungs- und Dämpfkammern zeigt Fig. 96 und ist für diese ein trennender Unterschied zu machen.

1. Stückbehandlung.

Bei ruhendem Gut wird loses Gut in durchlässigen Horden ausgebreitet, Stückware aufgehängt, nach dem Bilde *a* in Fig. 96 einem Wagen *w* untergebracht in einen liegenden zylindrischen Kessel geschoben, der dann luftdicht geschlossen wird und der durch einen Dampfmantel *m* zu heizen ist. Naturgemäß muß vor dem Zulaß des, in einem Verdampfergefäß *r* erzeugten Gases in den Kessel die Luft aus demselben entfernt werden, was durch den Dampfstrahlsauger *i* von der tiefsten Stelle des Kessels aus erfolgt, aber auch, was für hohe Entlüftungsgrade besser ist, mit einer Kolben-Luftpumpe geschehen kann. Das Gas tritt an der höchsten Stelle ein und durchdringt das durch die Entlüftung meist locker gewordene Gut. Diese Einrichtung dient auch mit Dampf, Giftgas und dgl. zur Abtötung etwaiger Krankheitskeime in Fasergut, Lumpen und Gebrauchsgegenständen.

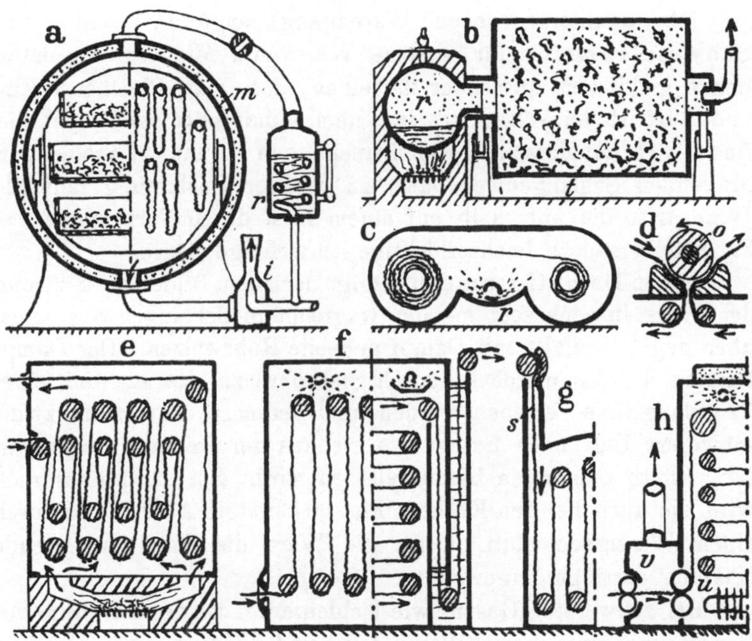

Fig. 96. Einrichtungen zur Gasbehandlung für Stückgut und ununterbrochen laufende Waren.

Bei zu bewegendem, namentlich losem Gut, wie Wolle und Lumpen, wird dasselbe in umlaufenden Trommeln *t* (Bild *b*) untergebracht, in welche durch einen hohlen Drehzapfen das im Gefäß *r* erzeugte Gas eingeleitet wird, wobei die Trommel *t* durch den anderen Zapfen entlüftet und das verbrauchte Gas abgeführt wird. Die großen Hohlzapfen ruhen auf Rollen und dient diese Einrichtung z. B. mit dem durch Unterfeuerung des Gefäßes *r* erzeugten Salzsäuregas zum Entkohlen von Woll-Lumpen und dgl., also dem Verkohlen pflanzlicher Beimengungen.

Bei breitbahniger Ware findet das Begasen und Dämpfen des Warenstückes im Wickel desselben in einem Kessel statt, wobei nach dem Bilde *c* zur besseren Einwirkung im Kessel zwei Bäume angebracht werden, zwischen denen die Ware abwechselnd auf- und abgewickelt wird, so daß sie in freier Bahn, z. B. dem im Siebrohre *r* zutretenden Dampf, sich darbietet.

2. Behandlung laufender Ware.

Für ununterbrochenen Warengang zeigt das Bild *e* eine Schwefelkammer für wollene Ware zum Mindern des natürlichen gelblichen Aussehens derselben, d. h. zum Bleichen. Ein- und Austritt der Ware, was in einem Mundschlitz stattfindet, befindet sich auf derselben Kammerseite und an die im ineinandergreifenden Schlangenweg, also zu größter Darbietung laufende Ware tritt die unterhalb auf einem Rost durch Verbrennen von Schwefel erzeugte leicht flüchtige schwefelige Säure.

In den Dämpfkammern erfolgt nach dem Bilde *f* die Führung der Ware in senkrechtem oder wagrechtem Schlangenweg, meist über gegebenenfalls mit Dampf geheizte Rohrwalzen. Der Dampf tritt an der Kammerdecke durch Siebrohre zu, die auch mit einer Tropffangrinne versehen werden, und der nasse Dampf drückt die schwerere Luft nach unten, wo sie aus der Kammer durch verschließbare Öffnungen herausgelassen wird. Bei Dampfüberdruck wird die auch bei den Kochern Fig. 90 benutzte Abdichtung durch einen Wasserverschluß, wenn die Ware die dabei auftretende Nässung verträgt, angewendet.

Bei schwereren Gasen, wie Kohlensäure, ist der Abschluß des Begasungsraumes beim Waren-Aus- und Eintritt einfacher und werden deshalb nach dem Bilde *g* entsprechend die Höhe der Kammer überragende Warenführungsschlote *s* angeordnet. Es sind dann an deren Mündungen in Mulden laufende Walzen mit nachgiebigem Überzug benutzt.

Einen vollkommenen Abschluß erreicht man durch Vorkammern oder Schaffung einer sog. Labyrinthdichtung. Die Anordnung der ersteren an einer Dämpfkammer mit heizbarer Decke zur Vermeidung des Niederschlagens von Wasser aus dem zutretenden Dampf besitzt, zeigt das Bild *h*. Der Ein- und Austritt in die

Haupt- oder Dämpfkammer erfolgt zwischen zwei dicht laufenden geheizten Kupferwalzen *u* und die dabei zuerst entweichende Luft und dann die Dämpfe treten in die Vorkammer *v*, aus welcher sie ständig durch einen Sauger abgeführt werden, was auch mit der bei der Ein- bzw. Ausführstelle der Vorkammern eintretenden oder mitgerissenen Luft erfolgt.

Das Bild *d* macht die schon früher erwähnte Schlitzabdichtung durch eine Walze *o* deutlich. Ein- und Austritt der Ware erfolgt dabei im selben Schlitz, so daß die eine Walze *o* die Ware in den abdichtenden Mulden beidseitig mitnehmen kann.

5. Verbund-Maschinen und Anlagen zur Voll-Naß- und Gas-Behandlung.

Für den beabsichtigten Ausrüstungszweck der Vollbadbehandlung mit Flüssigkeiten genügt nun die nur einmalige Behandlung oder Sättigung mit einer Flüssigkeit nur in wenigen Fällen. Bei geringerem Garn, wie stärkerem Abfallgarn für grobe Decken und Gewebe, sowie Papiergarngeweben genügt wohl ein einmaliges Tauchen oder Durchziehen im Farbbade, doch handelt es sich dann um Färbungen, an die weniger Ansprüche von Echtheit der Färbung und Gleichmäßigkeit derselben gestellt werden, wo also der Farbton nicht durchweg den bestimmten und gleichen Grad aufweisen muß und die Luft- und Lichtbeständigkeit desselben nicht dauernd anzuhalten hat. Allgemein ist eine nacheinanderfolgende Behandlung mit verschiedenen Flüssigkeiten, reinem und angesäuertem Wasser, Beizlösungen, Farbbädern und verschiedenen Gasen nötig. Beim Waschen ist vor dem eigentlichen Schmutzlösungs- oder Laugenbade ein Einweichen des Gutes und danach ein Abspülen nötig, beim Färben mit unmittelbar den Farbstoff an der Faser absetzenden Mitteln ist ebenso ein Einweichen und Reinspülen erforderlich und der Reinigungs- und Färbevorgang vollzieht sich oft stufenweise im Vor- und Nachwaschen und im Vor- und Nachfärben, wobei oft für die Lebhaftigkeit des Farbtones eine Nachbehandlung mit heißem Wasser, Dampf oder Gas dienlich ist. Bei der großen Gruppe der Entwicklungsfarben ist die Behandlung mit verschiedenen Bädern geboten und beim Bleichen ist dies ebenso der Fall. Auch die Eigenheit des Fasergutes vermehrt diese mehrmalige Behandlung, weil die Faser für die Annahme der wirksamen Stoffe der Behandlungsflüssigkeit erst vorbereitet werden muß, wie z. B. bei der Baumwolle das Abbrühen und Bäuchen.

Diese mehrmalige Flüssigkeitsbehandlung kann nun bei einer und derselben Vorrichtung und Maschine durch einfachen Flüssigkeitswechsel erfolgen, doch ist dies auch nur in wenigen Fällen zulässig, denn die verchiedenen Flüssigkeiten verlangen je nach ihrer Eigenart besondere Vorrichtungen und Arbeitsvorgänge. Für die drei Hauptarbeiten der Vollnaßbehandlung, das Waschen, Bleichen und Färben, sind zur vollen Durchführung im allgemeinen Zusammenstellungen der betrachteten einfachen Vorrichtungen oder Verbindungen derselben in Anlagen nötig und auch bei solchen ist in der Arbeitsfolge eine Stück- und ununterbrochene Behandlung zu finden. Es ist dabei verschiedentlich die Verbindung gleicher Vorrichtungen also mit gleichem Arbeitsvorgang zu finden, weil die chemische Wirkung der verschiedenen Bäder auf die für die Vorrichtungen und Maschinenteile, mit denen die Flüssigkeit oder die damit gesättigte Ware in Berührung kommt, benutzten Stoffe von Einfluß ist. Es ist hier Säure- und Fäulniseinflüssen zu begegnen, und dies führt zur vielseitigsten Stoffverwendung bei den Naßbehandlungsvorrichtungen. Es kommen dabei alle Metalle, Eisen und Stahl, Holz in allen Arten, Zement, Beton, Porzellan und Steingut, Gummi usw. vor, was wieder die Bauart selbst bestimmen wird. Die Abmessungen der Maschinen usw. werden durch die verlangte Leistungsmenge und bei flachbahnigen Waren noch durch deren Breite bestimmt, wobei die Leistungsgüte mitzusprechen hat. Denn diese bestimmt die Behandlungsdauer und die Geschwindigkeit des Warenganges. Hier ist die Erfahrung entscheidend, berechnen lassen sich bei der dauernden Angabe neuer Behandlungsvorschriften diese aus feststehenden Größen kaum, wenigstens ist hier der mechanischen Forschung nach ein großes Gebiet offen.

1. Stückbehandlung.

a) Ruhendes Gut. Eine Anlage mit übereinander angeordneten Behandlungsgefäßen nach Fig. 63 zeigt Fig. 97. Das Gut wird immer aus einem in das nächst untere Gefäß überführt, und diese sind deshalb kippbar gemacht, indem sie zur leichten Bewegung im möglichen Schwerpunkte in Drehzapfen aufgehängt werden, durch welche die Zuführung der Flüssigkeit und des Dampfes zu deren Erwärmung und Strömung erfolgt. Die Gutfüllung der Gefäße wird nach Ablassen der Flüssigkeit stets in das darunter stehende leer gemachte geschüttet, und findet beispielsweise bei *a* das Vorkochen, bei *b* das Auskochen mit Beize, bei *c* das Ausfärben statt, worauf das Gut zum Reinspülen in den Behälter *d* bzw. eine Maschine nach Fig. 70 gelangt.

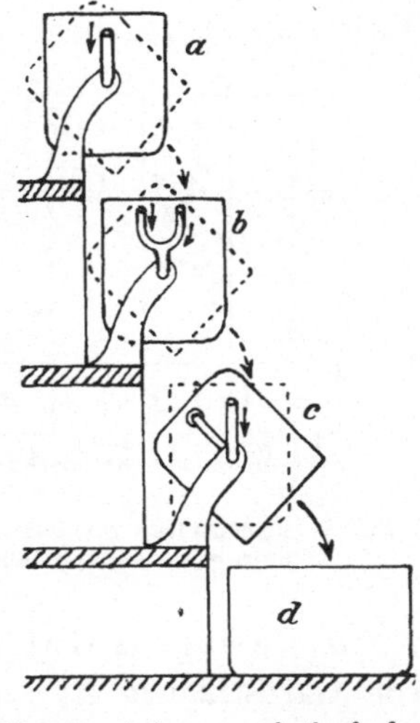

Fig. 97. Anlage zur fortlaufenden Stückbehandlung mit Kippgefäßen.

Die Behälter mit kreisender Flüssigkeitströmung durch eine äußere Pumpe o. dgl. werden in einer den verschiedenen Flüssigkeiten entsprechenden Zahl zu einer Anlage vereinigt. So zeigt Fig. 98 diese Vereinigung zu einem dreiteiligen Behälter, also bequem zugänglich und platzersparend, mit einem Drehkran *k* in der Mitte, so daß die Gutbehälter (Siebkörbe) *a*, *b*, *c* verschiedentlich und wechselnd eingesetzt werden können. Es wird dabei, wie auch bei der vorhergehenden Anlage, ein fortlaufendes Arbeiten mit verschiedenen Flüssigkeiten erzielt, wie es bei der Zwillingsanordnung Fig. 64 für eine Flüssigkeit besteht.

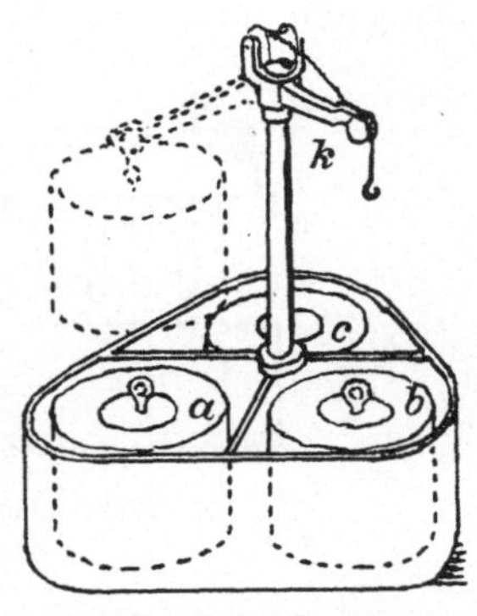

Fig. 98. Vereinigung mehrerer Behandlungsgefäße in Kreisanordnung, als Dreieckbeispiel.

Diese Behälter werden neben der Kreisanordnung Fig. 98 auch in Reihen gesetzt, so daß nach Fig. 99 auf einer über die Reihe führenden Hängebahn die Körbe *i* in den Behältern *a* bis *g* versetzt werden. Über der Behälterreihe sind die Gefäße *l* bis *o* für die verschiedenen Flüssigkeiten, z. B. warmes und kaltes Wasser, Beiz- und Farblösungen usw. und auch ein Heizkessel *h* mit Bläser für warme Luft oder Gas angeordnet, und werden zwischen den Behältern und Gefäßen Verteilungsleitungen mit Absperr- bezw. Regelhähnen angebracht.

Zur wiederholten Benutzung einer Behälterflüssigkeit wird dieselbe durch die Strömungspumpen *p* auch in das Vorratsgefäß zurückgefördert. Die Behandlung ist damit und sonst in großer Vielseitigkeit gegeben.

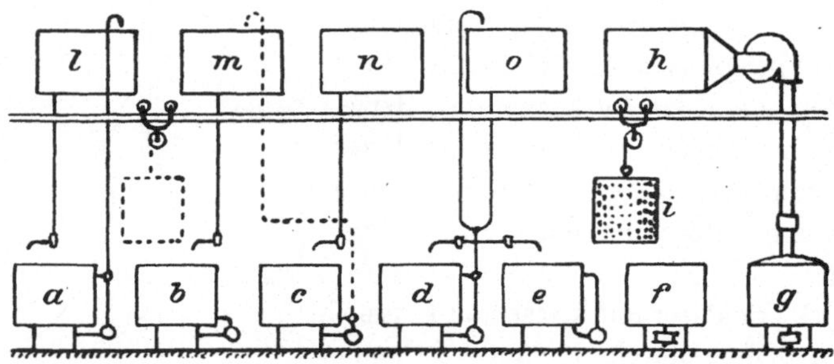

Fig. 99. Reihenanlage zur fortlaufenden Stückbehandlung mit Seilkorbhängebahn und Flüssigkeitsvorratsgefäßen für verschiedenartigste Arbeitdurchführung.

b. Bewegtes Gut. 1. Die aufeinander folgende Behandlung von Garnsträhnen ist schon in Fig. 80 veranschaulicht, wo die Strähne an einer endlosen Kette hängen, welche dieselben durch verschiedene Badtröge führt. Auch bei Führung der endlosen Tragseile nach Fig. 81 durch verschiedene Kufen läßt sich der

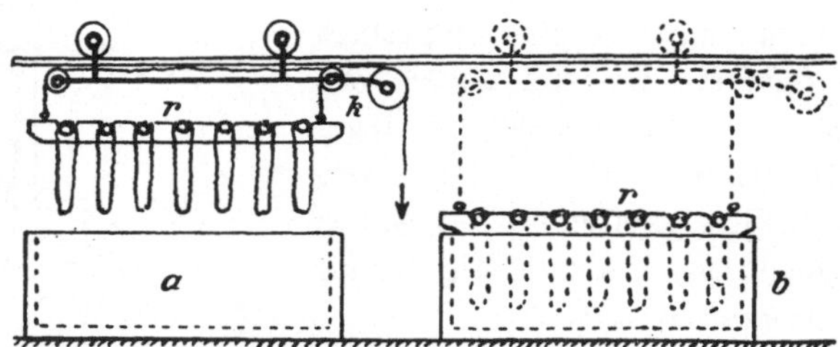

Fig. 100. Reihenanordnung von Strähnfarbkufen mit Umsetzung der Tragrahmen durch Laufkrahn.

gleiche Zweck erreichen. Nach Fig. 100 werden nun die in einer Kufe *a* behandelten Garnsträhne auf einmal in die nächste Kufe *b* übertragen. Die Kufen stehen in einer Längsreihe, über welche hinweg ein Laufkrahn *k* führt. An diesem wird der Tragrahmen *r* für die Strähnstöcke oder Walzen, auf denen die Strähne hängen, in die Höhe gezogen, nach der nächsten Kufe gefahren und dort aufgelegt. In gleicher Weise läßt man auch längs der Kufen eine Maschine fahren, welche das Umziehen der Strähne in der früher beschriebenen Weise besorgt und die Strähne ebenso einzeln überführt oder umsetzt.

2. Für die absetzend durchgehende Behandlung einer bestimmten Gutfassungsmenge werden nach Fig. 101 auch ovale Bottiche *a*, *b* und *d* mit Kreisung des Gutes nach Fig. 70 aneinander gereiht, entweder mit unmittelbarer Überführung des Gutes in den nächsten Bottich oder durch ein Entwässerungs-Quetschwerk *c*. Solche Anlagen dienen zum Waschen von Fasergut und Lumpen, zur Färbe- und Bleichbehandlung derselben usf., so daß im ersten Bottich das Einweichen, im zweiten das Auskochen oder die heiße Flüssigkeitsbehandlung und, nach Entfernung des größten Teiles

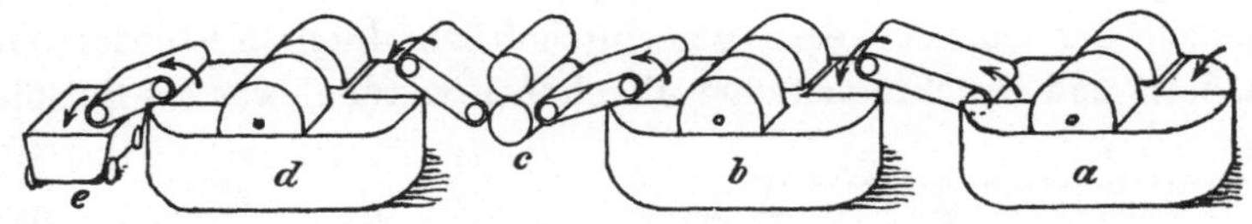

Fig. 101. Reihenanordnung von ovalen Bottichen zur absatzweisen Behandlung im Warendurchgang.

der Laugenaufsaugung, im dritten Bottich das Reinspülen erfolgt, und dann das gegebenenfalls erst entnäßte Gut in den Fahrkorb *e* abgeliefert wird. In gleicher Weise werden Bottiche nach Fig. 71 und 93 zu sogen. Waschbatterien (Leviatans) zusammengestellt, wie in dem Spinnereibuch Fig. 74 S. 91 veranschaulicht ist, wobei dann aber schon der ununterbrochene Warengang besteht.

2. Behandlung bei ununterbrochenem Warenlauf.

Für die aufeinander folgende Behandlung in verschiedenen Flüssigkeitsbädern werden die Durchzugsmaschinen für breitbahnige

Fig. 102. Verbundene Aufsetzkasten (Stückdurchzugmaschinen).

Ware in der Laufrichtung hinter- und aneinander gestellt. So zeigt Fig. 102 zwei sogen. Aufsetzkasten der Fig. 85 zum Vor-

und Ausfärben oder zur Warm- und Kaltbehandlung, bei denen die Ware von der Aufrollwalze des Vorkastens zu der des zweiten Kastens überführt wird. Die Kästen können gegebenenfalls auch je für sich benutzt werden.

Nach Fig. 103 werden Kufen oder Bottiche mit Auslauf-Quetschwerken, die zum Warentrieb dienen, in einer Reihe zusammengestellt, so daß z. B. beim Waschen nach dem Färben nacheinander ein Durchzug im Vorspül-, im heißen und Nachspülbade stattfindet. Auch zur stufenweisen Sättigung der Ware mit zunehmend verstärkt wirkender Flüssigkeit dienen solche Mehrfachkufen, wie die Vereinigung durch die Behandlungsvorschrift für die Ware bedingt wird. Bei der Anordnung im Bilde *a* können alle Oberwalzen der Quetschwerke gemeinschaftlich durch Kettenzug mit Rädern und Druckzahnstange abgehoben werden, was als Beispiel

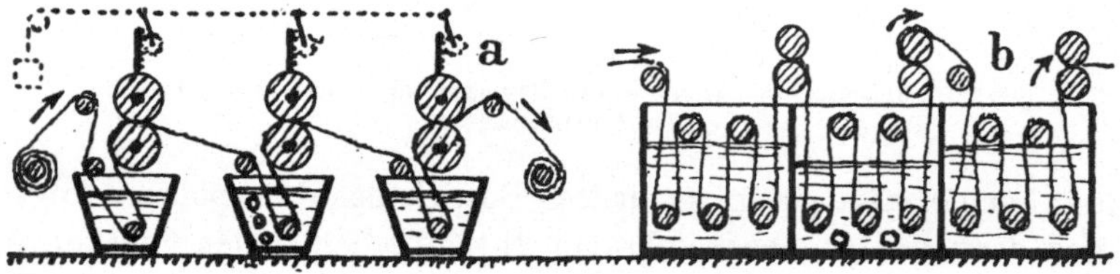

Fig. 103. Verbundene Tröge und Kufen zum Warendurchzug mit Triebquetschwalzen.

der bei solchen Zusammenstellungen gegebenenfalls zutreffenden, das Zusammenarbeiten unterstützenden Einrichtungen bemerkt ist.

Auch die Behandlung mit tropfbaren und gasförmigen Flüssigkeiten wird in solchen Verbundanlagen aufeinanderfolgend im Warengang vereinigt, wofür Fig. 104 drei Beispiele gibt. Im Bilde *a* wird die in der Maschine *d* gesättigte Ware in der darüber befindlichen Kammer *e* gedämpft oder begast und in der Maschine *f* dann z. B. warm nachgewaschen. Beim Bilde *b* erfolgt nach dem Sättigen im Trog *d* das Begasen (bei schwerem Gas) in der Kammer *e*, dann Auswaschen im Troge *f*, mit nochmaliger Sättigung zur Vervollkommnung oder vollen Aufhebung der Gaswirkung mit besonderer chemischer Lösung im Troge *g* und schließlich Auswaschen im Troge *h*, wobei in diesem wie im Troge *f* die Ware durch Schlagwalzen bearbeitet wird.

In der Anlage des Bildes *c* wird nach dem Einweichen bei *d* die Ware im Troge *e* mit Salzen gesättigt, dann in der Kammer *f* unter Druck gedämpft, dann unter Schüttelung im Troge *g* ausgewaschen, im Troge *h* zur Auswirkung der Vorbehandlung wieder mit Säure gegebenenfalls heiß gesättigt, dann mit Schlagwalzenwirkung im Troge *i* ausgewaschen und bei *i* reingespült. In der Dämpfkammer, in welcher die von der Ware aufgenommenen Salze gelöst werden, hängt diese in freien Schleifen auf Stäben, die an im Viereck geführten endlosen Gelenkketten sitzen, wobei auf dem Oberlauf die Ware unter Mitwirkung einer Faltleiste bei *l*

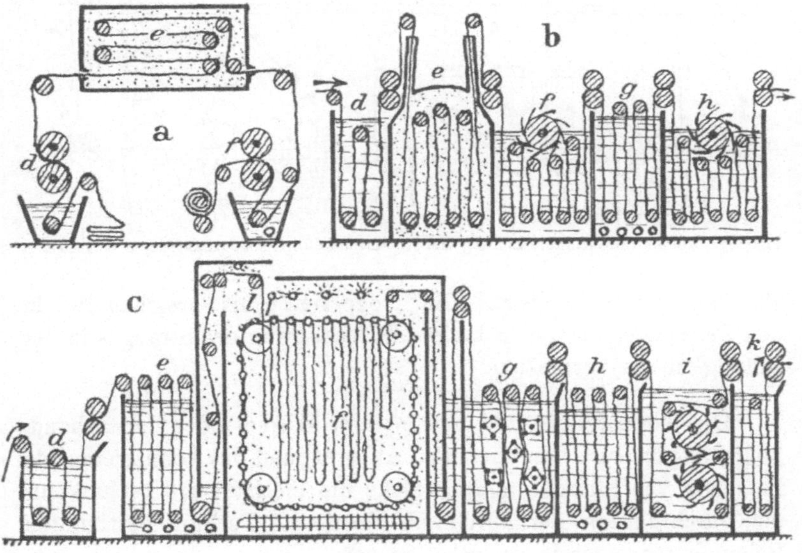

Fig. 104. Anlagen zur verbundenen Naß-Gas- und Dampfbehandlung von breitlaufender Ware.

in die Stabzwischenräume eingeführt wird. Die ganze Zusammenstellung zeigt z. B. die Bleichbehandlung bei breitlaufendem Gewebe.

3. Gemischtbehandlung.

Da bei den beschriebenen Stückbehandlungsanlagen auch ein, wenn auch absetzender, so doch fortlaufenden Warengang besteht, so lassen sich auch beide Behandlungsarten in einer Anlage vereinigen, wofür in Fig. 105 ein Beispiel gegeben ist, und zwar für die Behandlung von Ware in Strangform. Die Bottiche, Kufen, Kocher und Durchzugmaschinen sind in einer Reihe aufgestellt, über welcher an einem Gestell oder der Decke des Raumes angetriebene Zugrollen l_1 bis l_{10} laufen. Die bei *a* gefaltet vorliegende Ware kommt zunächst im Strang zusammengenommen zum Einweichen in die Bodenkufen *b*, b_1 und wird dann zum Bäuchen in die Kocher *c* bis *f* überführt, von denen stets zwei arbeiten, während einer frisch beschickt und einer entladen wird. Aus letzteren läuft der Strang im Schraubengang nach Fig. 82 *c* durch die Sättigungströge mit Quetschwerken *g* bis *i* und wird schließlich im

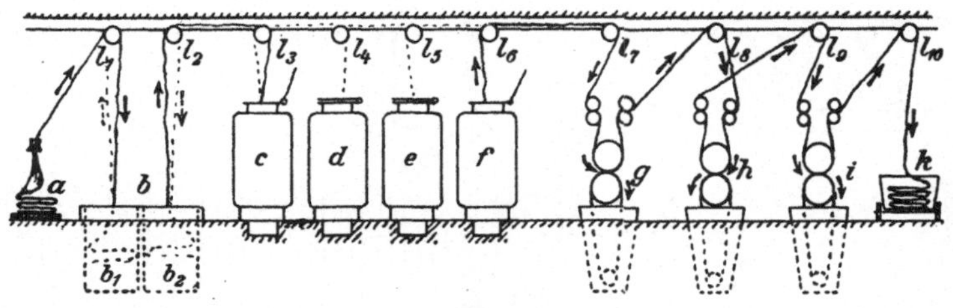

Fig. 105. Anlage zur Strangbehandlung mit Stückbehandlung aber fortlaufendem Warengang.

Förderwagen *k* abgelegt. Die Tröge bei *g* bis *i* reichen tief in den Fußboden, um einen langen Durchzugweg des Stranges in der Flüssigkeit zu vermitteln.

Die dargestellten und nur in ihrer Waren- oder der Behandlungsgangart kurz beschriebenen Anlagen sind nur kennzeichnende Beispiele von Einrichtungen, welche die mechanische Technik für die Durchführung der durch die chemische Technik bestimmten Behandlungsvorschrift zu schaffen hat.

6. Die Elektrizität bei der Vollnaßbehandlung.

Die Wirkung des elektrischen Stromes auf die Zersetzung und Scheidung von chemischen Lösungen und Flüssigkeiten wird auch bei den nassen Ausrüstungsarbeiten ausgenutzt. In erster Linie für die Bereitung von Bleichlösungen, also chlorigen Flüssigkeiten, durch Zersetzung von Kochsalzlösungen, deren Anwendung man dann als „elektrisches Bleichen“ bezeichnet. Diese Bleichlaugen werden in besonderen Bottichen mit den in die Salzlösung tauchenden Platten für die Ein- und Ableitung des elektrischen Stromes bereitet und dann in die Behandlungskufen zugelassen, so daß letztere selbst, gegenüber der Einrichtung für die chemische oder Chlorkalkbleiche, besonderer Abänderung nicht bedürfen. In zweiter Linie dient aber der elektrische Strom bei Durchleitung in den Behandlungsbädern auch zur Steigerung der Wirkung derselben und zur Hervorbringung besonderer Wirkungen. So wird damit eine bessere Verseifung von Fettschmutz, eine lebhaftere Durchfärbung und ein besseres Waschen durch Schmutzabstoßung erzielt, wobei der in Anwendung kommende Gleichstrom auch zeitweise in der Richtung gewechselt wird. Angewendet wird diese Elektrizitätswirkung bei der Behandlung breitbahniger Waren, und können dabei die in die Bäder einzuhängenden Stromplatten in der vollen Laufbahnbreite in gleicher Richtung mit dem Warenlauf angebracht werden, so daß der zwischen den Platten entstehende elektrische Übertritt durch die Ware stattfindet und diese selbst beeinflußt wird, oder an den Laufrändern der Ware, wenn mehr auf eine Zersetzung der Flüssigkeit hingewirkt werden soll. Die Naßbehandlungseinrichtungen an sich bedürfen beide Male keiner Abänderung. Diese elektrische Hilfe der Naßbehandlung ist noch in den Anfängen begriffen und ihr Ausbau zu empfehlen.

7. Die Vollnaßbehandlung als Teilwirkung.

Bei den bisher betrachteten Arten der Warenbehandlung im vollen Flüssigkeitsbade gibt letzteres die Ausrüstungswirkung allein, bestimmt also das reine und gleichmäßig farbige Aussehen; die dabei angewendeten mechanischen Wirkungen auf die Ware haben nur den Angriff der Flüssigkeit auf das Textilgut zu fördern und allseitig und durchaus gleich zu machen, es besteht damit zwar eine Hilfswirkung, die aber die wirkliche Flüssigkeitswirkung selbst nicht ändert. Die Ausrüstungstechnik kennt aber Behandlungsverfahren, wo die Vollnaßbehandlung an sich noch nicht die beabsichtigte Ausrüstungswirkung an sich hervorbringt und erst noch besondere Angriffe auf die Ware mit verschiedenen Mitteln hinzutreten müssen. Es gibt eine Reihe solcher zusammengesetzter Behandlungen.

A. Das nasse Seidenfeinen oder Merzerieren.

Die Baumwollfaser hat die Eigenschaft, bei der Einwirkung verschiedener Laugen zu quellen und in der Länge einzuschrumpfen.

Wird letzteres verhindert, die Faser also während der Laugenwirkung straff gespannt erhalten, so äußert sich dies in einem Glätten der Faser und der damit entstehende seidenähnliche Glanz derselben verbleibt auch nach der Entspannung, wenn die Wirkung der Lauge durch deren Abspülen dabei aufgehoben wird. Dieses nasse Seidenfeinen ist für alle spannbaren Behandlungsformen, also loses Gut, Vorgespinst, Garn in Strähnen oder Fadenketten, Gewebe und Warenstücke, wie Strümpfe, Handschuhe usf. anwendbar, brauchbare Erfolge erzielt man aber allgemeiner bisher bei Strähn- und Kettengarn und Geweben; für welche deshalb die Behandlungsvorrichtungen angegeben werden.

1. Stückbehandlung (Garnsträhne).

Die Vorrichtungen zur Garnsträhnbehandlung, die in ihrer Arbeit beschrieben und in den Fig. 73, 74 und 79 dargestellt sind, bedürfen wegen der auf ein bestimmtes Maß festgesetzten Spannung des durchtränkten Strähnes und der nacheinander erfolgenden Behandlung in zwei verschiedenen Bädern einer Umgestaltung. Man nimmt auch das Laugen mit Spannung auf einer besonderen Maschine vor und benutzt für das Abspülen die in Fig. 74 und 78 beschriebenen Maschinen. Eine solche Strähndurchzug- und Spann-Maschine nur zum Laugen zeigt das Bild *a* der Fig. 106. Es werden zwei Strähne gleichzeitig behandelt, welche über den Trieb- oder Durchzugrollen *r* und den Spannrollen *s* hängen, von denen die ersteren im Laugentrog *t* liegen und die letzteren an einer beweglichen Brücke *m* lagern, welche mit Schraubenspindel durch ein Schneckenrad von einem Wendegetriebe aus zum Spannen der Strähne gehoben und zu deren Abnahme gesenkt wird. Die Umsteuerung des Wendegetriebes erfolgt selbsttätig in festgesetzten Zeiträumen.

Eine ähnliche Vorrichtung, aber mit senkrecht beweglichem Laugentrog *t* zeigt das Bild *b*, wo die Umzugrollen *r* mit Quetschrollen *v* im gehobenen Trog *t* zusammenarbeiten. Nach Durchlaugung wird der Trog niedergelassen und die gespannten Strähne von den Wasserstrahlen der Rohre *i* abgespült, wobei aber das Spülwasser das Laugenbad verdünnt, wenn dieses nicht, wie es auch selbsttätig erfolgt, vorher abgelassen wird und dann von neuem in den Trog zuläuft.

Eine Maschine zur Einzelbehandlung eines Strähnes, aber mit selbsttätiger Regelung der aufeinanderfolgenden Arbeiten veranschaulicht das Bild *c* mit einigen Arbeitsstellungen c_1 bis c_3. Der Strähn liegt wagrecht über der festen Rolle *r* und der Spannrolle *s*, welche an dem, von einer unrunden Scheibe auf der Steuerwelle *x* bewegten, an dem oberen Gewichtswinkelhebel *g* angeschlossenen Arm sitzt. Gegen die Durchzugrolle *r* drückt sich die ebenfalls von der Steuerwelle *x* entsprechend eingestellte

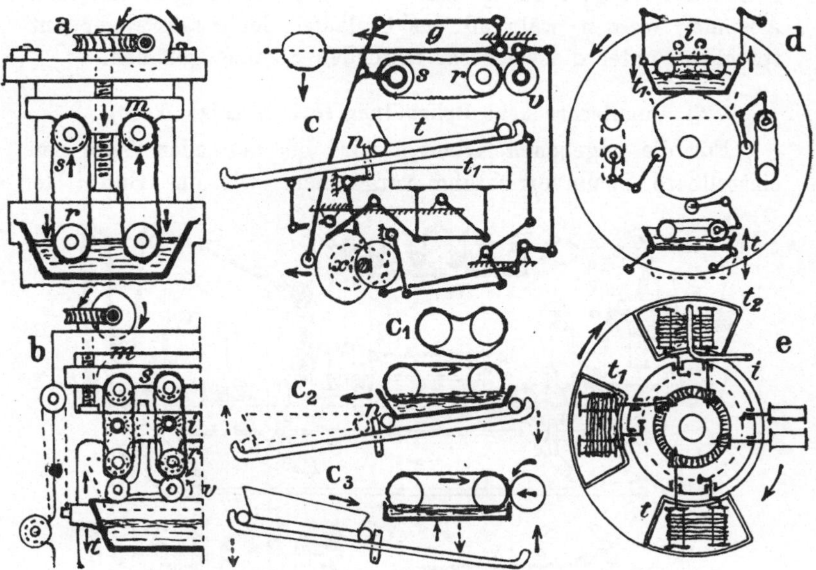

Fig. 106. Merzerier- oder Naßseidenfeinmaschinen zur Strähnbehandlung.

Quetschrolle *v*, und von der Steuerwelle werden durch unrunde Scheiben auch die Bewegungen des Laugentroges *t* und des Spültroges t_1 vermittelt, wobei letzterer senkrecht geführt wird und der erstere, um für das Heben des letzteren auszuweichen, auf einem gesteuerten Geleis zur Seite hin und her rollt. Durch eine ebenfalls gesteuerte Nase *n* wird der Trog *t* nach der Verstellung seiner Rollbahn bis zum bestimmten Zeitpunkte aufgehalten.

Die Durchführung der beschriebenen Behandlung (Laugen, Erhaltung der Streckung und Abspülen) dauert etwa 5 Minuten und für eine ununterbrochene Maschinenbedienung ist deshalb wie zur einfachen Durchtränkung die Sternanordnung mehrerer Arbeitsstücke getroffen worden, was bei senkrecht verlaufendem Arbeitsgang nach Fig. 79 das Bild *d*, bei wagrechtem Verlauf nach Fig. 78 das Bild *e* der Fig. 106 darstellt. Beim Bilde *d* werden die Strähne durch Rollenwinkelhebel von einer Leitscheibe während des Laugens im senkbaren Troge *t*, des eine Zeitlang nötigen gespannten Laufes ohne Nässung und des Abspülens im gleichfalls senkbaren Troge t_1 gespannt erhalten. Bei letzterem Bilde sitzen die Spannrollen an Kurbeln, die von einem Laufring eingestellt werden. Die verschiedenen Tröge *t* bis t_2 zum Vor- und Nachlaugen und zum Abspülen werden während des Umlaufes der Strähnträger entsprechend unter die wagrecht laufenden Strähne gehoben.

2. Ununterbrochene Behandlung (breitbahnige Ware).

Für die gegebenen Arbeiten wird bei laufender Ware eine einstellbare Spannvorrichtung vorgesehen, wie das Bild *a* der

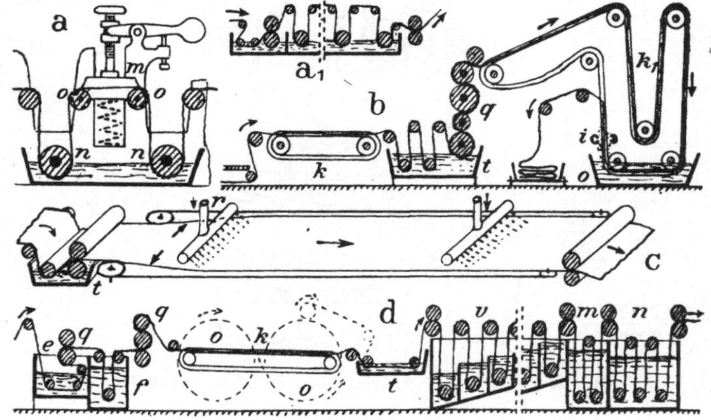

Fig. 107. Merzeriermaschinen zur Behandlung breitbahniger Ware.

Fig. 107 zeigt. Zwischen den Eintauchwalzen *n* des Laugentroges wird die Ware über zwei Spannrollen *o* geführt, welche an einer Brücke *m* sitzen, die durch einen im Angriff einstellbaren Gewichtshebel belastet wird, wobei eine Unterfeder helfend auftreten kann.

Da die Ware längere Zeit in der Lauge zu bleiben hat, wird diese Einrichtung, wie das Bild a_1 veranschaulicht, wiederholt und dabei auch ein Einweichen vor dem Laugen vorgenommen, wie die Laugen in den Trögen selbst zunehmend wirken können.

Die Einrichtung eignet sich für Fadenketten, Gewebe u. dergl., in letzterem Falle, wenn dasselbe ein Breithalten auf den Tauchwalzen durch deren Oberflächengestaltung zuläßt.

Ein bestimmter Grad der Breitstreckung wird mit Kluppenketten nach Fig. 32 vermittelt. Diese ebene Gewebeführung zeigt das Bild *c*, wonach die im Vorweichtroge *t* naß gemachte Ware dann durch Auseinandergehen der die Ränder derselben fassenden Kluppenkette breit gestreckt wird. In diesem Zustand erhält die Ware von dem Spritzrohre *r* aus die Lauge, die als Hauptlaugung wirkt und während des Gespanntbleibens anhält, bis durch ein zweites Spritzrohr in gespannter Ware das Abspülen erfolgt.

Auch das Breitspannen wird stufenweise vorgenommen, wie dies bei der Maschine des Bildes *b* der Fall ist. Die Ware wird trocken über die auseinandergehenden Kluppenketten *k* geleitet und damit auf eine in ihrer Bindungsart selbst mögliche größte Breite gebracht, in welcher sie in die Lauge des Troges *t* kommt. Die gesättigte Ware erhält durch ein Mehrwalzenquetschwerk *q* (sog. Wasserkalander) ein kräftiges Eintreiben der Lauge und kommt in diesem Zustand in das Breitspannfeld der Kluppenketten k_1, wo sie, von diesen gehalten, einen schlangenförmigen Weg macht und dabei von den Spritzrohren *i* abgespült und durch den Trog *o* geführt wird. Die Ware hat dann, wie auch bei den anderen Maschinen, noch einer gründlicheren Waschung zu unterliegen. Wenn dies gleich anschließend erfolgt, ergeben sich Verbund-Merzerier-Maschinen, wie eine solche das Bild *d* darstellt. Die Ware wird bei *e* vorgeweicht, dann im Troge *f* eingelaugt, wobei wieder Quetschwerke *q* mitwirken. Dann erfolgt auf den Kluppenketten *k* das Breitstrecken, im Troge *t* ein Nachlaugen und dann in einer Batterie *v* nach dem Vorbilde Fig. 95 das Entlaugen und schließlich in den Trögen *m* und *n* das Reinspülen. Da in der Batterie ein Gegenstrom auftritt, erhält man in der ersten Kammer derselben eine stark laugenhaltige Flüssigkeit, die wieder verwendet werden kann.

Berücksichtigt man, daß die Längsspannung eines Gewebes stets auf dessen Breitenminderung wirkt, so ist es möglich, bei genügender Längsstreckung auf die Breitspannung zu verzichten und dafür nur eine Breithaltung der Ware anzuwenden. An Stelle des Kluppenkettenfeldes im Bilde *d* werden zwei Trommeln *o* vorgesehen, auf denen das Gewebe gespannt gehalten wird, indem der Trommelumfang durch einen besonderen Belag, Einkerbung u. dergl. ein Eingehen der Ware hindert. Es lassen sich somit auch Gestricke in laufender Bahn behandeln. Strickwaren werden auf Formen gespannt und die bezogenen Formen durch Laugen und Spülbäder an Ketten hängend (vergl. Fig. 80) gezogen.

B. Das Walken.

Um die Krumpfkraft der Wollfaser, d. i. die Fähigkeit sich einzukrümmen, zu wecken, ist Wärme, Feuchtigkeit oder Nässung mit etwas salzigem und saurem Wasser nötig, und wenn die Krumpfkraft für ein damit eintretendes gegenseitiges Einhängen und Einschieben der Fasern zu einer Bindung derselben untereinander ausgenützt wird, hat dabei eine mechanische Bearbeitung tätig zu sein. Folglich besteht auch das Walken aus zusammengesetzten Wirkungen; die meist mit Seifenlauge oder wässeriger Säure genäßte Ware muß geknetet werden, und die dabei auftretende natürliche Erwärmung des wollenen Textilgutes unterstützt wieder das Zusammenwalken oder Filzen. Die Walkarbeit zeigt sich als eine Stückbehandlung, die für Gewebe und Strickware vorgenommen wird, wobei aber ein Unterschied in bezug auf Bearbeitung des Stückes im ganzen oder die Herstellung eines Warenganges besteht.

1. Stückbehandlung.

Die knetende Bearbeitung der Ware wird durch Stampfen und Stauchen hervorgebracht, wie die Fig. 16 u. 35 zeigen. Die diese Vorgänge ausnützenden Walkmaschinen oder Walken werden bei unmittelbarer Handbedienung nach Fig. 108, Bild *a*, eingerichtet. Die nasse Ware, Strümpfe, Mützen- und Hutstumpen u. dergl., kommt zunächst auf einem gerieften Tisch unter eine geriffelte Druckwalze und wird von dieser gegen ein Riffelwalzenpaar geschoben und dabei zusammengestaucht, was dann vor einem zweiten Quetschwalzenpaar nochmals stattfindet. Diese Arbeit muß mit wiederholtem warmem Nässen nochmals statt-

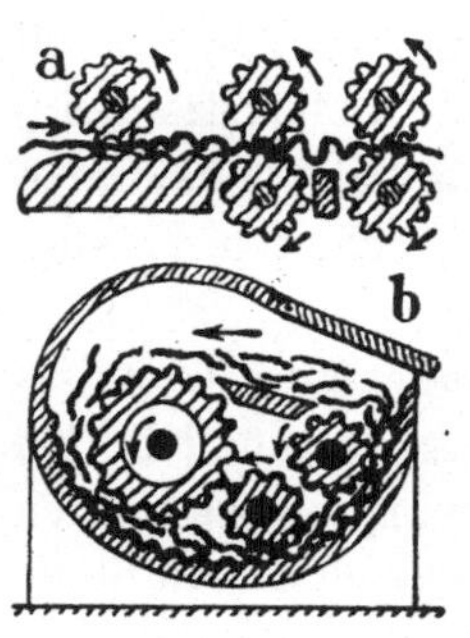

Fig. 108. Handwalk- und Rollwalkvorrichtung.

finden, was selbsttätig die Einrichtung des Bildes *b* vermittelt. In einem gerieften Trog, der dann also das warme Walklaugenbad faßt, laufen drei Riffelwalzen um, welche die Warenstücke zwischen sich und der Trogwandung reiben und stauchen, die dann von der letzten Walze in der Höhe ausgeworfen wieder der ersten Walze zufallen.

Dieses Reiben und Stauchen wird in der mechanischen Wirkung von dem Stampfen, Schlagen oder Hämmern übertroffen, das in den Stampfwalken stattfindet, die man, weil das Stampfen nicht bloß senkrecht, sondern auch wagrecht stattfindet und die Stampfblöcke oder Hämmer durch Kurbeln ihre Bewegung erhalten, auch (aber nicht vollumfassend) als Kurbelwalken bezeichnet. Die drei Anordnungen dieser zeigt Fig. 109 mit wagrecht

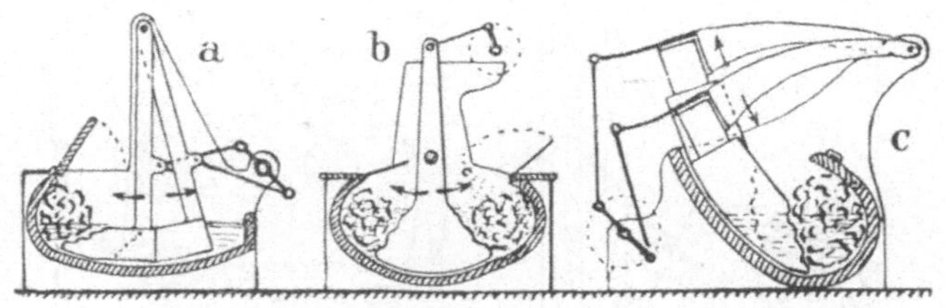

Fig. 109. Stampf- oder Kurbelwalken.

schwingenden Hämmern in den Bildern *a* und *b*, mit senkrecht beweglichen Hämmern im Bilde *c*, wobei durch die Form des die Walklauge haltenden Troges beim Zusammendrücken auch ein gleitender Druck auf die Ware zu deren Wenden in der Senkrechten für den Neuangriff der Hämmer stattfindet. Bei der wagrechten Schwingung wird zur Ausnützung des Rückganges der zwei- und mehrfach nebeneinander vorhandenen Hämmer die Walke nach dem Bilde *a* doppelseitig mit zwei Kufen und dazwischen liegender Kurbelwelle gebaut, aber wohl besser bei leichterem Druck in einer Kufe zu beiden Seiten der von einer oberen Kurbel bewegten Hämmer nach dem Bilde *b* zwei sog. Walklöcher geschaffen. Dieses Kneten findet auch unter Zulaß von erwärmtem Wasser statt, welche die in der Ware aufgesaugte Seifenlösung verdünnt, so daß bei dauerndem Zufluß und Ablassen der Flüssigkeit ein Waschen der Ware stattfindet, was nicht nur zur Schmutzentfernung stattfindet, sondern auch bei sonstiger Naßbehandlung, z. B. Bleichen stark geschlichteter Waren, denn die Entfernung aufgesaugter klebriger Stoffe verlangt eine kräftige Abstoßung durch starke Bearbeitung.

Die zu walkenden Gegenstände formen sich in diesen, auch Lochwalken genannten Maschinen zu einem Knäuel, wo die Schichten desselben, wie auch die von Stücken im Strang eingelegt, gefaltet liegen und ihre Lage gegeneinander durch die Wendung des Knäuels immer ändern. Das dadurch stattfindende Zusammen- und Ineinanderschieben der Fadenlagen äußert sich daher von allen Seiten, die Ware, welche dadurch einschrumpft, also allseitig einwalkt. Es kann aber mit dem bloßen Stampfen

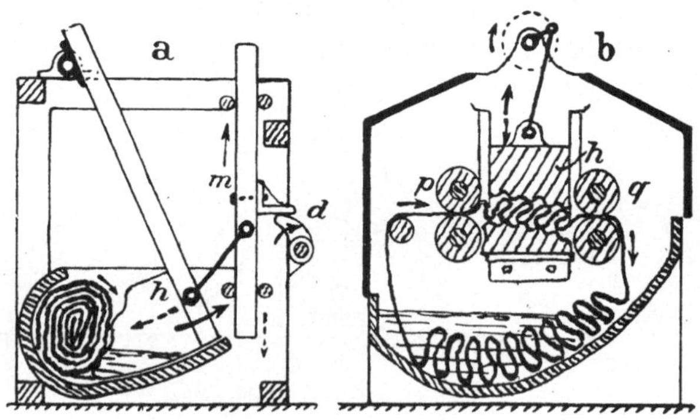

Fig 110. Stampfwalken für Gewebe im Stück und im laufenden Warengang.

auch nur das Einwalken in der Länge bei langbahnigen Warenstücken erzielt werden, wozu bei der Stückbehandlung der ganze Warenwickel lose zusammengerollt in das Walkloch gelegt wird, wie dies das Bild *a* der Fig. 110 zeigt, welches auch veranschaulicht, wie die Hämmer nur durch freien Fall wirken. Bei diesem Breitstampfwalken ist dann nur ein über der Kufe aufgehängter Hammer *h* nötig, welcher durch eine Lenkstange mit dem senkrecht zwischen Rollen geführten Baum *m* verbunden ist, der vorübergehend von dem umlaufenden Daumen *d* ausgehoben wird, so daß der Baum nach dessen Ablauf frei zurückfallen kann und damit den Hammer *h* gegen den Warenknäuel vorschiebt. Durch die Gelenkverbindung ist der dabei auftretende Druck ein zunehmender. Bei der auch getroffenen unmittelbaren Aushebung von senkrecht schwingenden Hämmern nach dem Bilde *c* der

Fig. 109 durch umlaufende Daumen wirkt dagegen nur das eigene Hammergewicht druckgebend im Freifall. Es sind noch für leichteres Stampfen mit frei fallenden Stempeln auf umlaufendem Trogtisch Walken nach Fig. 35*a* in Gebrauch.

2. Behandlung im laufenden Warengang.

Da beim Walken wegen der Bemessung des erzielten Eingehens der Warenstücke eine Stückbehandlung nötig ist, so wird dabei der laufende Warengang durch Zusammennähen der Stückenden hergestellt. Eine Stampfwalke mit ununterbrochenem Warengang in dieser Weise zeigt das Bild *b* der Fig. 110. Das im Strang oder breit laufende Stück geht zwischen zwei Quetschwalzenparen *p* und *q* hindurch und wird zwischen denselben auf einem Tisch, wo sich die Ware faltet, von einem senkrecht geführten Hammer *h* gestampft. Wenn im Warenstück eine Einheitslänge durch Fadenknoten am Rand ausgezeichnet ist, so ist durch Nachmessen dieses Stückes der Grad des Einwalkens in der Länge festzustellen.

Die zum Walken nötige Warenbearbeitung im Warenstrang gibt ein nacheinanderfolgendes Strecken und Stauchen desselben in seinem Lauf, was in den Roll- und Walzenwalken nach Fig. 111 angewendet wird. Der Aufbau dieser Maschinen gleicht den Strang- und Breitwaschmaschinen Fig. 82*b* urd 86*a* mit in sich geschlossenem Warenlauf und nach der einfachsten Anordnung im Grundbilde *a* wird der Warenstrang von einem Druck-Zylinderpaar, weshalb man auch von Zylinderwalken spricht, durch einen daran angestellten, den Strang seitlich zusammenpressenden Kanal gezogen und in einem auf senkrechten Zusammendruck eingestellten Kanal hinter den Zylindern dann gefaltet und so gestaucht.

In diesen Arbeitsteilen sind verschiedene Zusammenstellungen getroffen. Im Bilde *a* wird der nachgiebige Druck im Stauchkanal durch Belastung der gelenkig angeschlossenen Decke mit einem Gewichtshebel vermittelt. Im Bilde *b* wird bei übereinandergesetzten Rollen dafür eine belastete kleine Rolle benutzt und zeigt dieses Bild, wie bei der meist stattfindenden gleichzeitigen Bearbeitung zweier und mehrerer Warenstücke dieselben getrennt im Zugkanal einlaufen. Im Bilde *c* sind vor dem aus drehbar angehängten und somit gegenseitig einstellbaren Seitenklappen gebildeten Einführtrichter seitliche Strangführungsrollen *r* angebracht und hinter der Stauchrolle befindet sich noch eine daranhängende Stauchklappe. Die Rollendruckwirkung wird vervielfacht angewendet, nach dem Bilde *d* mit zwei und nach *e* mit drei Druckrollen auf einem Unterzylinder, nach *f* durch zwei Druckwalzenpaare hintereinander. Der mehrfache Rollendruck im Warenlauf wird nach *g* senkrecht und seitlich auf den Waren-

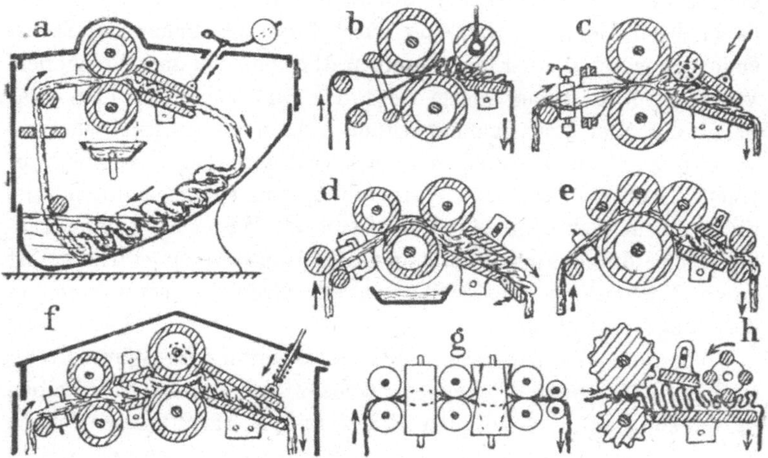

Fig. 111. Rollen-, Walzen- und Zylinderwalken.

strang hervorgebracht, wobei wie auch sonst verschiedene Walzenformen nach Fig. 15 *h* bis *m* tätig sein können, wie dies auch das Bild *h* mit Riffelrollen zeigt; hierbei wird auch die Verbindung der Rollen- und der Stampfwirkung im selben Warengang veranschaulicht. Hinter dem Stauchkanal werden die Warenlagen durch einen umlaufenden Rollenkranz oder auch einen Stampfhammer bearbeitet. Die verschiedenen Bilder zeigen noch die Aufnahme des Warenstranges durch ein besonderes Walzenpaar (bei *d*), die Teilung des Bodens vom Stauchkanal (bei *d*) und die Förderung der Warenausstoßung aus demselben (bei *e*).

Fig. 112. Sättigungsmaschine für Walkstränge.

Die Walkbearbeitung verlangt eine gründlich mit Lauge durchsättigte, damit auch geschmeidig gemachte Ware, und da die volle Sättigung beim Durchziehen in der Strangwalkmaschine immerhin erst Zeit in Anspruch nimmt, wird dies auch in einer Sondermaschine nach Fig. 112 vorgenommen. Der Warenstrang wird hierzu in einem mit Lauge gefüllten Trog gebettet, bleibt darin entsprechend lange und wird von einem Rollenpaar dann ausgezogen, welches den Laugenüberschuß beseitigt.

C. Das Ansäuern zum Entkohlen u. dgl.

Es gibt nach Ausrüstungsbehandlungen, wo zwischen der Vollnaßbehandlung ein Trocknen stattfindet. Dies ist der Fall beim Entkohlen, wo die angesäuerte Ware darnach einer starken Erwärmung auszusetzen ist, damit die schwarze Verkohlung der

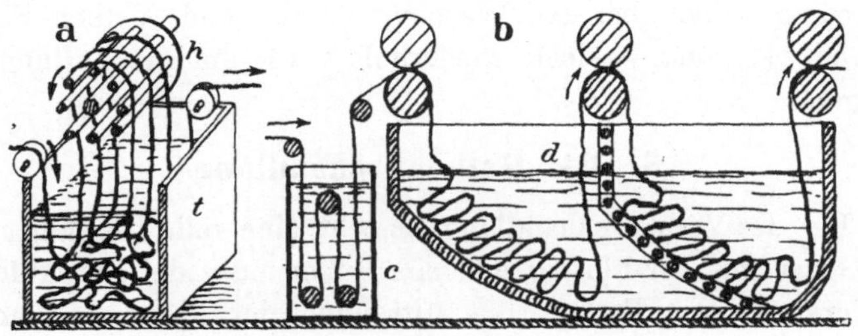

Fig. 113. Ansäuern im laufenden Warengang.

pflanzlichen Zellstoffe überhaupt eintritt, worauf die Ware, um die in derselben noch vorhandene Säure, welche auf die Dauer Schaden bringt und sonst weitere Behandlungen, wie z. B. das Färben, stört, zu beseitigen, wieder auf nassem Wege zu entsäuern ist. Gewisse Entwicklungsfarben verlangen ähnlich ein Trocknen der durch Sättigung aufgebrachten Beize, wobei dieselbe durch den Sauerstoff der Trockenluft sich verändert und dann bei dem nachnachfolgenden Tränken zum Ausfärben erst den richtigen Farbton gibt und die Färbung echt macht. Das ist z. B. beim Anilinschwarz der Fall.

Die Vortränkung oder Ansäuerung der Waren verlangt eine gute Durchdringung oder Sättigung, bei welcher aber die beschriebenen mechanischen Hilfsmittel dazu, weil z. B. die Säure diese zu sehr angreifen würde, nicht immer anwendbar sind. Es läßt sich also für die ununterbrochene Behandlung kein langer Warengang mit Führungswalzen im Säurebad herstellen und die Sättigung wird deshalb bei ruhendem Gut vorgenommen, wozu eine ausreichende Zeit der Bettung der Ware in der Flüssigkeit nötig ist. Bei der Entkohlung der losen Wolle wird dieselbe in Holzkufen gebracht und nach Vollsaugen in Schleudermaschinen mit verbleiten, mit der Säure in Berührung kommenden Teilen vom Überschuß der Säure befreit. Man hat hier das nasse Ansäuern gegenüber der trockenen Begasung Fig. 96 *b*. Bei der ununterbrochenen Behandlung im Strang wird ein Trog *t* mit Haspel *h* nach dem Bilde *a* der Fig. 113 benutzt, in welchem der Strang im Schraubengang durchgezogen wird, dabei aber zwischen den einzelnen Windungen eine Ruhelage findet; bei breitbahniger Behandlung findet nach dem Bilde *b* zuerst ein Einweichen in Wasser im Troge *c*, dann nach Ausquetschen eine Bettung im Säuretrog *d* wie bei den Waschmaschinen und Walken Fig. 82, 86 und 111 statt, welche wiederholt wird, um die Faltung umzulegen.

8. Die Halbnaßbehandlung.

Bei der Vollnaßbehandlung besteht eine volle Durchdringung des Gutes mit der Flüssigkeit beim Ruhen oder der Durchführung in deren Bade. Erfolgt die Mitteilung der Flüssigkeit an das Gut auf die andern im Abschnitt des 2. Teiles der ersten Buchhälfte angegebenen Arten, so ist von der Halbnässung zu sprechen, welche ganz andere Vorrichtungen erfordert. Diese werden nach der Nässungsart getrennt.

A. Das Einreiben der Flüssigkeit.

Erschwert die Ware durch ihr Gefüge oder die Flüssigkeit selbst durch ihre Eigenart (Dickflüssigkeit) das Aufsaugen, so muß die Aufnahme unterstützt werden, was durch Einreiben erfolgt. Dies erzielt man schon bei den einfachen Quetschwerken der Wareneintränkvorrichtungen Fig. 87 durch eine verschiedene Umfangsgeschwindigkeit der beiden Walzen, so daß die Oberwalze auf der von der Unterwalze gehaltenen und mitgeführten Ware gleitet und so eine Reibewirkung auf die von dieser mitgeführte Tränkflüssigkeit ausübt. Die Walzen des Quetschwerkes werden dann von größerem Durchmesser ausgeführt, um eine größere Auflagfläche für die Ware zu erhalten. Man spricht dann auch von Reibungs-Tränk- und Stärkmaschinen. Neben dieser gleitenden Reibung wird auch die Wirkung rollender Reibung benutzt und von anderen Mitteln zum Einreiben der dicken klebrigen Flüssigkeiten Gebrauch gemacht. Eine kleine Zusammenstellung von Reibe-Tränkmaschinen zeigt Fig. 114, bei denen es sich immer um flache Stücke oder flachbahnig laufende Ware handelt. Bei der Stückbehandlung wird die Ware (z. B. Filz oder dickes Gewebe), wie im Bilde *a* links gezeigt ist, auf einen mit Randleiste versehenen Tisch *t* gelegt, auf welchem ein Rollenwagen *r* von einer Kurbel bewegt hin- und herläuft. Die auf die

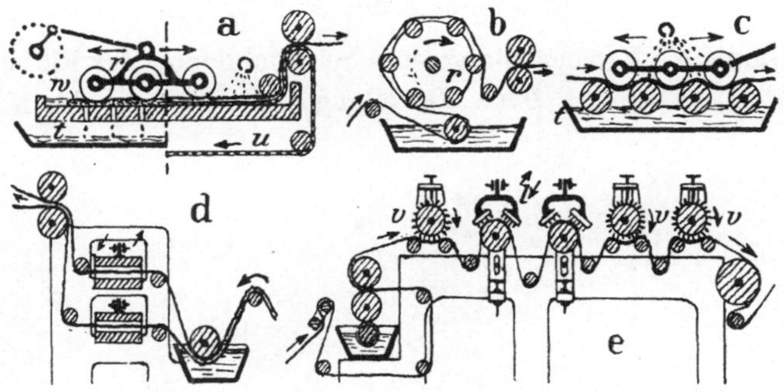

Fig. 114. Flüssigkeitseinreibemaschinen.

Ware *w* geschüttete Flüssigkeit wird durch das Abrollen (Mangeln) damit gewissermaßen auf und eingewalzt. Das Warenstück wird durch Wenden beidseitig bearbeitet und die durch die Löcher des Tisches abtropfende Flüssigkeit durch eine Unterschale aufgefangen. Für ununterbrochene Behandlung wird, wie rechts im Bilde *a* dargestellt ist, ein endlos laufendes Unterlagtuch *u* für die Ware benutzt. Nach dem Bilde *b* wird eine Rollentrommel *r* (vgl. Fig. 21) benutzt, welche die von der laufenden Ware im Troge *t* aufgenommene Ware verreibt, indem die Trommel, als welche auch eine mit Reibnasen nach Fig. 22 dienen kann, von der Ware voll umschlossen wird, so daß dabei auch eine Erschütterung derselben stattfindet. Um beim Abrollen einen schärferen Druck zu erzielen, wird nach *c* der untere Rolltisch durch Rollen gebildet, welche im Flüssigkeitstroge *t* lagern und die Ware von unten nässen, die auf der oberen Seite bespritzt wird.

Seitlich bewegte Reibetische mit gerieften und rillenförmigen Flächen, zwischen denen die genäßte Ware bearbeitet wird, zeigt das Bild *d*, welche Maschine zum Stärken von Geweben dient, und das Bild *e* gibt eine Maschine zum Einreiben von Farben, z. B. bei der Blaufärberei, durch bewegte Bürsten. Diese Bürsten haben durch ihre Walzenform *v* einesteils eine längsverstreichende Wirkung, anderenteils durch hin- und herbewegte Leisten *l* einen seitlichen Verstrich. Zu diesem Bürsten genäßter Ware werden auch Teller nach Fig. 29 benutzt, unter denen die Ware auf einem flachen Tische laufend hinweggeht, die so eine Verstreichung nach allen Richtungen erfährt.

B. Schäumung der Flüssigkeit.

Durch die Verschäumung oder Schaumbildung der Flüssigkeit erfährt dieselbe eine feine Verteilung, so daß, weil die kleinen

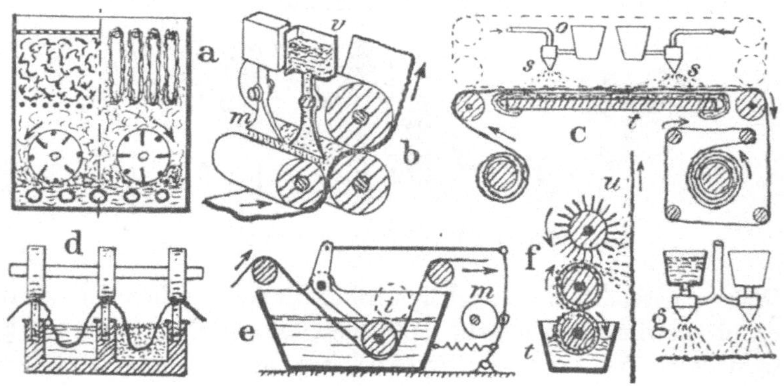

Fig. 115. Einrichtung zum Schaumfärben (*a*) zur Warenfarbbesprühung (*c, f, g*) und zum Teilfärben (*b, d, e*).

Teile oder Bläschen besser von der Ware angenommen werden, die Flüssigkeitsaufnahme, z. B. beim Färben anders erzielt wird als beim Nässen und Eintauchen. Von dieser Flüssigkeitsmitteilung, die für verschiedene Behandlungsformen und zur Teil- oder Musterfärberei anwendbar ist, wird noch kein weitgehenderer Gebrauch gemacht. Eine bezügliche Einrichtung, wie sie zum Färben von losem Fasergut, Garnsträhnen und dgl. benutzt wird, zeigt das Bild *a* der Fig. 115. In einem Bottich wird die hierzu erwärmte Flüssigkeit von umlaufenden Flügeln und Stabtrommeln zu Schaum geschlagen und, als solcher in die Höhe steigend, an die darüber gebettete oder aufgehängte Ware gebracht.

C. Das Färben mit Besprühung.

Die zur Flüssigkeitszerstäubung benutzten Einrichtungen Fig. 41 werden, da dieselben gemeinhin nur für flache Waren benutzt werden können, nach dem Bilde *c* der Fig. 115 über dem Warenlauf angebracht. Das Gewebe läuft von einem Wickel über den Tisch *t*, welcher zur Aufnahme von etwa durch das Gewebe gedrungenen Farbteilchen mit einem diese aufsaugenden, auswechselbaren Belag versehen ist, und wird dann, nach einem längeren freien Lauf, bei dem ein Eintrocknen der aufgesprühten Farbe stattfindet, wieder aufgewickelt. Die Besprüher *s*, welche eine Kreisflächenauftragung ergeben, werden mehrfach reihenweise vorgesehen und dabei versetzt, so daß sich die ringförmig ungleichen Bespritzungen ausgleichen. Die allgemeine Einrichtung der Bespritzer selbst zeigt Fig. 116. Von dem Topf *f* läuft die Farbe in den Vorraum *a* und durch dessen Bodenventil *b* in den Ringraum *c*, wo eine Vermischung mit dem im Rohre *d* zutretenden Preßluftstrom stattfindet, welcher die Flüssigkeit durch die mit einem Verteilungskegel *e* versehene Düse treibt und dabei zerstäubt. Durch den Kegel *e* wird die Düse zur Unterbrechung der Färbung gesperrt und gleichzeitig der Farbzufluß aus dem Vorraume geschlossen, was durch Niederdrücken des Handgriffes *h* erfolgt. Nach Freigabe desselben bringt eine Feder die Ventilewieder zur Öffnung.

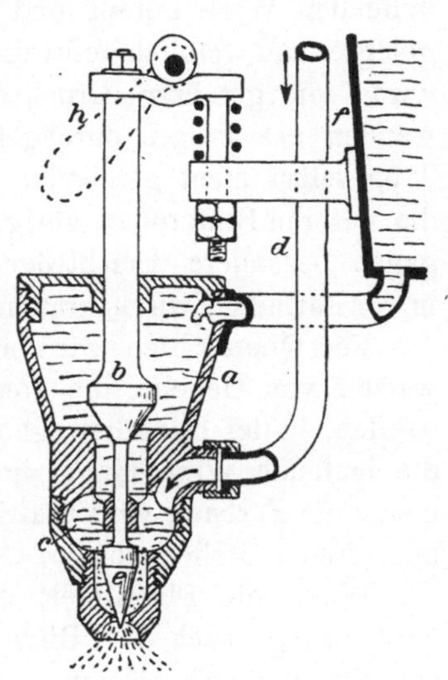

Fig. 116. Farbenspritzer.

Das Besprühen in voller Warenbreite mit Schleuderwalzen zeigt das Bild *f*. Aus dem Trog *t* nimmt eine Walze Farbe auf, deren Schicht auf eine zweite Walze übergeht, von welcher die rasch umlaufende Bürstwalze die Farbe abstreift und in Staubform an die Ware schleudert.

D. Das Teil- und Musterfärben.

Für die stellenweise Mitteilung von Farbflüssigkeit an die Ware, der Abgabe ersterer an diese oder der entsprechenden Aufnahme letzterer sind für die erstere Art auch die verschiedenen Arten der Flüssigkeits-Abgabe anwendbar. Zunächst das eintauchende Durchziehen der Ware im Farbbad, das dann unterbrochen stattzufinden hat, was für Farbelängsstreifen in der Ware deren Breite nach, für Querstreifen entsprechend der Länge nach zu erfolgen hat.

Nach dem Bilde *d* ist der Farbtrog nach der Breite der laufenden Ware geteilt und das schlapp in Wellenform darüber gelegte und folglich teilweise in den Trog einhängende Gewebe wird von geteilten Druckrollen in Längsbrücken oder Trennwänden des Troges durchgeführt. Bei einer Farbe braucht der Trog selbst nicht geteilt zu werden und sind nur Lagerungen für die unteren Stützrollen nötig. Mehrfärbige Streifen verlangen dagegen besondere Tauchtröge. Die aufgesaugten Streifen geben in der Färbung Zwischenräume oder gehen schwach ineinander über.

Für Querstreifen wird nach dem Bilde *e* die Tauchführungswalze *i* von Hebeln, die von einer Musterwelle *m* aus gesteuert werden, in der Höhe beweglich gemacht. Bei tiefer Walze *i* bleibt die laufende Ware länger im Farbbade und sättigt sich folglich mehr, die Färbung wird kräftiger und wechselt dann mit leichteren oder freien Stellen ab.

Wenn die Flüssigkeit durch Quetschwalzen eingedrückt wird, erfolgt nach dem Bilde *b* die Zuleitung durch Mundstücke *m* aus den Vorratsbehältern *v*, durch Hähne geregelt, streifenweise und in gleichfärbigen oder mehrfärbigen auch ineinander verlaufenden Streifen, um die Regenbogenfärbung zu ergeben.

Beim Besprühen werden einzelne Streifenbesprüher benutzt und ebenfalls verschiedene Farben, wie das Bild *g* zeigt, aufgesprüht. Es kann auch zur freien Musterung der Zerstäuber an Hand einer Zeichenvorlage entsprechend geführt werden, und kann auch durch ein aufgelegtes durchbrochenes Musterblatt, die Schablone stattfinden, welche endlos mit der Ware laufend, wie bei *o* im Bilde *c* punktiert angegeben ist, dann das Muster wiederholt auftragen läßt.

Bei Bürstenversprühung können Walzen mit teilweisem Bürstenbelag neben Schablonen benutzt werden, und die Musterungsmöglichkeiten sind mit den dargestellten Einrichtungen überhaupt noch nicht erschöpft. Diese Einrichtungen können unter sich verbunden werden, die Stärke des Farbbades kann durch veränderten Zufluß eine Abwechslung finden, die Warengeschwindigkeit kann wechselnd sein usf. Gezeigt ist nur, wie vielseitig dieses Teilfärben gestaltet werden kann, und, da dasselbe zum wesentlichen Teil unmittelbar Farbe abgebende Bäder verlangt, wird mit der zunehmenden Schaffung solcher Farben auch die Benutzung des Teilfärbens für Musterzwecke zunehmen und so der gedruckten Musterung zuvorgekommen.

E. Das Drucken.

1. Vorbemerkung.

Diese Arbeit bedingt eine stellenweise Farbabgabe an die Ware durch Eindrücken oder Einpressen, aber auch zum Vollfärben kann die Ware auf diese Weise die Farbe erhalten (vgl. Fig. 115 *b*).

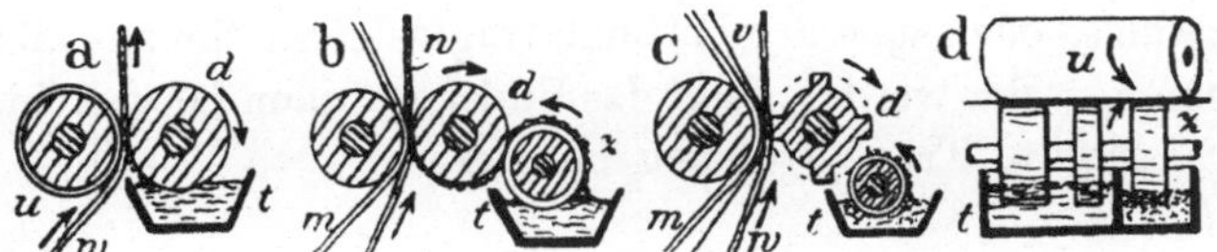

Fig. 117. Voll- und Teilfärben durch Aufdrücken der Flüssigkeit.

Schon bei den Quetschwalzenpaaren wird die der Ware anhaftende Flüssigkeit in diese eingedrückt, d. h. das Ansaugen in die Tiefe unterstützt. Wenn die eine Quetschwalze die Farbe wechselnd trägt, geht dieselbe unter dem Drucke an die Ware durch Aufsaugen über. Dieses Aufdrücken der Flüssigkeit wird, zunächst zum Voll- und Teilfärben dienend, als Grundlage des Zeugdruckes benutzt. Dies veranschaulicht Fig. 117. Nach dem Bilde *a* taucht die Walze *d* etwas in die Farbflüssigkeit im Troge *t* ein, bezieht sich bei ihrem Lauf mit einer Schicht derselben und gibt diese beim Druck gegen die Unterwalze *u* an die mitlaufende Ware *w* ab. Letztere muß die Farbschicht aufsaugen, die Ware darf also zwischen den Walzen *d* und *u* nicht so zusammengedrückt werden, daß dies unterbunden wäre. Die Anpressung der Walze *d* hat die Farbschicht auf die Ware zu bringen d. h. abzugeben, und deshalb muß der Druck etwas nachgiebig sein. Hierzu wird, der nötigen unverrückbaren Stellung der Walze *d* wegen, die Unterwalze *u* mit einem entsprechenden Bezug versehen. Um das schwierige Aufbringen desselben zu umgehen, wird derselbe nach dem Bilde *b* als Mitläufertuch *m* ausgeführt, welches Bild auch zeigt, wie die Farbübertragung aus dem Troge *t* an die Druckwalze *d* durch eine die Farbe aus dem Trog besser annehmende Zwischenwalze *z* erfolgt, von welcher die Walze *d* die Schicht bei gleichgerichtetem Umlauf abstreift, gegebenenfalls bei verschiedener Drehungsrichtung oder verschiedener Geschwindigkeit mit Verreibung übernimmt.

Besitzt die Walze *d* am Umfang ausgebrochene Stellen, so wird dort keine Farbe übertragen, es findet also eine Teilfärbung, ein Musterdruck, oder das eigentliche Drucken statt, wie dies z. B. für Querstreifen das Bild *c* darstellt. Da beim Ansaugen der aufgedrückten Farbstelle die Farbe die Waren mitunter durchdringt und so das Untertuch *m* beschmutzt würde, so läuft über diesem noch ein Schutztuch *v*, das auch doppelt angewendet wird. Den Druck von Längsstreifen durch Längsunterbrechung der Druckwalze, oder auch der Farbübertragwalzen *z*, die aus Scheiben zusammengesetzt werden, zeigt das Bild *d*, wo dann für verschiedene Farben geteilte Tröge *t* dienen können.

2. Haardeckenfärbung.

Eine teilweise Färbung der Ware in sich bei der Darbietung der Farbe durch Andruck zum Aufsaugen bietet das Färben von

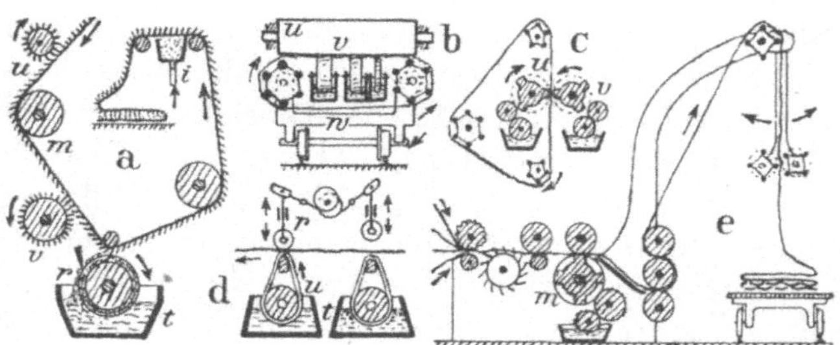

Fig. 118. Plüschfärben, Garn- und Vorgespinstdrucken.

Waren mit Haardecke, wo bloß diese die Farbe erhalten soll, der Webgrund also nicht mit durchzufärben ist. Eine Einrichtung hierzu zeigt das Bild *a* der Fig. 118. Die Haardeckenware *w*, z. B. Samt oder Plüsch, wird zunächst in der Haardecke, um dieselbe zum Abstreben zu bringen, von den Bürstenwalzen *u* und *v* nach und gegen die Laufrichtung aufgerichtet und gelangt dann auf einer, für die nötige scharfe Ablenkung kleinen Unterwalze an die die Farbe aus dem Trog *t* aufnehmende Walze *r*, welche in Bemessung der Schichtstärke durch ein Abstreifmesser die Farbe nur an die sich auflegenden Haarenden abgibt. Die Ware läuft dann etwas zum Trocknen frei, wird zur Aufrichtung der etwa klebenden Haare über einer Rinne *i* angedämpft und schließlich gefaltet aufgespeichert. Die Walze *r* kann natürlich unterbrochene Umfangsfläche haben und so ein Muster bilden, und es kann auch gegen die Haardecke eine durchbrochene Musterschablone angedrückt bezw. umgekehrt, diese an der Walze *r* laufend, angeordnet werden.

3. Das Garndrucken.

Es handelt sich dabei um einen Druck in Strähnform und in laufender Bahn, also flachen Ketten. Der Druck eines einzelnen laufenden Fadens würde unwirtschaftlich sein.

a) Strähndruck. Dieser wird nach zwei Richtungen ausgeführt, längs und quer zum Strähn, und es handelt sich dabei um einen Druck von Querstreifen auf die auseinander gebreiteten flach liegenden Fäden mit Rollen und Leistenwalzen nach Fig. 117. Nach dem Bilde *b* von Fig. 118 wird der Strähn über Haspel auf einen Wagen *w* gespannt, so daß die Fadenlagen beim Hin- und Herfahren desselben zwischen den, in die Öffnung des Strähnes reichenden Farbrollen *v* und der Gegenwalze *u* hindurchgeführt werden und dabei vom ersteren die Farbe, oder auch Beize zum Nachfärben, stellenweise erhalten. Dabei ist ein mehrfarbiger Druck möglich. Nach dem Rückfahren des Wagens werden die Traghaspel des Strähns immer entsprechend der Druckrollenreihe weiter gesteuert, bis die Strähnlänge durch ist.

Nach der allerdings nur für eine Farbe bestimmten Einrichtung im Bilde *c* läuft der über Haspel gespannte Strähn zwischen den die Farbe in bekannter Weise erhaltenden Leistenwalzen *u*, *v* mit diesen hindurch und wird folglich die Farbe von beiden Seiten den Fadenlagen mitgeteilt und die Färbung voller erzielt.

Der Streifendruck des Garns gibt erst bei dessen Verarbeitung der Ware ein ungleich gemustertes Aussehen, was durch Fig. 119 veranschaulicht wird. Darin sind links die stellenweise bedruckten

Fadenlagen des Strähnes bei verschiedener Länge der Druckstellen gezeigt, das Bild rechts zeigt deren Verschiebung in der Ware, z. B. als Schuß verwebt, wie dies auch beim Verstricken ähnlich sich zeigt und bei mehr Farben ein schillerndes Aussehen ergibt.

b) Kettendruck. Das im Strähn gedruckte, also in seinem Verlauf wechselnde Farbstellen zeigende Garn kann auch zu Webketten geschert werden und ergibt dann bei Geweben, wo die Kette zumeist sichtbar ist, wie bei Plüsch und Schlingengeweben, ein ähnliches Aussehen wie in Fig. 119. Wenn beim Nebeneinanderlegen der bedruckten Fäden die Farbstellen in ihrer Zusammenlage eine Regel bilden, so lassen sich Webketten für einfachere kleine Muster, wie runde und eckige Punkte und Ringe zusammenstellen, wenn auch dabei eine große Sorgfalt in der Fädenanordnung mit ihren Farbstellen nötig und weniger auf klare reine Muster zu sehen ist. Bei Teppichen, Vorhängen und Möbelbezuggeweben, wo die Kettfadenschlingen und die geschnittene Haardecke das gewöhnlich größere Muster zeigen müssen, wird zum Druck der Kette das Muster auf derselben durch die einzuschließenden Fadenschlingen in die Länge gezerrt und würde bei langer Musterteilung, welche z. B. den Umfang der Leisten-Druckwalze bestimmt, kaum ausführbare große solche Walzen ergeben. Da auch meist mehrfarbige Muster herzustellen sind, hilft man sich nach dem vorbemerkten Scheren im Strähn gedruckter Fäden durch gleiche Zerlegung des Musters, welches Verfahren Fig. 120 veranschaulicht. Das im Bilde *a* gegebene Muster soll die Ware aufweisen. Dasselbe wird der Kettenrichtung nach in der Breite der Kettfäden entsprechende Streifen geschnitten, und diese mit der Verlängerung für die Fadenschlingen nach dem Bilde *b* aufgetragen. Da doch meist mehrere gleiche Warenstücke herzustellen sind, werden immer eine gleiche Zahl Fäden als Kette geschoren und diese gemäß einem der Faden des Musters *b* querstreifenweise bedruckt, wie dies das Bild *c*

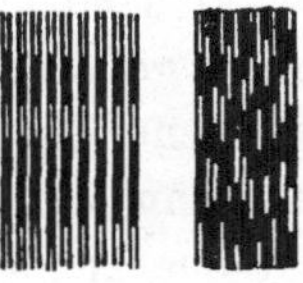
Fig. 119. Verschiebung der Druckstellen in der verarbeiteten Ware.

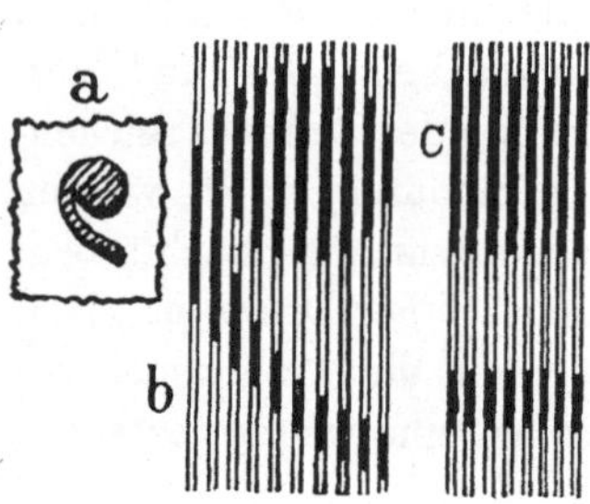

Fig. 120. Teilung des Musters zum Kettendruck.

zeigt. Von den erhaltenen Fadenreihen wird dann je ein Faden herausgenommen und diese werden zur wirklichen Webkette zusammengeschert.

Das Bedrucken oder vielmehr streifenweise Auftragen der Farbe erfolgt, indem man die Hilfsketten auf Trommeln spannt, deren Umfang der Warenstücklänge entspricht. Die Farbe wird dann durch Pinsel und Klotzleisten aufgebracht. Dieses als Stückbehandlung beim Kettendruck zu bezeichnende Verfahren wird durch eine Einrichtung mit laufender Ware nach dem Bilde *b* der Fig. 116 ersetzt. In den Farbtrögen *t* laufen über obere Leisten geführte endlose Tücher *u*, welche die Farbe aufnehmen und an die darüber hinweggehende Fadenreihe abgeben, wenn diese darauf gedrückt wird. Dies erfolgt durch die Rollen *r*, welche von einer Musterrolle aus gesteuert werden.

4. Vorgespinstdruck.

Wird Vorgespinst als laufendes Band querstreifenweise bedruckt, so verschieben sich bei der weiteren Verarbeitung die Farbstellen und das Garn erhält eine eigentümlich verwischte Färbung, die man bei Kammgarn fremdsprachlich als „Vigoureux“, allgemein bezeichnender als mischfarbig benennt. Eine Maschine zu diesem Druck zeigt das Bild *e*. Die Kammzugbänder werden erst in einem Nadelstabstreckwerk zu einer gleichmäßigen Schicht vereinigt, welche durch eine Musterwalze *m* die absetzende Färbung erhält. Die Faserschicht wird dann in einem flachen Trichter zu einem Bande zusammengenommen, das durch Druckwalzen abgezogen zur Aufspeicherung auf einen Wagen in Kreuzlagen getäfelt wird. Um die Farbstellen nicht zu sehr zu verwischen, werden zur Leitung des Bandes Stabrollen benutzt. In dieser Weise verschiedenfarbig bedruckte Bänder werden auch zu einem neuen Band vereinigt.

5. Hoch- und Tiefdruck.

Das Bedrucken oder Drucken stellt sich als ein stellenweises Zubringen der Farbe zur Aufsaugung der Ware dar und hier bestehen zwei Arten dieses Vorganges: die Farbe liegt entweder auf den erhabenen Stellen der durch Ausbrechen gemusterten Bringerfläche oder wird, als in Teilgefäßen gehalten, an die Ware, das Zeug, gebracht, die Farbe wird also einesteils aufgetragen, anderenteils zum Aufsaugen dargeboten. Diese beiden verschiedenen Arten werden durch Fig. 121 erläutert. Auf der Druckplatte *m* ist das Muster — einfach als Ring — im Bilde *a* erhaben, im Bilde *b* vertieft angebracht und entsprechend trägt die vorstehende Ringfläche die Farbe oder der eingearbeitete Ringkanal faßt die Farbe in sich. Findet nun nach den Bildern a_1 und b_1 das Andrücken der mit Farbe versehenen Platten *m* an das Zeug *z* gegen den Gegenhalt-Tisch *t* statt, so erfolgt das Aufbringen und Darbieten der Farbe. Beim erhabenen Muster findet ein die Aufsaugung oder das Eindringen förderndes Eindrücken statt, beim vertieften Muster erfolgt das Aufsaugen von den nicht gedrückten, also locker gebliebenen Zeugstellen frei und die Kanten der Mustervertiefung haben die Aufsaugung zu begrenzen. Entsprechend der verschiedenen Musteranfertigung, erhaben und vertieft, spricht man von Hoch- und Tiefdruck.

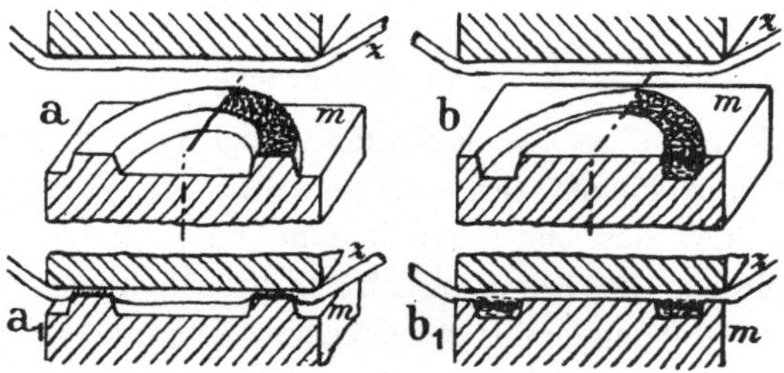

Fig. 121. Vergleich des Hoch- und Tiefdruckes.

Da sich das Aufsaugen der Farbe durch die Musterkanten nicht scharflinig begrenzen läßt, so ist, vergrößert betrachtet, ein gedrucktes Muster nie ganz rein und scharf in seinen Farbgrenzen, gegenüber der gewebten und gestickten Musterung.

6. Platten- und Walzendruck.

Das Muster wird nun auf geraden Flächen, auf Platten und auf der Umfangsfläche von Walzen gebildet und ist diesem entsprechend die Druckeinrichtung verschieden, was Fig. 122 darstellt, wo links in den Bildern *a*, a_1 und a_2 der Arbeitsvorgang beim Plattendruck, rechts im Bilde *b* beim Walzendruck gezeigt ist. Der Musterfläche muß nun erst die Farbe mitgeteilt werden, damit dieselbe an die Ware abgegeben werden kann und dies muß klar und gleichmäßig erfolgen, also eine gleichmäßige Farbschicht abgesetzt werden. Dies erfolgt, wie schon bei den bisherigen Druckeinrichtungen, dadurch, daß die in einem Troge *u* befindliche Farbe von der Tauchwalze *f* aufgenommen wird, welche die anhängende Schicht an eine zweite Walze *w* oder auch unmittelbar an die Musterfläche abgibt. Beim Pattendruck muß dazu noch ein ebenes Farbkissen *k* benutzt werden, welches wegen der Kantenreinheit der Druckfläche nicht über diese hinwegstreichen darf, sondern aufgedrückt werden muß. Dieses bedingt für den Plattendruck ein zusammengesetzteres Arbeiten. Gegen

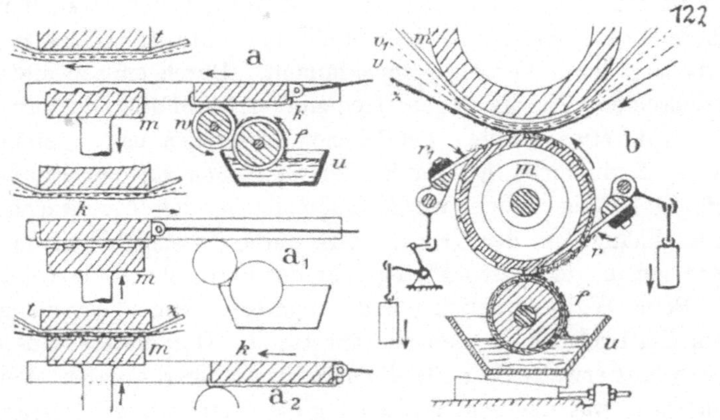

Fig. 122. Arbeitsvorgang beim Platten- und beim Walzendruck.

den festen Drucktisch *t*, über welchen mit dem Zeug *z* das Drucktuch mit seinem Schutztuch (vgl. Fig. 115 *c*) läuft, wird der Stempel *m* mit der Druckplatte, die hier ein erhabenes Muster besitzen muß, hin- und herbewegt. Der Stempel hat zunächst vom Zeug weg so weit zurückzugehen (vgl. das Bild *a*), daß das seitwärts bewegliche Farbkissen *k*, das die Farbschicht bei seinem Vorschieben von der Walze *w* aufgetragen erhält, darüber treten kann. Der Stempel *m* geht nun gegen das Farbkissen (Bild a_1) und beim Andruck gegen dasselbe nehmen die vorstehenden Musterstellen Farbe an. Nach Zurückziehen des Stempels muß erst das Farbkissen zurückgezogen werden, dann erst kann der Stempel wieder gegen das Zeug vorgehen und gegen den Tisch drücken (Bild a_2), um die Farbe mustergemäß abzugeben. Das Zeug mit seinen Unterlegtüchern schreitet beim Abgang des Stempels um die

Stempelbreite, die Musterteilung oder den sogen. Musterrapport, weiter, so daß sich die einzelnen Druckflächen genau aneinanderschließen.

Beim Walzendruck, wo auch erhabene, meist aber vertiefte Musterflächen benutzt werden, nimmt die Musterwalze *d* (Bild *b*) die Farbschicht von der Walze *f* auf und von den erhabenen Stellen wird die Farbe dann durch eine entgegenstehende durch Gewichtszug an den Walzenumfang gedrückte drehbar aufgehängte Schiene *r*, die sogen. Rakel abgestrichen. Die Musterwalze *m*, deren Musterkörper ein aufgepreßtes Rohr ist, drückt gegen die Trommel *t*, mit der das Zeug *z* mit dem dicken Untertuch und zwei dünnen Schutztüchern läuft, und bei Berührung mit der Walze *m* die Farbe aus deren Vertiefungen aufnimmt. Durch eine zweite Abstreichschiene r_1, die sogen. Gegenrakel, wird die Musterwalze dann von etwa hängen gebliebenen Fäserchen usw. gereinigt. Da die Farbschicht in ihrer Stärke wesentlich von der Eintauchtiefe, d. h. dem Laufe der Aufnahmefläche der Tauchwalze im Bade abhängt, ist der Trog *u*, z. B. durch Verschiebekeil, in der Höhe genau gegen den Mittelpunkt der Farbwalze *p* einzustellen.

Beim Walzendruck hat man ununterbrochenen Arbeitsgang, beim Plattendruck ist derselbe absetzend. Der erstere mit vertieften Musterwalzen ist für dünnere saugfähigere Waren (Baumwollzeuge, was den sogen. Kattun gibt) bestimmt, mit erhabenen Walzen für dickere Gewebe, der Plattendruck mit nur erhabenen Mustern für Wollengewebe u. dergl. bestimmt.

7. Zeugdruckmaschinen.

Für jede der beiden Druckarten gibt es selbsttätig arbeitende Maschinen für den gleichzeitigen Druck mehrerer Farben.

a) Plattendruckmaschinen.

Diese Maschine, welche auch die Bezeichnung „Perrotine“ trägt, wird in einer Ausführung für drei Farben in ihren Arbeitswerkzeugen durch Fig. 123 veranschaulicht. Die drei Stempel *m* arbeiten gegen die drei Seiten eines die Drucktische bildenden Blockes *t*, um den herum das von einer Rolle *z* kommende, gegebenenfalls durch eine mit Dampf gespeiste Leitwalze angewärmte Zeug absetzend geführt wird, so daß die Entfernung zwischen den Stempeln der Musterteilung *i* entspricht, welche, wie bemerkt, die Breite der Druckplatten darstellt. Mit dem Zeug läuft das endlose Schutztuch u und das einer wiederholten Waschung unterliegende Untertuch s, das dazu nach dem Drucken aufgespeichert wird. Jeder Stempel m hat sein Farbkissen und seinen besonderen Farbtrog mit den, den Bildern a, a_1 und a_2 der Fig. 119 entsprechenden gleichzeitigen Bewegungen, was durch die Lenk-

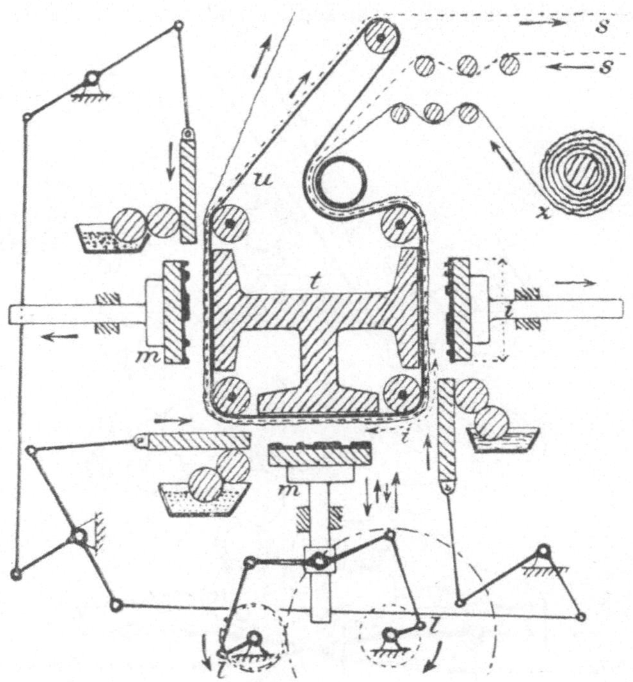

Fig. 123. Selbsttätige Plattendruckmaschine für drei Farben.

stangenverbindung der Farbkissenschieber gekennzeichnet wird. Die fünffach absetzende Bewegung der Stempel m wird durch zwei mit Lenkstücken in den Zugstangen verbundene Kurbeln l, die durch Zahnräder im Verhältnis von 1 : 3 verbunden sind, zwangläufig vermittelt.

Diese Plattendruckmaschinen werden für gleichzeitigen Druck von zwei Farben mit zwei Stempeln, die gegen einen gemeinschaftlichen Tisch nebeneinander arbeiten und für vier bis sieben Farben mit entsprechend eckigem Block gebaut, sie sind nur für einseitigen Druck bei einem Zeuggang zu benutzen.

b) Walzendruckmaschinen.

Diese Maschinen werden zweckmäßig bis zu zwölf Farben für einseitigen Druck und auch für doppelseitigen Druck bei mehreren Farben gebaut. Es findet dabei eine Vervielfachung des in Fig. 120 *b* gezeigten Druckwerkzeuges an einer gemeinschaftlichen Trommel statt, wie dies für sechsfarbigen einseitigen Druck Fig. 124 darstellt. Die seitlich und unterhalb der Trommel *t*

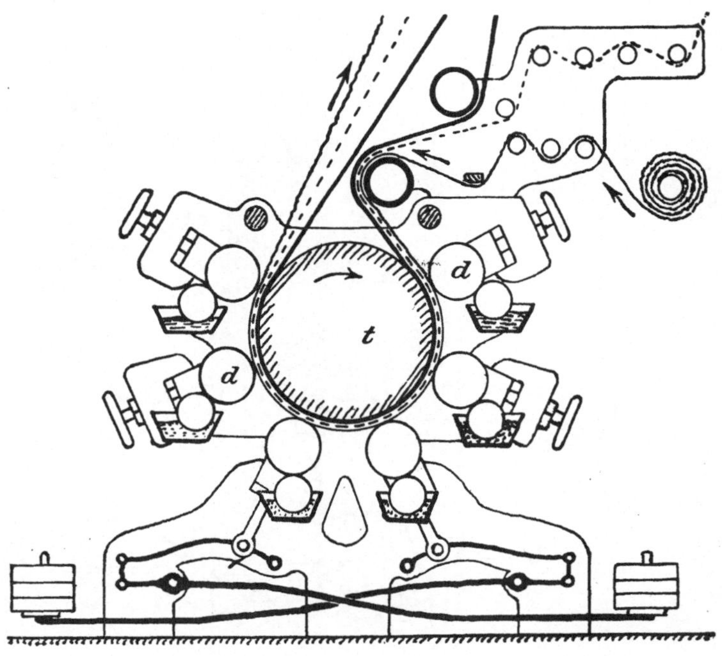

Fig. 124. Walzendruckmaschine für sechs Farben.

angeordneten Musterwalzen *d* werden für einen bestimmten Druck, an den Seiten durch Handschrauben, unterhalb durch Gegengewichte an doppelarmigen Hebelpaaren, genau gegen die Trommel *t* eingestellt, welche mit dem Zeug wieder das endlos laufende Untertuch mit dem Schutztuch vorwärts bewegt und mit genau gleicher Umfangsgeschwindigkeit die Musterwalzen antreibt. Das Muster auf diesen ist in kupfernen Hohlzylindern eingeätzt, die in schwacher Hohlkegelform auf den Walzenkörper gepreßt werden. Dieser Körper erhält mit dem Triebrade einstellbare Verbindung z. B. durch Schneckenrad auf der Achse und in dieses eingreifende Schnecke auf dem Mitnehmerrade.

Die Einrichtung für doppelseitiges Bedrucken des Zeuges in einem Durchgang zeigt Fig. 125. Es sind dann zwei Drucktrommeln t und t_1, die gegeneinander laufen, nötig und die je ihre eigenen Untertücher u und u_1 mit zwei Schutztüchern s und s_1 bezw. s_2 und s_3 besitzen.

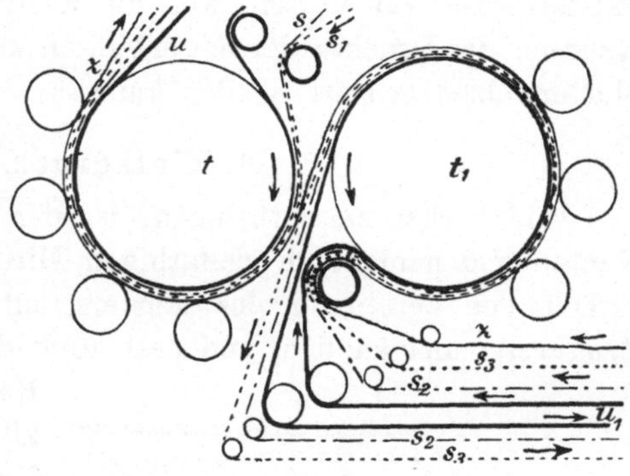

Fig. 125. Doppelseitiger Druck bei Walzendruckmaschinen.

Einige Abänderungen an Walzendruckmaschinen verdeutlicht Fig. 126. Nach dem Bilde a erfolgt die Abgabe der Farbe an die Druckwalze aus einem zur Regelung mit Ablaufhahn ver-

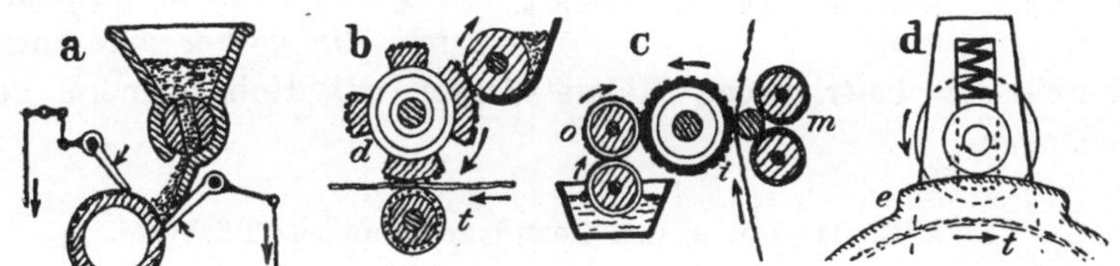

Fig. 126. Einrichtungen von Walzendruckmaschinen.

sehenen Trichter, nach b arbeitet bei einfärbigen Maschinen eine des erhabenen Musters wegen größere Drucktrommel mit einer kleineren härteren Gegenwalze t zusammen. Die Drucktrommel d trägt das Muster in aufgesetzten Holzleisten, welche die Farbe aus einem Vorratstrichter mit Übertragwalze erhalten Durch die kleinere Walze t wird ein härterer Andruck erzielt, und das Bild c zeigt, wie diese Andruckwalze i für eine Abbiegung des Zeuges an der Druckstelle so schwach genommen wird, daß sie zwischen zwei Mitläuferwalzen m gehalten wird. Das Bild c zeigt die Farbübertragung an die Druckwalze durch eine kleinere, gegebenenfalls etwas seitlich verschiebbare Zwischenwalze o. Das Bild d zeigt die vorübergehende Ausschaltung einer Druckwalze, indem dieselbe von mit erhöhten Stellen versehenen Scheiben e von der

Drucktrommel *t* unter Rückpressung der Andruckfeder zeitweise abgehoben wird. Dies ist z. B. beim Druck von Tüchern mit Musterkanten von Vorteil, weil die Musterwalze für die Querkante während des Druckes der Seitenkanten abgestellt wird und so an Musterwalzen gespart werden kann.

c) Klotzdruck.

Wie vorher zu entnehmen, ist der Druck von Decken mit Kanten und namentlich vielfarbigem Mittelbild wegen der Schwierigkeit der Verteilung des Musters auf Druckflächen von der Zeugbreite umständlich, und deshalb findet man immer noch den Handdruck mit Druckklötzen für Musterteile. Die Musterzerteilung an einer Decke veranschaulicht Fig. 127 links mit einem gezeigten Druckklotz. Die Decke wird auf einem bezogenen Tisch ausgespannt und die vorher auf einem Farbkissen bestrichenen Klötze darauf mit Holzhämmern geschlagen.

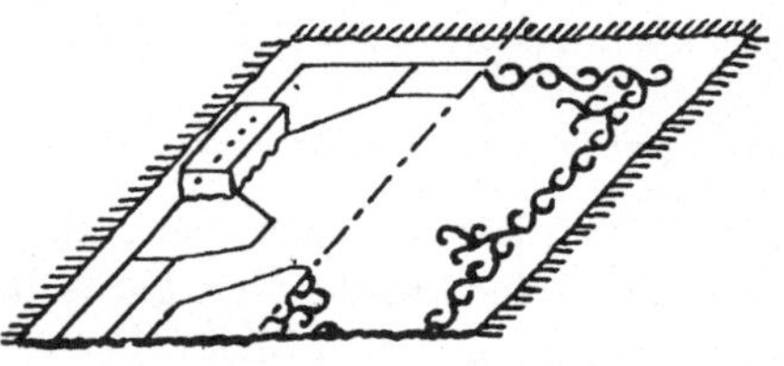

Fig. 127. Musterzerteilung zum Klotzdruck.

8. Hilfsmaschinen zum Zeugdruck und zur Färberei.

Die besonderen Hilfsmaschinen, deren die Zeugdruckerei bedarf, sind zweierlei Art; sie betreffen die Herstellung der gemusterten Platten und Druckwalzen und die Zubereitung der Druckfarben.

Die Druckplatten, welche einer tieferen Einarbeitung für das erhabene Muster bedürfen, werden in Handarbeit ausgestochen und durch Eintreiben von Leisten, Stiften und Formstücken in Klötze gefertigt, nach Formen gegossen, auch galvanisch hergestellt, und wird die Platte oft aus Einzelstücken zusammengesetzt. Es besteht hier weniger Maschinenarbeit. Bei den kupfernen Druckwalzen ist diese dagegen anwendbar. Dabei hat der Walzenumfang der Musterteilung oder einem Vielfachen derselben zu entsprechen. Das nur in geringer Tiefe einzuarbeitende Muster wird von einer vergrößerten Zeichnung mit Hilfe des Storchschnabels verkleinert in die mit einer Säureschutzschicht überzogene Walze eingeritzt und diese dann mit Säure geätzt. Kleinere Muster werden durch Gravieren auf Stahlrollen hergestellt und durch Ablauf dieser Stahlrollen (Moletten) das Muster am Walzenumfang eingedrückt. Für alle diese Arbeiten gibt es Sondermaschinen, deren Einrichtung und Handhabung einen Sonderzweig der Technik bildet, zumal der Walzenherstellung sich auch besondere Werke widmen.

Die aufzutragenden Farblösungen, und bei Entwicklungsfarben die Beizen, müssen dickflüssig sein, wie auch die für das Teilfärben aufgedruckten Schutzdecken, welche das Eindringen von Flüssigkeit in das Zeug an ihren Stellen zu hindern haben. Bei der Dickflüssigkeit müssen diese Druckmittel aber vollkommen rein und klar sein; deshalb müssen die mit Stärke u. dergl. verdickten Farben und Beizen zunächst gut gemischt werden, was in Kippkesseln mit Kocheinrichtung und mit Rührwerken erfolgt, dann gut durchgeseiht oder durchgesiebt werden, was auf den mit in einem Gefäß mit Haarnetzboden u. dergl. arbeitenden kreisenden Bürsten versehenen oder einen Filtersack pressenden Farbsiebmaschinen, gegebenenfalls auch auf Filterpressen erfolgt.

An weiteren besonderen Hilfsmaschinen sind nötig solche zum Ab- und Aufpressen der gemusterten Hohlzylinder von den Walzenkörpern und auf diese, was durch Schraubenspindeln und mit Preßwasserdruck erfolgt.

Wie der Zeugdruck, der auch nur eine Färbearbeit ist und als Halbnaßbehandlung doch mit der Vollnaßbehandlung in Verbindung steht, denn die aufgedruckten dicken Farbstoffe bedürfen zur vollen Lösung und Aufsaugung durch das Zeug des vollen Dämpfens desselben und bei den Entwicklungsfarben dessen Behandlung in Vollbädern, so bedarf auch das Voll- und Teilfärben der Hilfsmaschinen und Vorrichtungen zur Bereitung der Farblösungen, Bleichflüssigkeiten, Waschlaugen, d. h. Kocher und Zerrührer, Farbstoffmühlen usf. Die beschriebene Vielseitigkeit der Naßbehandlungsmaschinen, also deren nötige große Zahl in den Färbereien, die nach den verschiedenen Behandlungsformen als Sonderwerke, Strähngarn-, Ketten, und bei ganzen Warenstücken als Stückfärbereien, bestehen, wird durch die nötigen Hilfsmaschinen noch erhöht, so daß sich die Naßausrüstungsanstalten als umfassende Unternehmungen zeigen.

Dritter Teil.

Das Trocknen.

Die bei der Naßbehandlung dem Textilgut mitgeteilte Flüssigkeit ist einesteils als Tränkmittel zur dauernden Haftung an den Fasern in feste Form überzuführen, d. h. auf der Faser einzutrocknen, anderenteils das beim Waschen und Spülen aufgenommene Wasser völlig zu beseitigen, dem Gut also der Trockenzustand wiederzugeben. Bei der Naßbehandlung erfolgt zur Förderung der Aufnahme ein mechanisches Eintreiben der Waschflüssigkeit und ebenso muß die Umkehrung, das mechanische Wiederaustreiben, die erste Behandlung beim Trocknen sein. Diese Arbeit vermag aber die volle Trocknung nicht hervorzubringen, weil an der Faser selbst durch die Beschaffenheit deren Außenfläche die Nässe fester haftet, die eine mechanische Behandlung, z. B. der entgegengesetzte Trieb wie beim Eindringen, doch nicht wieder ganz abzuführen vermag. Deshalb muß zu einem weiteren Mittel gegriffen werden, der Überführung dieses restlichen Wassergehaltes in den gasförmigen Zustand, d. i. der Verdunstung des Wassers durch Mitteilung von Wärme an das Behandlungsgut. Vor diesem Warmtrocknen, das zur Festigung aufgenommener Flüssigkeit gewöhnlich allein stattfindet, hat also bei der bloßen Wasserbeseitigung eine mechanische Behandlung, das Entnässen, voranzugehen, um nur den Teil des aufgenommenen Wassers durch geringeren Wärmeaufwand verdunsten zu müssen, welcher mechanisch nicht zu entfernen ist.

1. Das Entnässen.

Zum mechanischen Entziehen des im Textilgut aufgesaugten Wassers werden dieselben Mittel, die dem Eintreiben dienen, angewendet, je nachdem sie sich für die vorliegende Behandlungsform eignen. Die Wirkung ist dabei so, daß von der anhaftenden und aufgesaugten, das Eigengewicht des Gutes erreichenden, meist aber dieses übertreffenden Wassermenge desselben etwa die Hälfte bis drei Viertel entfernt wird. Dies hängt von der Faserart des Gutes und dem Fadengefüge desselben ab. Die gekräuselte Wollfaser hat aber das größte Faßvermögen für im Gut aufgesaugtes Wasser.

A. Das Ausschleudern.

Die Schleudermaschine (Zentrifuge oder Zentrifugal-Trockenmaschine) bleibt sich, wie schon aus Fig. 38 hervorgeht, in der Ausnützung der Fliehkraft für das Ein- und Durchtreiben von Nässe auch für deren Ausziehen als Teilbewegung des Durchtretens der Ware gleich, und in derselben Maschine kann das Gut gesättigt und entsättigt werden. Die Schleudermaschine gestattet bei der Naßbehandlung ohne Umbettung oder Umpackung des Gutes das Entnässen bis zum Warmtrockengrade, natürlich nur bei gebrauchsfähiger Ware, wie dies in den Vorrichtungen der Fig. 64*b* und 99 bei *f* und *g* benutzt ist. Die dortige Ausführung der Schleudermaschine schließt sich an die der Vorrichtungen mit kreisendem Flüssigkeitsstrom an, es sind also keine Sondermaschinen, die aber für die allgemeinere Verwendung des Ausschleuderns bestehen, und damit eine Zahl Ausführungen oder Bauarten der Zentrifuge, welche namentlich auch durch deren Bedienung bestimmt sind. In Fig. 128 ist diese Verschiedenheit in vier Bildern, je mit zwei halben Schnittdarstellungen, veranschaulicht. Das Hauptunterscheidungsmerkmal ist die Art des Antriebes des oben offenen Schleuderkessels, also entweder oberhalb seiner Bedienungsöffnung oder unterhalb derselben. Im ersteren Falle kann der nötige Triebwerküberbau der Beschickung und Entleerung des Schleuderkessels etwas hinderlich sein, wie dies das Bild *a* mit Oberbetrieb desselben verdeutlicht. Hierbei kann der Kessel, oder, wie man wegen seiner Durchlässigkeit auch sagt, Korb, wie links gezeigt ist, unter- und oberhalb mit seiner Achse in festen Lagern ruhen oder nur oben in einem kugelig gehaltenen Lager, wie rechts gezeigt ist, aufgehängt sein. Letzteres hat zur Folge, daß sich der, einen Kreisel darstellende beladene Korb bei seinem Umlauf etwas schräg einstellen und so kreisen kann, wenn dies durch eine ungleiche Verteilung des Schleudergutes im Innern des Korbes an dessen Wandfläche, also eine ungleiche Beschickung herbeigeführt ist. Bei fester Korblagerung haben die bei ungleicher Beschickung durch das Schlagen des ungleichen Massenschwerpunktes auftretenden Stöße im Korbumlauf die Lager auszuhalten und die Maschine bedarf deshalb einer guten Gründung und Befestigung auf dem Grundblock, erscheint aber durch den ruhigen Korblauf betriebsicherer.

Der Trieb des Korbes erfolgt von einem ausrückbaren Vorgelege aus, das beim Oberantrieb gleich der Gestellaufbau tragen kann, welcher auf dem das ausgeschleuderte Wasser auffangenden Kessel *k* sitzt, hier mit Reibkegelantriebscheiben, sonst auch mit Tellerscheiben auf eine auf der Korbachse verschiebbare Scheibe, wodurch die Anlaufgeschwindigkeit nach und nach gesteigert werden kann. Sonst erfolgt allgemein der Trieb auf die Scheibe der Korbachse von einem hinter oder oberhalb der Schleuder vorgesehenen Vorgelege aus durch einen halbgeschränkt und im Winkel laufenden Riemen. Die Korbachse trägt noch eine Scheibe *i* mit Backen- oder Bandbremse zum schnelleren Aufhalten des nach der Abstellung des Antriebes noch durch seine lebendige Kraft nachlaufenden Korbes. Zur Beschickung desselben muß man hineinlangen und dabei das Gut gleichmäßig verteilt an der Wandung ordnen, so daß sich dasselbe dann durch die Fliehkraft als gleiche Schicht anlegt, die nicht zu stark sein darf, weil einesteils die Fliehkraft der Wasserteilchen im quadratischen Verhältnis des Durchmessers ihres Umlaufkreises wächst, also sich für die inneren Teile des Gutringes zu sehr verringert, anderenteils diese inneren Wasserteilchen durch den ganzen Ring getrieben werden müssen, um nach außen zu gelangen, so daß das Entnässen, das gewöhnlich etwa 10 Minuten in Anspruch nimmt, dann zu lange dauert.

Um die Entleerung des Korbes zu erleichtern, wird bei unten freiem Korb ein Abfall des Gutes durch diesen vorgesehen, wie dies im Bilde *a* rechts ersichtlich ist. Der zur besseren Gutverteilung gewöhnlich kegelförmige Boden ist durchbrochen und die Öffnungen werden durch einen ebenfalls durchbrochenen Deckel *e* verschlossen und für das Durchstoßen des als schaufelförmig anzusehenden Gutes nach unten der Deckel *e* entsprechend verdreht.

Für den gefährlichen schnellen Lauf muß die Zugänglichkeit zum Korb abgeschlossen werden, wozu über der Korböffnung eine nur im Stillstande des Korbes zu öffnende Abdeckung *f* vorgesehen ist, welche luftdurchlässig sein soll, damit ein das Gut durchziehender durch die Fliehkraft bedingter Luftstrom entstehen kann, welcher das Trocknen unterstützt, wie bei Einleitung

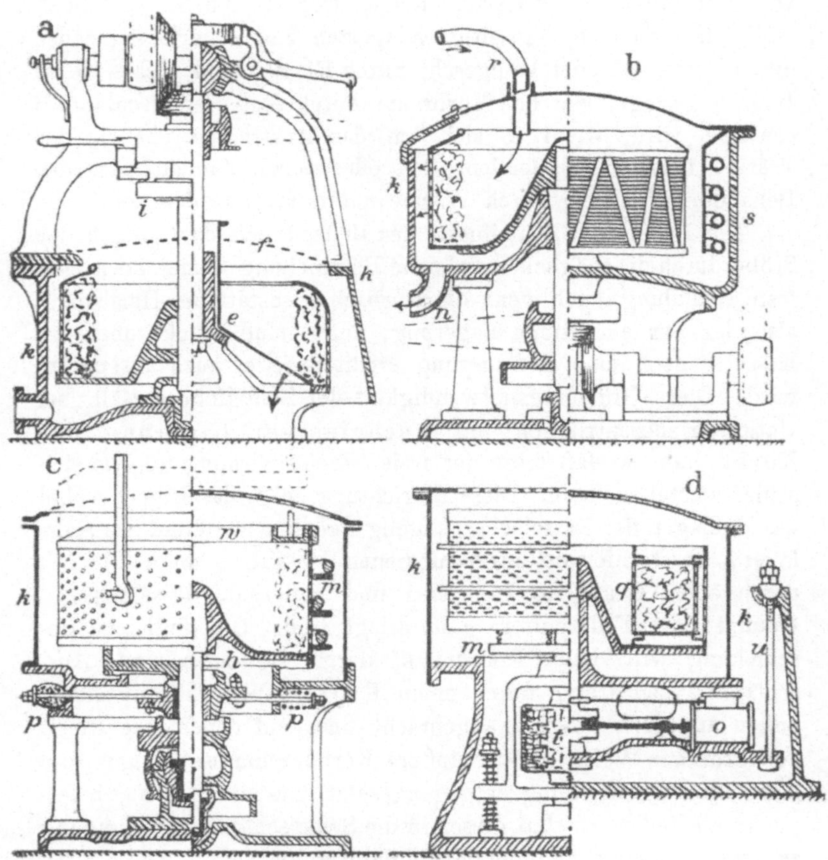

Fig. 128. Bauarten von Schleudermaschinen oder Zentrifugen.

heißer Luft in den Korb zum verdunstenden Mitreißen des Wassers diese das Trocknen voll ausführt (vergl. Fig. 99 bei *g*).

Die Anordnung der Zentrifugen mit unterem Antrieb des Korbes bei fester Lagerung desselben zeigt das Bild *b*. welche Anordnung bei Benutzung der Maschine zur Naßbehandlung gewählt wird, was das lösbare Zuführrohr *r* für die Flüssigkeit zeigt. Der vom Auffangkessel *k* mit dem das obere Lager der Korbachse tragenden Boden und dem Deckel *f* gebildete geschlossene Raum wird durch einen Stutzen *u* entleert, und bei Verbindung desselben mit dem Zuflußrohr *r* durch eine Pumpe wird der Flüssigkeitskreislauf erzielt. Der Antrieb des (um oben völlig frei zu sein) einseitig gelagerten Korbes erfolgt wieder durch Reibkegel oder halbgeschränkten Riemen und rechts ist im Bilde *b* gezeigt, wie der Korbraum durch eine Dampfschlange *s* erwärmt wird, wenn es sich um das Austreiben von in der Wärme flüssiger werdenden Ölen oder dergl. handelt oder der Behandlungsvorgang durch Wärme unterstützt werden soll.

Die Bauart der Zentrifugen des Bildes *b* erfordert wegen der Stöße durch die mögliche ungleiche Beschickung immer noch eine feste Gründung, auch wenn die Korbachse anstatt des Halslagers, also der nur einseitigen Lagerung, durch eine Brücke oben am Kessel *k* noch eine Endlagerung erhält, wie es auch ausgeführt wird. Diese Gründungsnotwendigkeit der Zentrifuge entfällt bei Unterbetriebezentrifugen mit nachgiebiger Lagerung der Korbachse, so daß diese der freien Kreiselwirkung folgend sich schief einstellen kann. Diese Einrichtung zeigt das Bild *c*, wobei das Fußlager der Kesselachse kugelig gehalten wird und das Halslager *h* an sternförmig angeschlossenen Schrauben hängt, die frei durch einen Gestellkranz reichen und außerhalb desselben mit Gummi- oder Federpuffern *p* unterlegt sind. Die ungleiche Beschickung wird beim Korbumlauf durch die entstehende Ausschlagung selbsttätig durch einen Regler ausgeglichen, indem außen am Korb Ringe *m* angebracht sind, auf denen lose Ringe von größerer Weite, als der äußere Korbdurchmesser, liegen, die sich durch Verschiebung entgegengesetzt zum einseitigen Schwerpunkt einstellen, so daß dieser in die Senkrechte der Schwingung zu stehen kommt und der Korb dann ruhig läuft. Diese Ausgleichringe werden auch in einem Topf innen im Korb angebracht oder außen unter dessen Boden, und auch angehängt, wie im Bilde *d* links ersichtlich ist.

Dieses Bild zeigt Bauarten von Zentrifugen mit eigener Betriebsmaschine, die entweder, wie links gezeigt ist, in einem unmittelbar mit seinem Anker auf der Kesselachse sitzenden Elektromotor *t* oder einer schnellaufenden Dampfmaschine *o*, wie rechts ersichtlich ist, besteht. Bei letzterer wird, um eine besondere Bodengründung zu umgehen, die ganze Schleudermaschine in einem Rahmen mit den Schrauben *u* aufgehängt, so daß sich die Maschine entsprechend bei ungleicher Beschickung einstellen kann. Beim Elektromotorbetrieb wird, was auch sonst bei Riemenantrieb, wenn der Riemenzug mehr vom Fußlager aufgenommen wird (vergl. Bild *e* links), Fuß- und Halslager des Korbes in einem Rahmen verbunden, welcher für die mögliche Schrägeinstellung an nachgibigen Schrauben zwischen Federn gehalten wird.

Die Bedienung des Korbes der Schleudermaschinen ist durch das Hineinlangen etwas unbequem, weshalb die niedrigere Zugangshöhe beim Oberbetrieb besser erscheint. Bei Unterbetrieb muß dazu die Maschine im Fußboden vertieft aufgestellt werden. Wenn dabei trotzdem das Hineinlangen in den Korb besteht, so ist dies bei der Beschickung desselben wegen der Ordnung des Gutes dabei weniger nachteilig, umständlicher ist nnr die Entladung, weil die fest zusammenliegenden Stücke aus dem nach dem Schleudern gebildeten festen Ringe herauszuzerren sind. Deshalb macht man auch den ganzen Korb von dem Triebteller abhebbar, wie im Bilde *c* links veranschaulicht ist, oder, wie rechts gezeigt, den oberen Wulstring *w* des Korbes gegen das Hochtreten des Gutes beim Schleudern lösbar, so daß nach Abheben desselben der Ringkörper des ausgeschleuderten Gutes aus dem Korbe im ganzen entnommen werden kann.

Die Schleudermaschine dient zum Entnässen von losem Fasergut, Lumpen, Garnsträhnen, Einzelstücken (Strümpfen usf.) und Geweben im Strang und wird für anderes Stückgut, namentlich zur Naßbehandlung, der Korb für dessen Aufnahme besonders eingerichtet, wie dies z. B. das Bild *d* zeigt, wo in den Korb sternfömig Töpfe *p* mit Siebboden und Siebdeckel für die Packung von Vorgespinst u. dergl. eingesetzt werden. Wenn die Schleudermaschine nach der Naßbehandlung gleich zum Entnässen benutzt wird, so dient sie eigentlich zwei verschiedenen Arbeitszwecken und doch kann nur einem solchen voll entsprochen werden. Die Sättigung des Gutes verlangt eine Öffnung der Faser- und Fadenzwischenräume, bei der nötigen starken Fliehkraft zum guten Ausschleudern werden diese Zwischenräume aber mit dem Zusammenpressen des Gutes geschlossen. Man kann zwar eine verschiedene Umlaufzahl des Korbes für die Durchdringung und für die Entziehung der Flüssigkeit anwenden, in erster Linie wird die Zentrifuge aber doch Entnässungsmaschine sein.

Zur Entnässung, die mit der Zentrifuge bis zum geringst möglichen Wasserverbleib auf mechanische Weise stattfindet, eignet sich dieselbe für langstückige Waren, wie Gewebe und gewirkte Warenschläuche mit dem einfachen runden Korb weniger. Diese Waren lassen sich strangförmig zwar in den Korb an der Wandung in Windungen einlegen mit der Lagenveränderung, infolge

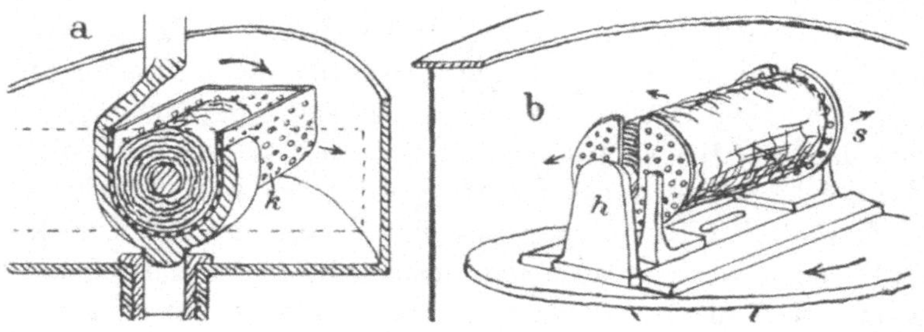

Fig. 129. Ausschleudern von Warenwickeln.

der Fliehkraft können dann aber leicht schädliche Dehnungen, Zerrungen und Beanspruchungen eintreten, wie die Faltlagen selbst zu scharf und fest die Ware brechen. Für das **Entnässen** von solchen **flachbahnigen Waren** durch Fliehkraft werden deshalb besondere Einrichtungen an den Zentrifugen getroffen. An Stelle eines Korbes wird nach Fig. 129 eine Vorrichtung zum Einlegen des flach gerollten Gewebewickels angebracht, bei Oberbetriebzentrifugen nach dem Bilde *a* durch einen von der ausgebogenen Triebachse gefaßten Siebkasten, oder bei Unterbetrieb nach dem Bilde *b* durch einen auf den Schleuderteller gesetzten Halter *h* zum Einlegen der Zapfen des Roll- oder Wickelbaumes der Ware und zwei für die veränderliche Warenbreite einstellbaren siebartigen Seitenschilden *s* für die

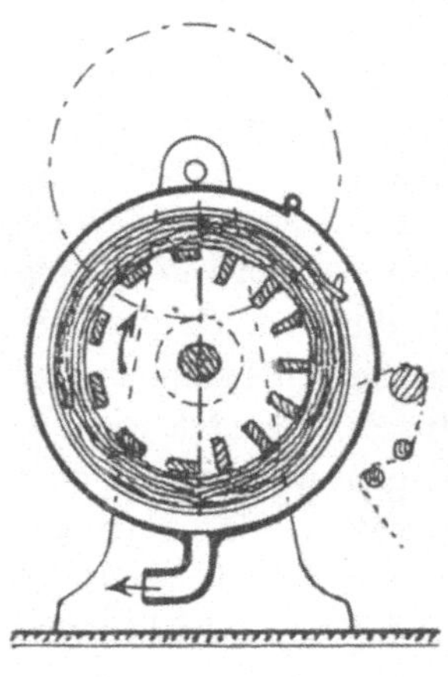

Fig. 130.
Breitschleudermaschine für Gewebe.

Stirnenden des Wickels. Das Ausschleudern wird faltenlos, wirkt aber auf eine gewisse Breitendehnung der Ware. Diese wird umgangen, wenn nach Fig. 130 das Warenstück auf eine Lattentrommel straff gewickelt und darauf durch Gurte mit Löseschnallen gehalten wird, während die Trommel in einem Gehäuse zum Austreiben des Wassers schnell nmläuft. Diese Zentrifuge, die auch stehend gebaut wird, nennt man Breitschleuder.

Da das Ausschleudern eine Zeitlang anhalten muß, so wird, um die Bedienung dauernd zu beschäftigen, eine paarweise Aufstellung der Zentrifugen nach Fig. 131, Bild *a* vorgenommen, so daß immer der eine Korb entleert und neu beschickt werden kann, während der der anderen Maschine arbeitet. Zu gleichem Zwecke werden die Schleuderkörbe, d. h. Zentrifugen, mit den Fangkesseln *k* nach dem Bilde *b* auf einem drehbaren Traggestell sternförmig angeordnet und erfolgt der Trieb der Körbe durch eine gemeinschaftliche Schnur *s*, so, daß z. B. immer drei Körbe laufen, während einer zur Entladung und Neubeschickung stillsteht. Diese beweglichen Schleudern sind natürlich nur für kleinere Gutmengen praktisch anwendbar, z. B. Kreuzspulen u. dergl., für welche die Körbe gleich passend gemacht werden.

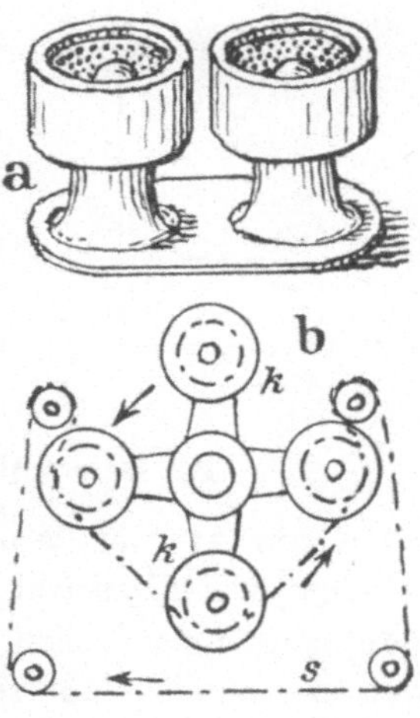

Fig. 131. Verbindung mehrerer Zentrifugen für ununterbrochene Bedienung.

Die Schleudermaschine, nur zur Entnässung dienend, findet auch in Verbundmaschinen der Naßbehandlung Anwendung, wofür Fig. 132 ein Beispiel gibt. Die im Kippkessel *a* gekochte und berieselte und damit

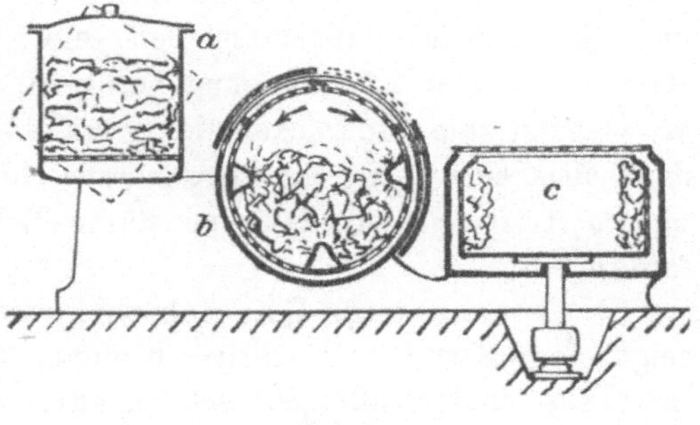

Fig. 132. Verbundmaschine zur Naßbehandlung mit Zentrifuge.

ordentlich erweichte Ware kommt in die Doppeltrommelmaschine *b*, deren Außentrommel Schiebetüren zur besseren Be- und Entladung besitzt, und nach dem Abspülen in die Zentrifuge *c*.

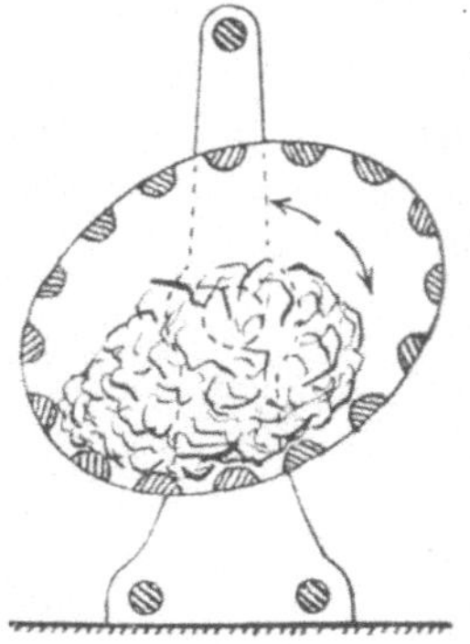

Fig. 133. Schüttelmaschine für ausgeschleudertes Gut.

Durch die Fliehkraft werden die Warenstücke in den Schleuderkörben fest ineinander gepreßt. Um die Stücke nicht aus den gepreßten Knäueln herauszerren zu müssen und überhaupt zu entfalten, werden die Knäuel einer Schüttelung in einer Gittertrommel nach Fig. 133 unterworfen. Die Trommel dieser Trockenschüttelmaschine hat zum lebhaften Durcheinanderwerfen des Knäuels unrunden Querschnitt und besitzt Kehrtrieb.

B. Das Ausquetschen oder Auspressen.

Diese Art der Wasserentziehung ist bei länglichen Gegenständen, wie Garnsträhnen und anderen strangartigen Stücken durch Zusammendrehen zu erzielen, was die Fig. 73 und 74 zeigen, und ähnlich läßt sich für laufenden Warengang ein Gewebestrang auch durch einen pressenden Drehtrichter ziehen. Textilgut überhaupt läßt sich in den gelöcherten Kasten einer gewöhnlichen Packpresse legen und der niedergehende Stempel preßt das Wasser heraus. Dies ist nur der Vollständigkeit der Hilfsmittel wegen hier angeführt, durchgeführt wird das Auspressen am besten im laufenden Arbeitsgang zwischen Druckwalzen, die sich dann in besonderen Maschinen vorfinden. Wenn auch die an den Naßbehandlungsmaschinen selbst vorhandenen Quetschwalzenpaare eine Entwässerung besorgen, so sind dieselben doch vorwiegend zum Eindrücken der Flüssigkeit benutzt; es genügt dann auch eine geringere Pressung zwischen den Walzen als beim bloßen Ausquetschen, das eine starke Belastung der Oberwalze fordert.

Die Entnässungs-Quetschwerke werden, wie auch Fig. 134 zeigt, feststehend und fahrbar benutzt, um bei Entnahme des Gutes aus den Behandlungsmaschinen an diese herangefahren werden zu können; sie erhalten bei Stückgut Zu- und Abführtische aus

Walzen oder endlosen Tüchern (Bild *a*) und meist Gewichtsdruck durch mehrfache Hebelübersetzung. Bei Strangware wird nach dem Bilde *b* die Oberwalze in Gelenklagern *l* gehalten, damit sich dieselbe dem ändernden Strangquerschnitt entsprechend auch schräg einstellen kann. Für laufendes Gewebe werden neben einem Paar, dann harter, Walzen auch Walzenzusammenstellungen nach Kalanderart, sogen. Wasserkalander benutzt, wie eine derartige das Bild *c* veranschaulicht. Es gibt dabei für den

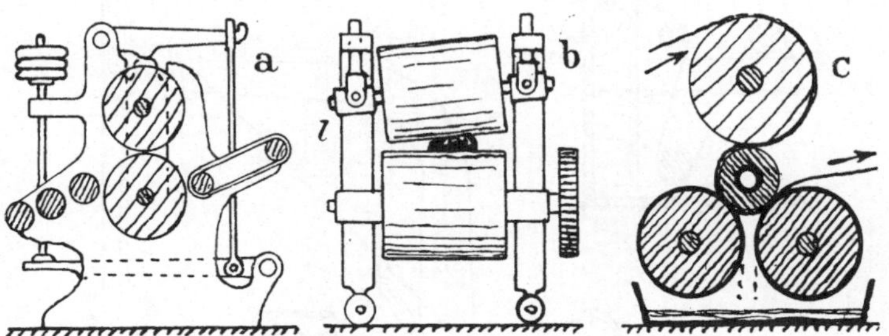

Fig. 134. Entwässerungsquetschwerke.

Warendurchgang mehrere Quetschstellen und gemäß den verschiedenen Walzendurchmessern wird ein scharfer Druck an kurzer Stelle herbeigeführt.

C. Das Aussaugen.

Ähnlich wie beim Ausschleudern, wo die Fliehkraft das Wasser aus dem Gut zieht, läßt sich ein solcher Zug durch Mitreißen von einem Luftstrom herbeiführen. Dieses Verfahren wird zunächst nur für flachbahnige Waren angewendet und wird dabei eine gewisse Luftdurchlässigkeit derselben gefordert. Unter der Ware wird die Luft durch Absaugen verdünnt, so daß die äußere Luft mit ihrem gewöhnlichen Druck durch das Gewebe drückt. Beim Übertreten der Luft wird dann das Wasser mitgerissen. Die Einrichtung Fig. 39 läßt sich, wie in Fig. 135 bei *a* gezeigt ist, an Stelle der Quetschwerke bei Durchzugmaschinen der Naßbehandlung anbringen, und es kann dieselbe auch an einer Hängebahn fahrbar gemacht werden, um zur Warenentnahme an die Naßbehandlungsmaschinen herangefahren zu werden. Die Einrichtung einer ortsfesten Gewebe-Absauge-Maschine zeigt das Bild *b*. Das nasse angespannte Gewebe *w* wird über den

Schlitz am Dache des Gehäuses *g* geführt, von einem Walzenpaar *l* abgezogen in die Höhe geleitet und dann abfallend getäfelt. Da die Warenbreite wechselt und im Warengang der gerade Verlauf der Ränder selbst etwas wechselnd ist, bedarf der Saugschlitz des Gehäuses *g*, aus dem eine für diesen Zweck besser wirksame Kolbenluftpumpe die Luft absaugt, eines stellbaren seit-

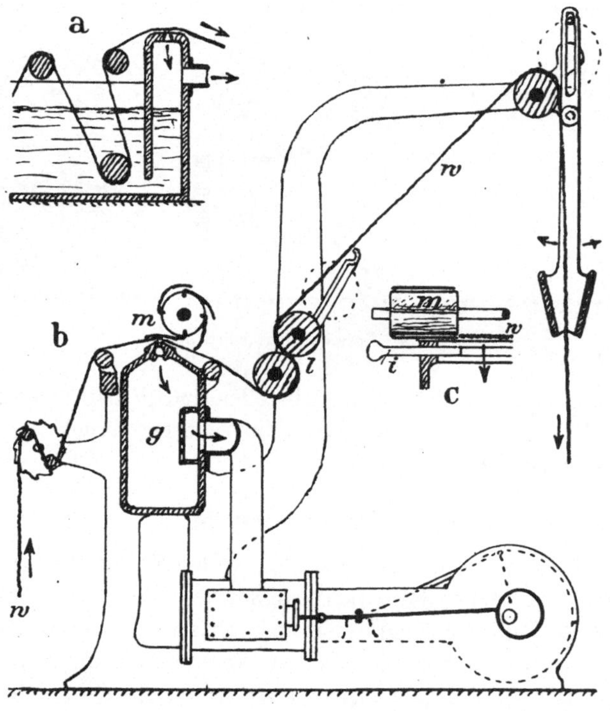

Fig. 135. Absaugemaschinen zum Entnässen von Geweben u. dgl.

lichen Abschlusses, dessen Einrichtung aus dem Bilde *c* hervorgeht. Für die veränderliche Breite besitzt der zu einem Rohr sich weitende Saugschlitz verstellbare Schiebebolzen *i* zum seitlichen Schluß, und für die etwa trotzdem noch entstehenden falschen Öffnungen ist eine Abdeckung mit Lappen vorgesehen, welche an Rollen *m* einer mitlaufenden Welle hängen und sich über die Ware und den Saugschlitz legen.

2. Das Warentrocknen.

A. Vorbemerkung.

Das Abdunsten der Nässe von der Oberfläche von Körpern ist ein naturgesetzlicher Vorgang und diese Überführung des Wassers aus dem tropfförmigen in den gasförmigen Zustand findet bei jedem Wärmegrade statt; es wird dabei Wärme gebunden, die dem Wasser zugeführt werden muß. Textilgut trocknet daher bei Ausbreitung im Freien durch Aufnahme von Wärme aus den Sonnenstrahlen und der umgebenden Luft und die Dauer der vollständigen Verdunstung seiner Feuchtigkeit ist von der Größe der dargebotenen Wärmemenge abhängig, also dem Wärmegrade der Freiluft. Anderenteils wirkt dabei noch ein Umstand mit: die in gasförmigen Zustand übergehende Feuchtigkeit muß von der Luft aufgenommen und von dem Gut beseitigt, also abgeführt werden, damit die Wärmedarbietung immer frisch erfolgt. Dies geschieht beim Trocknen im Freien durch die fast stets herrschende Luftbewegung.

Um von der Witterung, zunächst wenigstens vom Regen unabhängig zu sein, wurden bei der handwerksmäßigen Herstellung von Textilwaren dem freien Luftzug zugängliche Trockenböden im Dachraum der Häuser und Trockenhäuser angelegt, in denen die Waren aufgehängt und loses Gut ausgebreitet wurde. Um aber auch im Winter schnell trocknen zu können, wurden dann geheizte geschlossene Trockenstuben oder Kammern, oft auch als Gehäudeanbauten, geschaffen, wie dies in Fig. 136 links veranschaulicht ist. Die von einer, von außen zu bedienenden Feuerstelle auftretenden Heizgase werden in Kanälen in der Kammer herumgeführt, so daß die heißen Kanalwände die Wärme ausstrahlen und an das frei über

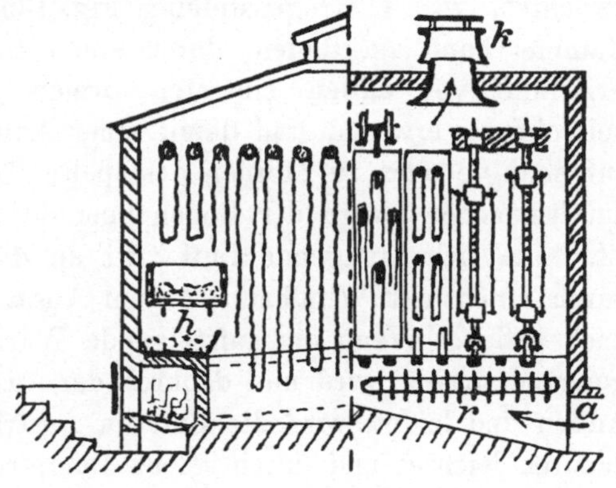

Fig. 136. Alte und neue Trockenkammer.

Stangen gehängte Gewebe, ebenso untergebrachte Garnsträhne und auf Siebhorden gelagertes loses Gut abgeben. Letzteres und Warenstücke werden zur unmittelbaren Wärmeaufnahme von den heißen Kanaldecken auch auf diese gelegt, wie bei *h* gezeigt ist. Man hat daher drei Arten der Wärmemitteilung an das Trockengut: Berührungswärme, strahlende Wärme und die Wärme der umgebenden Luft, die Luftwärme. Die Warmluft muß mit der Wärmeabgabe den Wasserdunst aufnehmen, sich also mit Feuchtigkeit sättigen und zum nötigen Entweichen des Wasserdunstes wurde gewöhnlich an der Decke der Kammer eine Luke angebracht.

Diese Einrichtung erfüllt ihren Zweck nicht voll, denn es fehlt die Strömung der Trockenluft. Dieselbe kann zwar durch ihr natürliches Indiehöhesteigen infolge der Erwärmung oben abziehen, es fehlt aber der entsprechende Nachschub frischer ungesättigter Luft. Es muß, dem Freilufttrocknen gemäß, ein Luftwechsel stattfinden, also eine dauernde Luftströmung geschaffen werden. Unter Berücksichtigung dieser Forderungen werden die heute noch benutzten Trockenkammern, bei denen dann zur Wärmeerzeugung in Rohren wirkender Heizdampf tätig ist, eingerichtet, was in Gegenstellung Fig. 136 rechts zeigt. In die Kammer kann am Boden, durch einen Schieber geregelt, bei *a* Frischluft von außen eintreten, welche sich an den Rippenheizrohren *r* erwärmt und damit einen Auftrieb annimmt, um das aufgehängte oder in Horden gestapelte Textilgut zu be- und zu durchstreichen, wozu der Boden über der Rohranlage *r* rostartig ist. Die sich sättigende Luft tritt an der Decke der Kammer durch einen mit Windhaube *k* zum Ansaugen versehenen Schlot nach außen. Wenn die aufsteigende Warmluft durch ihre Sättigung zu schwer wird und dadurch der Austritt beim Fehlen von Außenwind leidet, wird die Luft im Austrittschlot nachgewärmt, dadurch leichter und durch solche Dampfrohr-Lockschlangen der Luftwechsel unterstützt. Diese nur durch Wärme- und Luftdruckunterschiede erzeugte Luftströmung kann zwangläufig vermittelt werden durch Saugeflügel im Abluftschlot und auch durch Bläser im Frischluftzuführkanal *a*.

Diese Trockenkammern, als abgeschlossener Warmluftraum mit Luftdurchzug, sind für kleinere Leistungen noch im Gebrauch und für die praktische Durchführung des Trockenvorganges:

Wärmezu- und Dunstabfuhr, wohl geeignet. Um die Kammer für die Aufhängung und Stapelung des Trockengutes nicht betreten zu müssen, wird dasselbe vor der Kammer in Gestellen untergebracht, welche in die Kammer geschoben und nach der etwa eine Stunde andauernden Trocknung zur Entladung und Neubeschickung wieder herausgezogen werden. Die Aufhänggestelle werden dabei gewöhnlich mit Endwänden ausgeführt, welche die Warenluftkammer in eingeschobener und ausgezogener Stellung abschließen, sog. Kulissentrockner.

Für größere Leistungen werden nun unter Berücksichtigung der angegebenen Punkte (verschiedene Wärmemitteilung und Luftströmung) eine große Anzahl Trockner und Trockenmaschinen ausgeführt, für deren Beurteilung noch zu berücksichtigen ist, daß der Wärmeaufwand zum Trocknen selbst wieder ein dreifacher ist. Es gilt neben der eigentlichen Verdunstungswärme nicht nur das feuchte kalte Trockengut auf den Wärmegrad des Trocknens zu bringen, sondern auch die Trockenluft selbst auf diesen Grad zu erwärmen, ehe ein Überschuß aufgenommener Wärme an das Trockengut zur Verdunstung abgegeben werden kann, und den Trockner selbst auf dem in ihm herrschenden Wärmegrade zu erhalten, also der Abkühlung durch die umgebende Luft zu begegnen. Diese nicht wirklich zur Trocknung, d. i. zur Wasserverdunstung ausnutzbare sog. verlorene Wärme ist meist größer als die aufzuwendende Nutzwärme, Hier läßt sich durch gutes Entwässern und die Bauart der Trockner der Betrieb oft wirtschaftlicher gestalten, dieser Betrieb wird aber auch durch die Art der Wärmemitteilung beeinflußt. Für die Beurteilung der Trockner kommen also eine große Zahl von Gesichtspunkten in Betracht.

Zu einer Darstellung der verschiedenen Arten der Trockner für Textilgut ist zunächst ein Unterschied nach dessen Art, ob es sich um loses und Stückgut, also eine Stückbehandlung, oder um Behandlung flachbahniger Waren mit ununterbrochenem Lauf handelt, zu machen. Dazu tritt der Unterschied in dem gegenseitigen Bewegungsverhältnis von Trockengut und Warmluft, wozu dann noch die unmittelbare Wärmemitteilung durch Berührung als unterscheidend kommt.

B. Ruhendes Gut in bewegter Warmluft mit Stückbehandlung.

Zum Trocknen mit Warmluft ist immer deren Bewegung nötig. Das vorstehende Verhältnis der Luftbewegung zum Behandlungsgut besteht in der schon beschriebenen neuen Trockenkammer der Fig. 136 rechts und findet diese für eine absetzende Behandlung in ähnlichen Vorrichtungen, wie durch Fig. 137 veranschaulicht ist, seine Ausbildung. Es werden dabei mehrere Kammern *k*, welche das auf Einschubherden lagernde Gut (lose Fasern, Lumpen, Kötzer und Spulen) oder auf Einschubgestellen aufgehängte Gut (Garnsträhne, Kleidungsstücke) aufnehmen, in einer Reihe mit dazwischen befindlichen Luftheizkammern *h* angeordnet, und stehen die erstgenannten Kammern *k* mit dem über der Reihe sich hinziehenden mit einem Flügelsauger versehenen

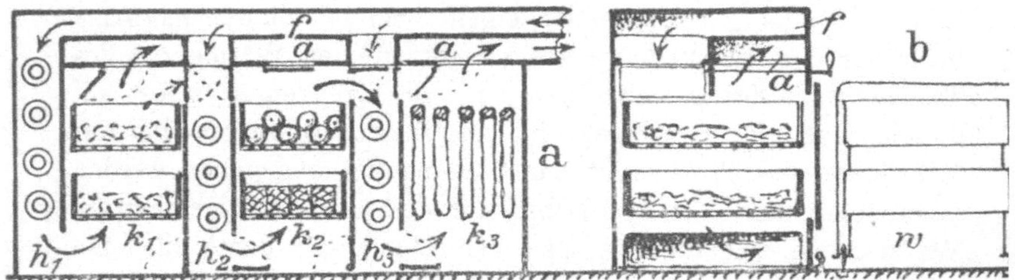

Fig. 137. Mehrkammertrockner mit wechselnder Luftströmung.

Ablaufkanal *a*, die Kammern *h* mit dem ebenso mit einem Flügelbläser versehenen Frischluftzuführkanal *f* in Verbindung, wobei die Verbindung durch Klappen stellbar ist, wie solche Klappen bei den Heizkammern auch deren obere Verbindung mit den Trockenkammern vermitteln. Gleiche Klappen sind auch unten an den Heizkammern vorhanden. Durch Stellung der verschiedenen Klappen läßt sich nun eine sehr verschiedene Behandlung mit wechselndem Gang der Trockenluft durch das Gut erzielen. Zunächst kann jede Trockenkammer unabhängig für sich arbeiten. Die Luft tritt dabei von oben in die Heizkammern ein, erwärmt sich an deren Dampfrohren und tritt unten in die benachbarte Trockenkammer über, wo dieselbe durch die Ansaugung im Kanal *a* bei geschlossenen Klappen der oberen Kammerverbindung durch das Gut in die Höhe steigt. Wird die Klappe des Abzuges z. B. in der ersten Kammer k_1 geschlossen und die oberen Klappen der Kammer h_2 unter Schließung des Frischluftzutrittes für eine Verbindung der Kammer k_1 mit der Kammer k_2 eingestellt, so tritt die in der Kammer k_1 mit Feuchtigkeit geschwängerte Warmluft zur Nacherwärmung in die Kammer h_2 über, dann unten in die Kammer k_3 und durchdringt nun das dort lagernde Gut, um dann abgesaugt oder nochmals in der gleichen Weise durch die Kammer k_3 geleitet zu werden. Man kann nun ohne wesentliche Unterbrechung des Betriebes eine Kammer der Reihe zur Be- und Entladung ausschalten, indem z. B. die Trockenluft nach der Nachwärmung durch Stellung der Bodenklappen der Heizkammer aus dieser nicht in der Nachbartrockenkammer angesaugt wird, sondern zur nochmaligen Nacherwärmung durch die nächste Heizkammer oder unmittelbar in die darauffolgende Trockenkammer übergeleitet wird. Man hat es also durch Stellung der Luftleitklappen in der Hand, der in der Trocknung des Gutes vorgeschrittensten Kammer die heiße noch nicht gesättigte Frischluft zuzuführen und damit das Gut im Wärmeangriff zu schonen, aber auch dasselbe erst anzuwärmen, dann langsam mit großer Luftströmung zu trocknen und schließlich auch mit schwacher Wärme nachzukühlen, wie ebenso die Luftströmung durch das Gut in ihrer Richtung nach oben oder unten gewechselt, also mit Wechselstrom getrocknet werden kann, was für eine allseitige Bespülung der Fasern und Fäden mit der Trockenluft, wie aus der Darstellung bei Fig. 13 hervorgeht, von Wichtigkeit ist. Die Richtlinien der Naßbehandlung haben eben auch für das Trocknen Geltung, denn die Trockenluft ist eine gasförmige Flüssigkeit.

Die Bedienung des Trockners gestaltet sich, da die Be- und Entladung der Einschubgestelle außerhalb und, wenn man, wie aus dem Querschnitte *b* von Fig. 137 hervorgeht, vor der Kammerreihe eine Bahn anlegt, auf welcher ein die Einschubhorden und Gestelle tragender Wagen *w* läuft, auch in einem Nebenraum vorgenommen werden kann, einfach. Die Umstellung der Klappen, die nach einer Vorschrift in festgestellten Zeiträumen vorgenommen werden muß, verlangt aber einige Aufmerksamkeit. Durch Wärmemesser läßt sich dabei der Verlauf des Trocknens prüfen.

Die Bedienung dieses Mehrkammertrockners ist nun bei einer Anzahl Kammern dauernd in der Be- und Entladung des Gutes zu beschäftigen, es besteht aber kein ununterbrochener

Arbeitsgang, auf den es der Wirtschaftlichkeit des Betriebes wegen ankommt. Es besteht noch keine Bewegung des Gutes während des Trocknens.

C. Bewegtes Gut in Warmluft.

1. Stückbehandlung mit absetzendem Warengang.

Die Stapelung des Trockengutes in Kästen ist durch die gleichmäßige Einteilung der zu bewältigenden größeren Menge im Behandlungsstücke übersichtlich und wird daher auch für eine dauernde Tätigkeit der Bedienung in einer laufenden Kastenreihe angewendet. Da sich dabei an die Entleerung der in einem Kreislauf zu bewegenden Kästen immer sofort die Neubeschickung anschließt, während dieser Zeit der Kasten in seinem Fortlauf

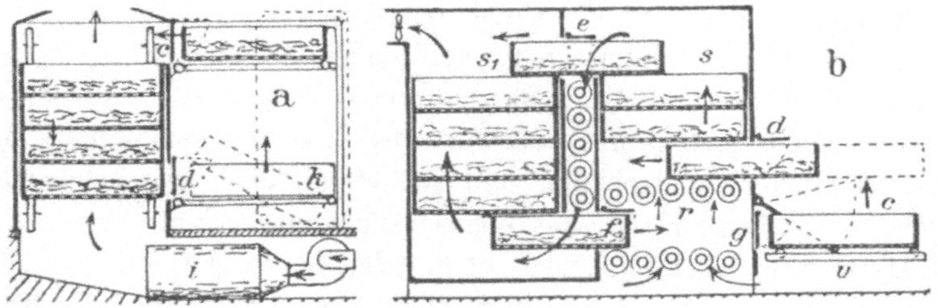

Fig. 138. Schachttrockner, Kastentrockenmaschinen.

unterbrochen wird, so ist der Warengang trotzdem ein absetzender. Diese Einrichtung findet sich in den vielseitig gebauten **Kastentrocknern**. Die gebräuchlichste Einrichtung solcher zeigt nach Fig. 138 im Bilde *a* die Durchführung der Kastenreihe in einem Schacht und ist hier ebensowohl der Niedergang als auch das Hochsteigen ausgeführt. Der Schacht wird dabei in gleicher und entgegengesetzter Richtung zum Kastengang vom Warmluftstrom durchzogen. Bei der gewöhnlichen Anordnung wird in einem Vorgestell des Trockenschachtes der mit Siebboden versehene Kasten *k* mit dem nassen Gut beschickt, durch einen Aufzug dann in die Höhe gehoben und oben im Gestell durch eine geöffnete Seitenklappe *c* in den Warmluftschacht eingeschoben. Der Kasten setzt sich dort auf einen vorangegangenen auf und die Kastenreihe geht, durch endlose Ketten oder absetzende Stützdaumen vermittelt, nach unten, wo dann nach

Öffnung der Klappe *d* der unterste Kasten mit dem trockenen Gut herausgezogen und entleert wird, wobei zur Erleichterung der Kasten im Aufzugrahmen auch kippbar gemacht wird. Es besteht also ein dauernder Kreislauf der Kasten durch den Schacht, in dem am Boden durch einen Flügelbläser die in einem Heizkessel *i* erwärmte Luft eingedrückt und die mit Feuchtigkeit geschwängerte Luft oben abgesaugt wird. Es findet also Gegenstrom zwischen Gut und Warmluftbewegung statt, das in der Trocknung am weitesten vorgeschrittene Gut erhält also die heißeste Luft. Der Heizkessel bezw. die Luftheizkammer wird zur Umgehung der Fußbodengrube auch senkrecht an der Rückwand des Schachtes angebracht.

Eine andere Art der Luftführung mit Nachheizung bezw. stufenweiser Erwärmung, ähnlich wie es bei der Vorrichtung Fig. 137 möglich ist, zeigt bei solchen Schacht-Kasten-Trocknern das Bild *b*. Es sind zwei Schächte *s* und s_1 für den Kastengang vorhanden. Der bei *c* entleerte und gefüllte Kasten wird durch eine Gelenkführung seines Tragrahmens *v* gehoben und bei *d* in den Schacht *s* eingeführt, in dem die Kastenreihe in die Höhe steigt. Die Kasten treten dann oben bei *e* durch seitliche Verschiebung in den Schacht s_1 über, um dort in der Reihe niederzugehen und unten bei *f* quer durch den Schacht *s* mit einigem Zwischenstillstand bei *g* zur Entleerung und Neubeschickung auszutreten. Die Frischluft tritt unten in den Schacht *s* ein, erwärmt sich dort an einer Dampfrohrlage, durchtritt den zum Austritt bereit gestellten Kasten zur scharfen Nachtrocknung und steigt dann nach Nachwärmung in der zweiten Rohrlage *r*, in der Richtung des Kastenganges im Schacht *s* in die Höhe. Oben tritt die etwas gesättigte Luft in die mittlere Heizkammer zwischen den Schächten, geht darin, an deren Heizrohren sich nachwärmend, nach unten und wird nun durch die sinkende Kastenreihe dieser entgegengesetzt in der Höhe des Schachtes s_1 oben abgesaugt. Gleichstrom besteht also in beiden Schächten, aber eine Abstufung im Trockenvorgang, die sich als nützlich erweist. Die Be- und Entladung der Kasten findet auf derselben Seite des Trocknens statt, was z. B. bei dem Mehrkammer- oder Reihentrockner Fig. 137 umgangen werden kann, wenn die Gestellbahn vor der Kammerreihe in besondere Speicherräume des nassen und trockenen Gutes führt.

Der senkrechten Wanderung der Gutträger, der Kasten, steht das wagerechte, absetzende Fortschreiten einer Reihe derselben in den Kanaltrocknern gegenüber, die durch das Bild *a* der Fig. 139 veranschaulicht werden. Die Gutträger, Wagen für Siebkasten, einfach oder mehrere übereinander, oder fahrbare Aufleggestelle für Strähnstöcke werden durch den der Trocken-

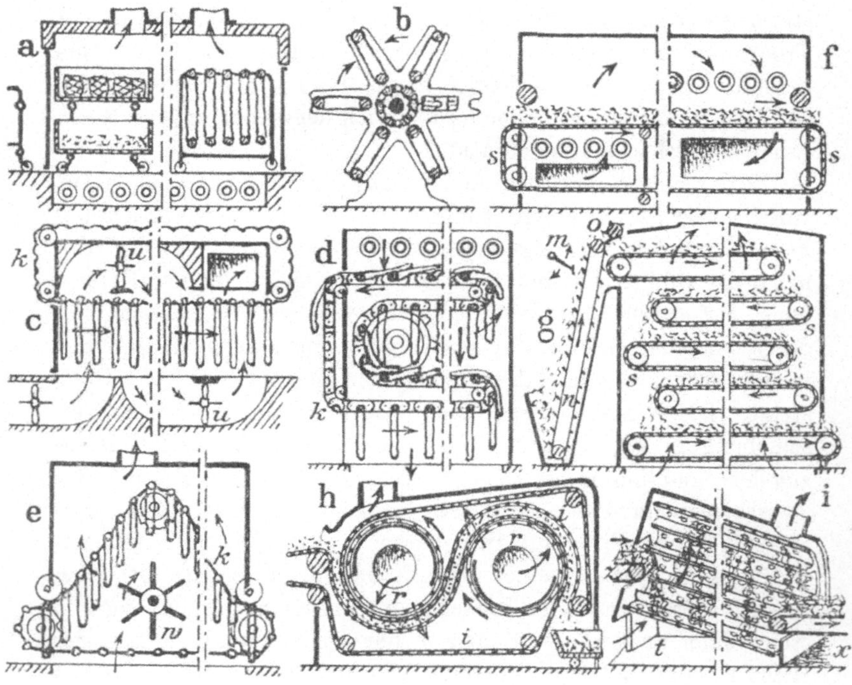

Fig. 139. Trockner für loses Gut und Stückware mit absetzendem und ununterbrochenem Gang bei verschiedener Warmluftbewegung.

dauer entsprechend langen Kanal geschoben und, wenn an der einen Zugangstür desselben ein frisch beschicktes Gestell eingeführt wird, muß am Ende des Kanals ein Gestell mit trockenem Gut herausgezogen werden. Die Gutträger wandern also absatzweise über die im Schachtboden liegenden Heizrohre und der sich bildende Dunst tritt an der Decke des Kanales aus, wobei einesteils zu senkrechter Luftströmung Frischluft unter die Heizrohre zutritt, andernteils auch ein den Kanal in der Länge durchziehender Heißluftstrom angeordnet wird im Gleich- oder Gegenstrom zum Gang des Gutes, um einesteils das zutretende nasse Gut gleich kräftig anzuwärmen, andernteils dem herausgehenden nahezu trockenen Gut die heißeste Luft zu geben.

Aus den bisher betrachteten Trocknern für Stückgut und loses Fasergut in Behandlungsteilen geht hervor, daß sich dieselben in solche mit eingebauter Heizquelle und eingeblasener, abseits für sich erwärmter Warmluft unterscheiden. Im ersten Falle wird die strahlende Wärme der Heizkörper oder der Heizkammerwände für die Erwärmung des Trockengutes ausgenutzt, im letzteren Falle läßt sich der Wärmegrad der Trockenluft, deren Wärme folglich auch für die Wärmesteigerung des Gutes mit zu dienen hat, durch die Geschwindigkeit des Luftstromes, mit welcher dieser die Heizkessel durchzieht, leicht regeln, wie die Regelung der im Trockner herrschenden Wärme der Stellung der Luftzu- und -abfuhr mit Klappen erfolgt. Im allgemeinen ist für Fasergut ein Wärmegrad von 50^0 angemessen, je niedriger dieser ist, desto lebhafter muß der Luftwechsel sein, also die Heißluftströmung, für welche aber eine feste Regel in bezug auf das Verhältnis zur Gutbewegung nicht besteht; die Richtung des Luftstromes muß für das Gut wechseln, d. h. es hat eine möglichst allseitige Bespülung desselben nach dem Vorbilde der Naßbehandlung stattzufinden.

Für das Trocknen von Garnsträhnen wird deshalb wie bei letzterer eine Durchführung im Warmluftbad vorgenommen. Die Strähne werden nach dem Bilde *b* sternartig in ein, im niedrig erwärmten Luftraum möglichst mit Kehrtrieb umlaufendes Gestell gespannt, und zwar je zwischen einem festen und einem durch Schraubenspindel nach der Drehachse beweglichen Stecken, wobei das Straffziehen der Strähne gemeinschaftlich und gleichzeitig durch Kegeltriebräder von der Mittelwelle aus erfolgt. Die straffe Fadenlage unterstützt das Trocknen, und werden bei lose hängenden Strähnen deshalb, wie im Bilde *a* gezeigt ist, Beschwerstecken in diese eingelegt.

Als Stückbehandlung beim Trocknen sind noch die Heißluftschleudern anzusehen, wie auch, wie bei der Naßbehandlung mit Flüssigkeitskreisung das Trocknen von Garnspulen durch Einblasen von Heißluft in die gelochten Aufsteckrohre derselben an gemeinschaftlichen Kammern (vergl. Fig. 65 *d* und *e*).

2. Ununterbrochener Warengang in fortlaufender Schicht.

Besteht in den Trocknern Fig. 138 und 139, Bild *a*, schon ein laufender Warengang, so ist derselbe aber absetzend und die Gutträger müssen einen Kreislauf ausführen, im zweitgenannten Trockner also außerhalb von der Entladestelle zur Neubeschickung zurückgebracht werden. Nach dem Vorbilde Fig. 80 wird nun ein endlos laufender Gutträger benutzt und Trockner mit solchen, die für loses Gut in ausgebreiteter Schicht, Garnsträhne, auf Formen gezogene Strümpfe u. dergl. dienen, zeigen die Bilder *c* bis *h* der Fig. 139. Bei Strähnen und Stückware werden die Trag- oder Anhängstäbe *m* in, im geschlossenen Lauf wandernde Gelenkketten *k* eingelegt, und beim Trockner des Bildes *c* die frei hängenden Strähne mit diesen durch einen wagerechten Kanal geführt, in dem durch Umleitkanäle mit angetriebenen Förderflügeln *u* die Warmluft einen Schlangenweg zu machen genötigt wird, so daß die Fadenlagen der Strähne abwechselnd von unten nach oben und umgekehrt von der Warmluft bestrichen werden. Zur Querdurchdringung der Fadenlagen, also zu allseitiger Bespülung, wird die Steckenkette *k* nach dem Bilde *d* hin- und hergeführt, so daß die gewöhnlich unten aufgehängten Strähne beim Hingang senkrecht frei hängen, beim Hergang sich schuppenartig übereinanderlegen. Die im Trockner oben angebrachten Heizrohre geben den liegenden fast trockenen Strähnen vor der Abnahme eine Bestrahlung, und die unten abgezogene feuchte Luft ergibt zum Warengang eine Gegenrichtung von Ware und Wärme.

Die Bespülung der Strähne während ihres Fortganges mit den Tragketten *k* wird bei dem Trockner des Bildes *e* durch Windflügel *w* erzielt, für welche der Kettenlauf dachförmig angelegt ist und welche die aufwärts zutretende Warmluft in Wirbelungen versetzen.

Loses Fasergut wird auf endlos laufenden Siebtüchern oder endlosen Horden *s* ausgebreitet, die durch den Heißluftstrom geführt werden. Das Bild *f* zeigt die einfache gerade Durchführung, wobei die Heizrohre bald unter der Horde bald über der Gutschicht angeordnet werden, so daß beidemale die strahlende Wärme für die Erwärmung des Gutes ausgenutzt wird. Zur wechselnden Durchströmung des Gutes tritt die Außenluft unter die Rohre und zieht nach dem Indiehöhetreten und Nacherwärmen wieder nach unten. Auch bei Ausführung dieser Einrichtung als reiner Warmlufttrockner macht die Luft diese wechselnde Strömung durch das Gut.

Zu dem beidseitigen Durchdringen der Gutschicht wird diese bei gleichbleibend gerichtetem Luftstrom umgeordnet, welche Einrichtung das Bild *g* zeigt. Mehrere endlose Horden *s* sind übereinander mit gegenseitigem Lauf tätig, und die Gutschicht fällt je von der oberen Horde abwechselnd rechts und links auf die untere, wobei sich die Flocken in der neuen Schicht anders legen und die Warmluft die Flocken beim Abfallen auch durchspült. Die Warmluft tritt unter der untersten Horde zu und wird durch die ganze hin- und hergehende Gutschicht nach oben abgesaugt, so daß Gegenrichtung besteht. Die Gleichmäßigkeit der Schicht wird durch einen selbsttätigen Speiser wie bei den Krempeln mit einem in den Vorratkasten tretenden Nadeltuch *n*, schwingendem Rückstreichkamm *m* für das mitgenommene Zuviel und Abnehmwalze *o* gefördert.

Zu bemerken ist noch, daß die wandernde Gutschicht auch aus einer längs aneinanderfolgenden Kastenreihe bestehen kann. Beidseitiges Durchtreiben der Warmluft durch die Gutschicht wird auch mit gegeneinanderlaufenden Siebtrommeln, in welche die Warmluft eingedrückt wird, bewerkstelligt. Nach dem Bilde *h* wird die Gutschicht von zwei endlos über die Trommeln laufenden Siebtüchern *i* zwischen diesen aufgenommen und läuft nacheinander über den unteren und oberen Teil der Trommeln *r*, in welche die Warmluft durch die hohlen Drehzapfen eingeblasen wird und die innen im vom Gut unbedeckten Teil zur Verhinderung eines falschen Luftaustrittes abgedeckt sind. Die feuchte Luft wird aus dem die ganze Anordnung einhüllenden Gehäuse oben abgesaugt, das Gut wird selbsttätig vorgelegt und trocken in einen Auffangwagen abgeliefert.

Die losen Faserflocken im freien Fall der Warmluft auszusetzen, wird mit dem sogen. Trommeltrockner nach dem Bilde *i* vermittelt. Durch Schräglagerung einer Siebtrommel *t* mit Mitnehmerleisten wird das von einem Zuführtisch *z* ununterbrochen abfallende Gut am Trommelumfang in die Höhe genommen, um durch die schräge Mitnahme vorschreitend oben abzufallen und dieses Spiel zu wiederholen, bis das Gut auf das Abführtuch *x* an der anderen Trommelseite fällt. Die Trommel läuft auf Rollen in einem Glasgehäuse, in welches unten die Warmluft ein- und oben austritt.

Dieser Lichtzulaß beim Trocknen ist von Bedeutung für die Erhaltung des Gutes auf sein weißes Aussehen, weshalb auch die Gehäuse der anderen Trockner von Fig. 139 mit Lichteinlaßöffnungen versehen werden. Beim Trocknen im Dunkeln wird weißes Gut leicht gelblich, die mehr bleichende Wirkung des Trocknens wird verhindert.

D. Flachbahnige Ware.

Für diese Waren, also Fadenketten, Gewebe, gewirkte Schläuche usw. kommt naturgemäß in erster Linie der ununterbrochene Warengang in Betracht. Wegen der Luftdurchlässigkeit ist hier für die Trockner ein Warenunterschied zu machen, andererseits wird hier ein bei dem bisher betrachteten Trockengut nicht angewendetes Mittel der Wärmezuteilung benutzt, wie auch die Erhaltung des Warenzustandes in Frage kommt.

1. Garnketten zum Verweben u. dergl.

Kommt es auch vor, daß nach dem Ausfärben gewaschene und gespülte Ketten zu trocknen sind, so handelt es sich doch vornehmlich beim Kettentrocknen um die Festigung von Stärkungsmitteln, wie Kleister und Leim, und die Sauerstoffaufnahme seitens Farbbeizen aus der Trockenluft bei Anilinschwarz usf. Dazu werden die Tränkmaschinen den Trockenmaschinen verbunden vorangestellt und diese Verbundmaschinen dem Arbeitszweck nach als Schlicht- Leim- und Oxydations-Maschinen bezeichnet.

Das erwähnte besondere Mittel der Wärmezuteilung an die laufende Ware besteht im Berühren derselben mit heißen Flächen, so daß von diesen die Ware mit ihrer Nässe die Wärme unmittelbar erhält und so die Verdunstung der letzteren erfolgt. Diese Hitzeflächen können ruhend sein und die Ware darüber hinweggleiten, viel mehr wird aber beim Kettentrocknen der Mitlauf der Flächen angewendet, d. h. von dem Kettenlauf umschlossene Dampf- oder Trockentrommeln Fig. 18 benutzt. Eine solche Trommelschlichtmaschine mit dem vorgebauten Einstärker zeigt Fig. 140 im Bilde *a*. Letzterer setzt sich aus einem Vortrog *v* mit Heizrohren und Rührer zur Durchmischung der Schlichte, einem

Überlaufkanal für diese in den Tränktrog *u*, in dem die Schichte warm gehalten wird und die Ware im Schlangenweg über Leitwalzen durchzieht, sowie dem Überlauftrog *o* für die abfließende verbrauchte Flüssigkeit und einem Quetschwerk zusammen. Die Fäden laufen von diesem weg zunächst frei, wobei sie durch eine Bürste *z* geteilt werden, an die große Trommel *t*, um diese mit derselben herum, kommen dann zur anderseitigen Anlage an die kleine Trommel t_1 und dann in freiem abkühlenden Lauf aus dem

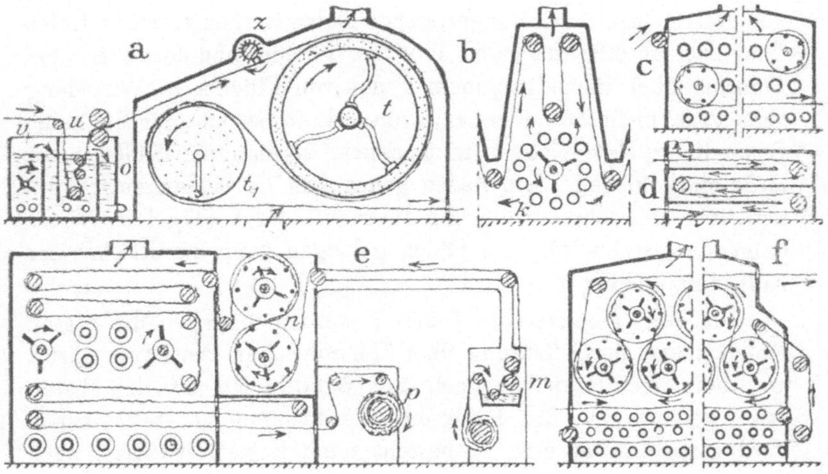

Fig. 140. Kettenschlicht- und Leimmaschinen mit Heiztrommel- und Lufttrocknern.

die Trommeln umschließenden Gehäuse, aus dem der Dunst aber abgeführt wird, zum Aufrollen oder Aufbäumen.

Die Anlage der Fäden auf den Trommeln macht dieselben leicht glatt, wie sie andererseits auch etwas anbacken und das Eintrocknen der Schlichte scharf erfolgt. Deshalb wird auch hier Lufttrocknung angewandt, deren verschiedene Arten die übrigen Bilder von Fig. 140 darstellen. Nach dem Bilde *b* werden die Fäden auf- und absteigend über Walzen geführt, so daß ein Brückenlauf entsteht, innerhalb welchem sich ein Heizrohrkranz *k* befindet, durch den die seitlich zutretende Luft von einem Schleuderflügel getrieben wird.

Im Bilde *c* findet die Führung der Fäden im Schlangenweg zwischen Heizrohrlagen hindurch statt, so daß deren strahlende

Wärme die Fäden erwärmt. Zur Leitung der Fadenkette dienen luftdurchlässige Haspel.

Mit abseits erzeugter Warmluft wird nach *d* eine Gegenrichtung des Luftstromes und des Warenganges im Schlangenweg durch eingeschobene Leitbleche hergestellt.

Wollfadenketten bedürfen der klebenden Leimung wegen einer Lufttrocknung, die zur Schonung in langem Lauf zu erfolgen hat. Eine bezügliche Leim-, Trocken- und Bäummaschine zeigt das Bild *e*. Die durch den warm gehaltenen Tränktrog *m* von dessen Quetschwerk angezogenen Fäden werden zuerst im freien Lauf zum abseits stehenden Trockner geführt und dort zuerst bei Führung über Haspeltrommeln *n* mit von Flügeln in Wirbelung versetzter, nicht besonders erwärmter Luft bespült, für die heiße Behandlung also leicht vorgetrocknet, so daß die Fäden nicht mehr stark kleben. Die Fäden gehen nun im Schlangenweg um und über Heizrohre, wobei die Warmluft durch Flügel in Wirbelungen versetzt wird. Die Fäden gelangen dann unmittelbar zur Aufbäummaschine *p*.

Bei dem Trockner des Bildes *f* werden hingegen die nassen Fäden zuerst durch Leitung über Heizrohrlagen stark angewärmt und dann über Haspeltrommeln mit Windflügeln auf- und absteigend geführt, um die durch die Wärmeaufnahme stattfindende Verdunstung zu fördern. Es besteht somit keine feste Regel auch für die Durchführung der stufenweisen Trocknung, wobei mit den in Fig. 140 dargestellten Trocknern die zahlreichen Bauarten solcher nicht erschöpft sind.

2. Strangentfalter.

Die von der Naßbehandlung in Strangform abgelieferten Waren bedürfen für den flachbahnigen Verlauf, in dem das Trocknen zu erfolgen hat, eines Entfaltens durch Lockern, Schütteln und Ausbreiten. Eine Maschine für diese Arbeit zeigt Fig. 141, wobei der Gewebestrang zunächst durch Schlagflügel *f* mit ausgebogenen Leisten, in der Mitte hohl eintreffend, geschüttelt und dann zwischen Breithalterwalzen *b* (Fig. 24) hindurch zum nochmaligen Lockern wieder unter einem Schlagflügel *g* und dann über Breithalterkegel (Fig. 25) geführt wird. Das Gewebe wird aufgewickelt oder aufgetäfelt.

Dieses Lockern und Lösen des gefalteten Stranges beseitigt nicht die Quetschfalten der Strangbehandlung beim Walken. Hier findet noch ein Ausreiben oder Glätten der Falten durch Nockenwalzen, wie in Fig. 22 dargestellt ist, statt. Der auseinandergenommene Strang wird über eine oder mehrere Breithalterleisten

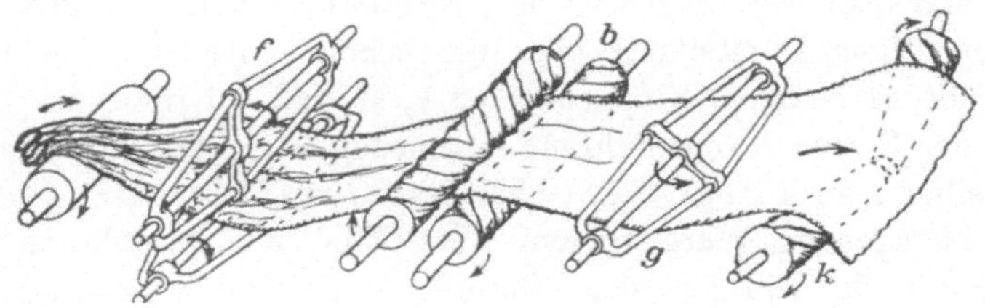

Fig. 141. Gewebestrangauflösen durch Entfalten.

an diese Nockentrommel geleitet und durch Leitwalzen zur Anlage an derselben gehalten, wie dies die genannte Fig. veranschaulicht.

Auch das Klopfen (vergl. Fig. 160) wird zur Faltenbeseitigung angewendet. Diese Hilfsmittel kommen aber nur für die stärkeren und festeren wollenen Gewebe in Betracht.

3. Gewebebreitspanner.

Das in Fig. 141 dargestellte Entfalten genügt auch bei baumwollenen Waren nicht immer zur Erzielung der nötigen glatten

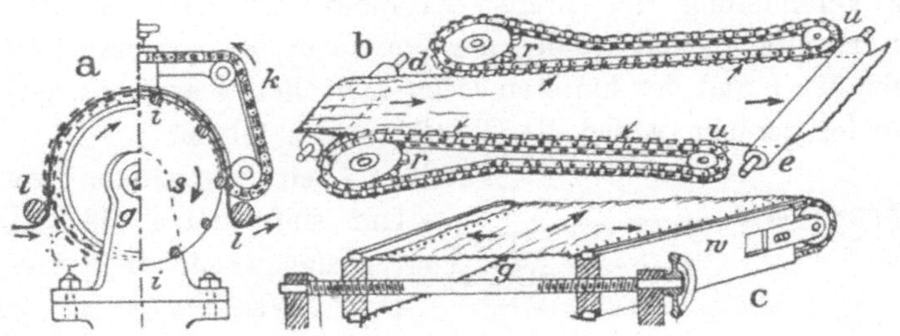

Fig. 142. Verschiedene Gewebebreitspanner.

Warenbahn. Hierzu ist ein Ausziehen oder Spannen in der Breitenrichtung nötig, was in den **Breitspannern** erfolgt, deren Arbeitsweise schon durch die Fig. 31 bis 34 erläutert ist. Die im Gebrauch befindlichen Ausführungsarten veranschaulicht Fig. 142. Die zum Fassen der Warenränder benutzten endlosen Kluppen-

oder Nadelketten werden im senkrechten Bogenverlauf (Bild *a*), im wagerecht-ebenen Lauf (Bild *b*) und im senkrecht-ebenen Lauf (Bild *c*) geführt, wobei die beiderseitigen Ketten durch Gleitführungen auseinandergehen. Bei der Bogenführung sitzen die Kluppen auch an den Rändern von schrägstehenden Scheiben *s*, wie links im Bilde *a* gezeigt ist, verbreiteter sind aber nach der rechtseitigen Darstellung über die schrägstehenden Scheiben *s* mit diesen laufende Kluppenketten *k*, so daß ein reibendes Gleiten der Ketten in der Führung vermieden ist. Dabei können die Scheiben *s* auch längsverschiebbar Stäbe *i* zur Unterstützung etwa durchhängender Ware tragen. Die Ein- und Ausführung der Ware in die und aus den Kluppen erfolgt durch Leitwalzen *l*. Kettenträger und Laufscheiben sitzen an, um die Senkrechte *i* drehbaren Gestellen *g* und diese beidseitigen Gestelle bilden mit dem Untergestell ein Ganzes, den sogen. „Palmer", der den Trockenmaschinen vorgestellt wird.

Das Indiebreiteziehen des Gewebes muß aber schonend und deshalb im längeren Warenlauf erfolgen, was sich besser im ebenen Spannfelde erzielen läßt. Namentlich fadenscheiniger gewebte Waren bedürfen dieser Arbeit, wozu besondere Spannmaschinen dienen, die meist wagerechte Kluppenführung nach dem Bilde *b* aufweisen. Mit den Einführ- und Abführ-Leitwalzen *d* und *e* besteht ein Rahmen für das Halten der Ware, weshalb man auch von Rahmen-Maschinen, Spann- und Rahm-Maschinen spricht. Zur Veränderung des Breitstreckgrades und der wechselnden Warenbreite folgend werden die Laufbolzen der vorderen Kettentriebräder *r* und der hinteren losen Leitrollen *u* aus- und gegeneinander gerückt, wobei die Gleitführungen folgen.

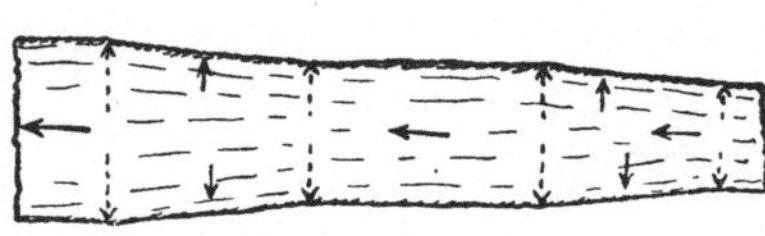

Fig. 143. Stufenweises Breitstrecken.

Bei senkrechtem Kettenlauf sind hierzu die ganzen Führungswände zu verstellen. Diese Wände *w* sitzen nach dem Bilde *c* auf Schraubenspindeln *g* mit rechts- und linksgängigem Gewinde, die in Traggestellen lagern und von Handrädern auch während des Kettenlaufes eingestellt werden. Da die Gewebeeinführung mit geradem Kantenlauf, wie auch die Abführung, erfolgt, sind die Wände *w* zu ihrer gebrochenen Stellung mehrteilig in Lenkverbindung, was mehrfach der Fall ist, wenn das Breitstrecken, wie in Fig. 143 dargestellt ist, zur Warenschonung stufenweise erfolgt.

4. Recken zum Fadengeradeziehen.

Bei der Naßbehandlung, namentlich im Strang, findet leicht ein Verdrücken oder Verquetschen der Fäden besonders der Schußfäden aus ihrer Bindungslage im Gewebe statt, und bei loser gewebten, also fadenscheinigen Waren liegen die Fäden dann so, wie es das Bild *a* von Fig. 144 veranschaulicht. Durch die Längspannung werden dann die Kettfäden wohl gerade gezogen, beim Breitspannen ist dies aber mit einfachem Anziehen der Geweberänder voneinander nicht vollkommen der Fall. Hier ist ein ruckweises und wiederholtes Anziehen erforderlich, ein

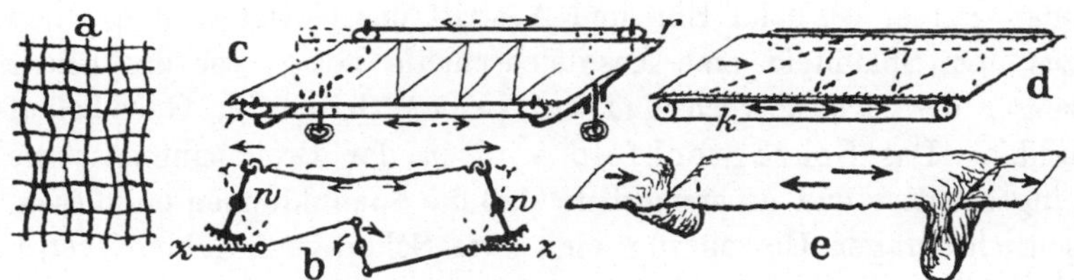

Fig. 144. Vorrichtungen zum Fadengeradeziehen beim Gewebespannen.

seitliches Recken des Gewebes, das im Lauf desselben zu erfolgen hat. Dies wird erreicht, daß z. B. nach dem Bilde *b* die Spannkettenführungen beide gegeneinander zu und ab bewegt werden, oder diese Hin- und Herbewegung nur eine Kettenführung gegen die andere festbleibende ausführt. Die Führungen *w* werden dazu schwingend aufgehängt und durch Schiebezahnstangen *z* u. dergl. möglichst stoßweise zum Anziehen der Ware gebracht. Dieses Fadengeradeziehen erfolgt dann genau in deren zu erzielender richtiger Lage, diese Ausführung der Arbeit ist aber wegen der wenig standfesten Kettenführung im Bilde *b* zu ersetzen durch ein absetzendes schräges Hin- und Herziehen der Geweberänder in ihrer Richtung gegeneinander. Man spricht hier von „Diagonalspannen“ und „Changierrahmen“, letzteres wegen des nötigen Hin- und Hergehens der Kluppenketten während ihres Fortlaufes. Dies ist auf zwei Arten zu erreichen:

a) Die Laufbahnen der endlosen Spannketten werden in ihrer Richtung gegeneinander hin- und hergeschoben. Diese Einrichtung ist bei wagerechtem und senkrechtem Lauf möglich, bei ersterem leichter, weil der ganze Rahmen nach dem Bilde *c* gewissermaßen ein Gelenkviereck bildet, das um Drehachsen der Laufachsenträger der Kettenräder schwingt. Von diesen Drehachsen aus erhalten die Kettenräder *r* dann ihren gleichmäßig bleibenden Antrieb.

b) Bei festem Rahmen erhalten die Ketten gegenseitig eine abwechselnd beschleunigte und verzögerte Bewegung während ihres Fortlaufes, machen also gewissermaßen eine Pilgerschrittbewegung, wodurch von jedem Rand gegen den andern ein Schrägziehen der Schußfäden erfolgt, wie das Bild *d* veranschaulicht. Dabei können die Kettenläufe *k* auch durch Gewicht spannbare Ausgleichschleifen besitzen.

Durch dieses Gegeneinanderverziehen der Gewebekanten oder -ränder ist beim Ein- und Austritt des Gewebes in das und aus dem Spannfeld eine Ausgleichschleife nötig, wie das Bild *e* zeigt, die sich abwechselnd auf beiden Seiten im Gewebelauf bildet. Das Schrägreckfeld wird in der Breitspannmaschine eingeschaltet und ist ersichtlich, daß die Spannkluppen bei diesem seitlichschrägen Gewebezug eine gute Schlußverriegelung (vergl. Fig. 34) besitzen müssen.

5. Gewebetrockner.

Von diesen sind mehrere Arten zu unterscheiden: Berührungs- und Lufttrockner und solche ohne und mit Breitspannung des Gewebes, welche je nach der Faserart der Ware, welche ein Eingehen während des Trocknens bedingt, anzuwenden sind.

a) Trommeltrockner.

Diese besitzen mit Dampf gespeiste Trommeln, über welche, den Umfang möglichst voll umschließend, das Gewebe mit diesem läuft, die Wärmemitteilung erfolgt also durch Berührung, und da zu dieser für die volle Wasserverdunstung eine bestimmte Zeit nötig ist, so wird für die sich ergebende Laufgeschwindigkeit, da der Durchlauf eines Trommelumfanges diese nicht zuläßt, eine Zahl von Trommeln angewendet, über welche nacheinander umschließend das anliegende Gewebe läuft. Die dabei üblichen Zusammenstellungen zeigt Fig. 145. Die Trommeln, von denen für große Leistungen, also hohe Warengeschwindigkeit (50 m min.)

bis 24 von etwa 0,5 m Durchmesser angewendet werden, werden für einseitige Warenanlage in wagerechter Reihe mit durch Leitwalzen bewirkter unterer Umschlingung, bei *a*, oder oberer Umschlingung, bei *b*, für beidseitige Anlage in Doppelreihe nach dem Bilde *c* im Schlangenweg der Ware ohne Leitwalzen angeordnet.

Zur Platzersparnis erfolgt die Anordnung nach dem Bilde *d* auch in senkrechten Reihen. Bei geringerer Warengeschwindigkeit genügt auch eine Dampftrommel, bei welcher auf der Oberseite das Gewebe, wie bei *e* gezeigt ist, durch Druckwalzen *w* zur festen Anlage und bei etwas zunehmendem Durchmesser derselben

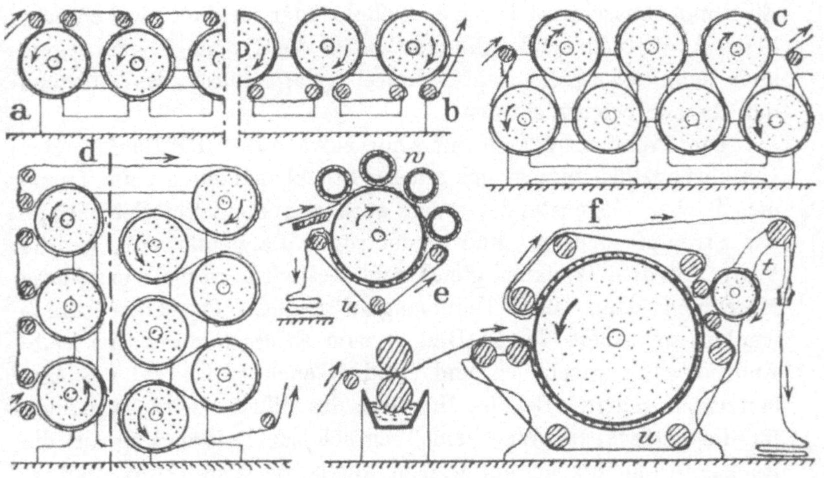

Fig. 145. Trommel- oder Zylindertrockner für Gewebe.

auch zum Straffziehen gebracht wird, auf der Unterseite durch ein endloses Mitlauftuch *u* zum Anliegen kommt. Die mit einem nachgibigen Überzug versehenen Druckwalzen *w* können zweckmäßig nur auf der Oberseite der Trommel benutzt werden, sonst sichert das Mitläufertuch den Warengang.

Das Bild *f* zeigt eine eintrommelige Trockenmaschine mit vorangestelltem Tränkquetschwerk und Mitläufertuch *u*, welches aus aufsaugefähigem Filz gefertigt wird, weshalb man auch von einem „Filzkalander“ spricht. Das zwischen der glatten Trommelfläche und dem rauhen Tuch liegende Gewebe wird von dem Tuch gegen eine vorlaufende Geschwindigkeit der Trommel gehalten und letztere gleitet daher im Gewebe und glättet dasselbe, erzielt also eine dem Kalander ähnliche Wirkung, die auch bei den oberen Andruckwalzen im Bilde *c* besteht. Der Bezug dieser und das andrückende Mitlauftuch muß das verdunstende Wasser aufnehmen und wird deshalb für letzteres, wie im Bilde *f* mit dargestellt ist, eine Trommeltrocknung bei *t* im Rücklauf angebracht. Vor den Trommeltrocknern wird vielfach der Breitspanner Fig. 142*a* vorgebaut, von welchem das glatt und straffgezogene Gewebe unmittelbar auf die Trommel übergeht.

Um auf den Trommeltrocknern des Gewebe breitgespannt zu erhalten, also gegen ein Eingehen zu schützen, werden bei Eintrommelmaschinen laufende Nadelbänder für die Geweberänder benutzt, die sich mit Leitklötzen gegen die Trommelränder legen, aber dann etwas die straffe Gewebeanlage durch das Abheben der Ränder beeinträchtigen.

Die Trommeltrockner mit Andruckwalzen und Mitläufer- oder Umführungstuch eignen sich gut zur Stückbehandlung beim Trocknen flacher Gegenstände, wenn auch mit doppelter Schichtlage wie Strümpfe u. dergl., und in der sogen. Lappenfärberei, wo die Ware mit dem Trocknen gleich geplättet wird, weshalb man diese Maschinen dann auch Heißmangeln nennt. Die Gegenstände werden auf einem Tisch (Bild *e*) zum Erfassen durch die erste Andruckwalze geschoben und (Bild *f*) auch gleich auf das Mitläufertuch gelegt. Bei der Maschine des Bildes *e* wird dann auch für die getrocknete Ware ein Tragtuch zur Beförderung auf die Rückseite angebracht, auf welcher die heiße Ware etwas abkühlt.

Für beidseitiges Plätten werden auch zwei Trommeln mit Umführungstüchern hinter- oder übereinander angeordnet.

b) Warmlufttrockner mit freiem Gewebelauf.

Bei nicht eingehenden Baumwollwaren, bei bedrucktem Zeug, zum Sauerstoffanziehen und beim Entkohlen genügt eine freie, d. h. nicht zwangweise breitgehaltene Führung, wie sie bei den Trommeln stattfindet, auch bei der Bespülung mit Warmluft. Das Trocknen ähnelt dem der Ketten, Fig. 140, und findet bei Lufttrocknern auch eine Wärmebestrahlung des Gewebes Anwendung. Von den zahlreichen Bauarten dieser auch als „hot flue“ (Heißlüfter) bezeichneten Trockner befinden sich in Fig. 146 einige kennzeichnende Beispiele.

Auch in der Länge ungespannt, also in loser Aufhängung, wird das Gewebe nach dem Bilde *a* durch einen am Boden mit Heizrohrlage versehenen Kanal entsprechend Fig. 139, bei *a*, geführt. Die Tragstäbe der Gewebeschleifen liegen auf Gelenkketten *k* oder sind bei endlosem Lauf gemäß Fig. 139, bei *c*, an solchen befestigt, und das Gewebe wird immer zwischen die Stäbe eingeführt, wie die Fig. 104 im Bilde *c* zeigt. Die Warmluft steigt von den Heizrohren an den Innenschleifen des Gewebes in die Höhe und muß dasselbe durchdringen, das Gewebe muß also luftdurchlässig sein.

Bei wagerechter Hin- und Herführung des Gewebes findet nach dem Bilde *b*, wie rechts gezeigt ist, eine Ausnützung strah-

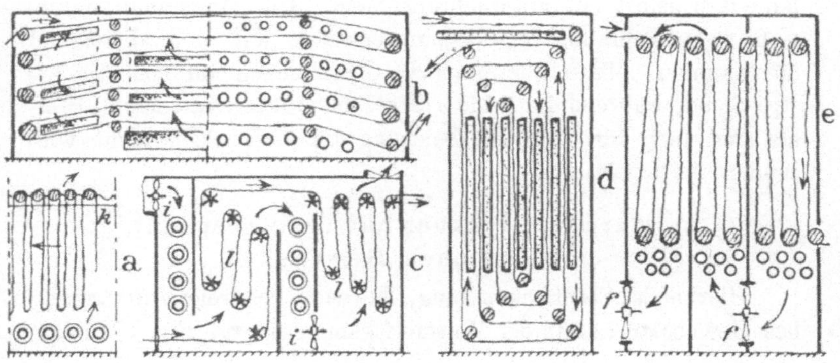

Fig. 146. Trockner mit freiem Gewebelauf.

lender Wärme durch Anordnung von Heizrohren in den Laufschleifen, und, wie links ersichtlich, eine Zuführung außerhalb erzeugter Heißluft in die äußeren Laufschleifen statt, während die feuchtgewordene durch das Gewebe gedrungene Luft in den inneren Laufschleifen abgesaugt wird.

Absetzende Durchlüftung der Ware mit Nacherwärmung gemäß dem Trockner Fig. 137 wird nach dem Bilde *c* auch bei Geweben angewendet, namentlich bei höheren Wärmegraden, wie zum Entkohlen nötig. Zwischen den Durchlüftungskammern *l* liegen die Heizkammern *i*, und werden diese abwechselnd von dem durch einen treibenden und saugenden Flügel hervorgebrachten Luftstrom durchzogen.

Beim Eintrocknen von gedruckten Farbstellen ist ein rasches Trocknen erforderlich und eine Gewebeführung, welche ein Verwischen dieser noch feuchten Farbflecke vermeidet. Hierzu wird die Gewebeführung in einer Kehrspirale nach Fig. 88 bei *d* gewählt und, wie das Bild *d* der vorliegenden Fig. 146 zeigt, in dieser flache Dampfkästen angebracht, über welche ganz nahe laufend, wenn auch nicht unmittelbar berührend, das Gewebe hinwegzieht. Beim noch immer erfolgenden Spirallauf wird die Druckseite von Leitwalzen nicht berührt, erst nach dem einem Verwischen vorbeugenden Vortrocknen ist dies beim Auslauf der Spirale der Fall.

Eine Abänderung des Bildes *c* findet sich im Trockner Bild *e*, bei welchem die Nachheizrohre der Warmluft in den Gewebelaufkammern selbst mit untergebracht sind. Die Trockenluft durchzieht, von Schraubenflügeln *f* unterstützt, auf- und absteigend die Kammern, dabei allerdings die Gewebebahn nur einseitig bestreichend, während im Bilde *c* dieses beidseitig stattfindet. Hierbei sind auch für volle Bestreichung die Leitwalzen nicht voll, sondern leistenartig.

c) Warmlufttrockner mit breit gespannt gehaltenem Gewebe.

Hierbei ist Stückbehandlung, die auch bei freier Aufhängung des Gewebestückes in der Warmluftkammer (vergl. Fig. 136 links)

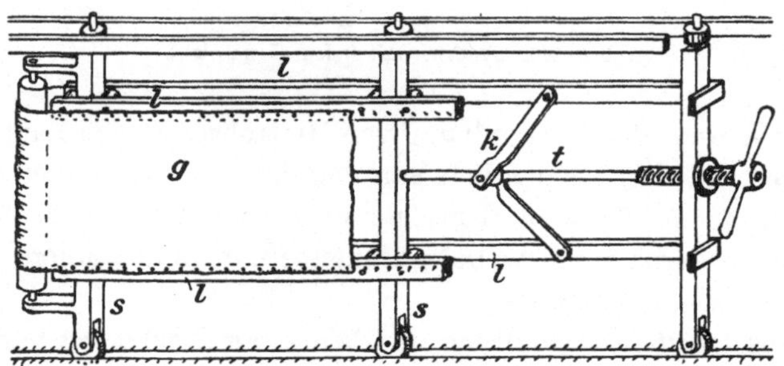

Fig. 147. Fahrbarer Gewebespannrahmen für Stücktrocknung.

möglich ist, zu beachten, weil dabei die heiße Kammer selbst nicht betreten zu werden braucht. Nach Fig. 147 wird das Gewebestück *g* beidseitig an einen fahrbaren Rahmen „angeschlagen“, indem die Ränder auf die Nadeln der an den Säulen *s* senkrecht stellbaren Leisten *l* angeheftet werden. Diese Leisten sind durch Kniehebel *k* verbunden und, wenn die Gelenke aller dieser Kniehebel gemeinschaftlich von einer mit Gewindehebel anzuziehenden Stange *t* verschoben werden, gehen die Nadelleisten *l* auseinander und spannen das Gewebe breit, das dann nach Einfahren des ganzen Spannrahmens in den Warmluftraum so verbleibt (vergl. auch Fig. 136 rechts). Das Gewebe legt sich am Ende des fahrbaren Rahmens um eine Walze *w* zur Bildung der anzunadelnden Schleife.

Bei den Maschinen zum Trocknen breit gespannt zu haltender Ware, den Spann-, Rahm- und Trockenmaschinen, werden

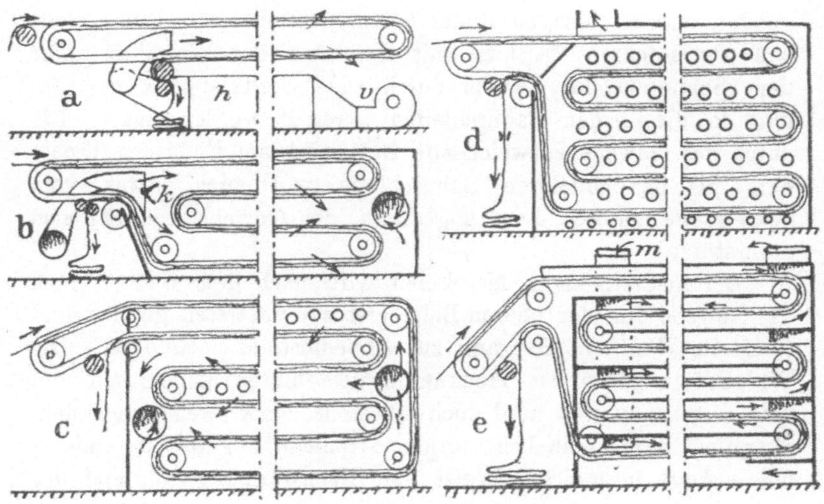

Fig. 148. Gewebe-Spann-, -Rahm- und Trockenmaschinen.

Kluppen- oder Nadelketten, letztere bei dickeren Wollgeweben, in senkrechtem Lauf benutzt. Die Führung der Ketten ist zur verschiedenen Darbietung der Ware an die Wärmequelle, bei deren Einbau zur Anstrahlung, und die eingeführte Warmluft verschieden, und zeigt Fig. 148 einige der sich ergebenden Maschinen. Die einfachste Bauart ist die des Bildes *a* mit geschlossenem geradem Kettenlauf in einem Hin- und Rückgang, der als Stock (Etage) benannt wird, und spricht man deshalb von einstöckiger Maschine. Entsprechend der Trockendauer und dem nötigen langen Gewebelauf wird die Maschine sehr lang, und man unterscheidet in der Länge Felder, die durch das Vorhandensein einer Verstellung (vergl. Fig. 142 bei *c*) bestimmt werden, und spricht bei den Maschinen von der Zahl der Stöcke und Felder. Zuerst kommt dabei mit dem schrägen Auseinandergang der Ketten zum Breitspannen des Gewebes das Spannfeld, dann die Trockenfelder, von denen sich unter dem Spannfeld, weil bei dem Nachlassen der Ketten infolge des schrägen Rücklaufes die Ware abgeschlagen wird, keines findet. Bei der Warenabnahme von den Ketten wird die im Heizkessel *h* erzeugte Warmluft vom Schleuderflügel *v* eingeblasen, die durch das Gewebe ihren Austritt suchen muß.

Zur Verkürzung der Maschine wird dieselbe mehrstöckig gebaut, wie die übrigen Bilder *b* bis *e* zeigen. Das Bild *b* stellt eine zweistöckige Maschine mit Einblasen der Warmluft unter dem Spannfeld dar, wobei durch eine Stellklappe *k* der Zutritt in die beiden Bahnschleifen geregelt werden kann. Die durch das Gewebe entweichende Luft wird am Ende des Trockners aus der mittleren Bahnschleife und auch etwas vom oberen und unteren Lauf abgesaugt, der Gewebedurchtritt also unterstützt.

Bei mehrstöckigen Maschinen wird nach dem Bilde *c* auch das Gewebe von der oberen Bahn erst zur untersten geführt und steigt im Hin- und Hergang zur Abnehmstelle nach oben. Die Warmluft wird in das Trocknergehäuse hinten eingeblasen und vorn abgesaugt, und wird auch einesteils das Gewebe nach dem Spannfeld durch eine Heizrohrlage strahlend angewärmt, anderntei1s erfolgt in gleicher Weise eine Nachwärmung während des Laufes.

Für dicke sogen. schwere Gewebe werden mehrstöckige Maschinen mit strahlender Erwärmung durch in den Gewebelauf eingebaute Heizschlangen, wie das Bild *d* zeigt, gebaut und es wird auch nach dem Vorbilde *d* der Fig. 140 ein Luftgegenstrom durch Leitwände zwischen der Gewebebahn erzeugt, was das Bild *e* darstellt. In den einzelnen Stöcken wird vorn die Luft aus einem gemeinschaftlichen Zuführkanal *m* eingeblasen und hinten, nachdem sie an dem Gewebe entlang gestrichen ist, bei *n* aus den Laufschleifen abgesaugt. Im untersten und im Hoch-Lauf zur Abnahme kann das heiß gewordene Gewebe abkühlen.

d) Selbsttätige Wareneinführer.

Die Geweberänder verlaufen nicht so gerade geschnitten und gleichmäßig an derselben Stelle, als daß damit ein dauernd sicheres Einführen in die Spannkluppen oder auf die Nadelleisten, an denen das Aufnadeln Rundbürsten besorgen, gesichert wäre. Die Ränder sind vielmehr aus- und eingebogen, die Gewebebahn verläuft sich und wird faltig, so daß die Ränder dauernd für das richtige Erfassen von Hand geleitet werden müssen. Um diese Arbeit zu sparen, wird der sichere Randeinlauf selbsttätig überwacht, und entsprechend werden die Führungswände der Spannketten eingestellt oder die Gewebebahn verzogen. Die Geweberänder werden von Tastern befühlt, deren sich ergebende Stellung die Tätigkeit der vorgenannten Verstellwerke einzuleiten hat.

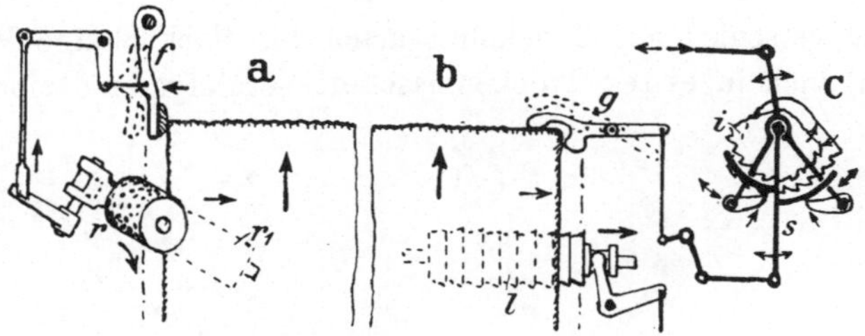

Fig. 149. Einrichtungen zur selbsttätigen Leitung der Geweberänder beim Einführen in die Spannketten.

Die Tasterschwingung, die empfindlich sein muß, läßt eine Rechts- oder Linkssteuerung einrücken, oder bringt einen Elektromagneten zur Wirkung welche den Steuerhebel anzieht. Zur Verdeutlichung dieser Wirkung dient Fig. 149. Wie bei *a* dargestellt ist, legt sich an den laufenden Geweberand ein Fühlhebel oder Taster *f*, dessen Ausschwingen bei Verlaufen des Randes auf einen Winkelhebel übertragen wird, welcher die Sperrung zum Hochhalten einer Breitführungsschrägrolle *r* auslöst. Dieser fällt nieder und auf eine gleichgestellte Gegenrolle r_1, so daß der zwischen den rauhen Rollen gefaßte Geweberand beim Außenverlauf wieder nach innen geführt wird. In gleicher Weise wird eine rund geriefte, sonst vom Gewebe leicht in geradem Lauf mitgenommene Leitwalze *l* (Bild *b*) zur Seite gezogen, wenn der Taster *g* beim Randverlauf einfallen kann, und so das Gewebe am Rand seitlich gezerrt.

Wie bemerkt, können die leichten Taster diese Warenleitbewegungen oder die Verdrehung der Stellschraubenspindeln der Kettenführungen (Fig. 142 *c*) nicht selbst ausführen, und bedient man sich zur Einleitung dieser Vorgänge der sogen. mechanischen oder elektrischen „Relais“. Nach dem Bilde *c* hängt mit dem Taster *g* (Bild *b*) ein Hebel *s* mit Abdeckbogen für die dauernd hin- und hergehenden Klinken der Sperräder *i* zusammen. Bei der Stellung des Tasters für richtigen Gewebelauf kann keine der Klinken in die Zähne ihres Rades eingreifen, schwingt aber der Hebel *s* durch Einfallen des Tasters aus, so verschiebt sich der Deckbogen, eine der beiden Klinken kann arbeiten und eine Sperrung auslösen oder entsprechend ein Wendegetriebe einstellen.

e) Verbundtrockenmaschinen.

Die verschiedenen Trocknungsarten für flachbahnige Waren werden auch in einer Trockenmaschine vereinigt, um einesteils

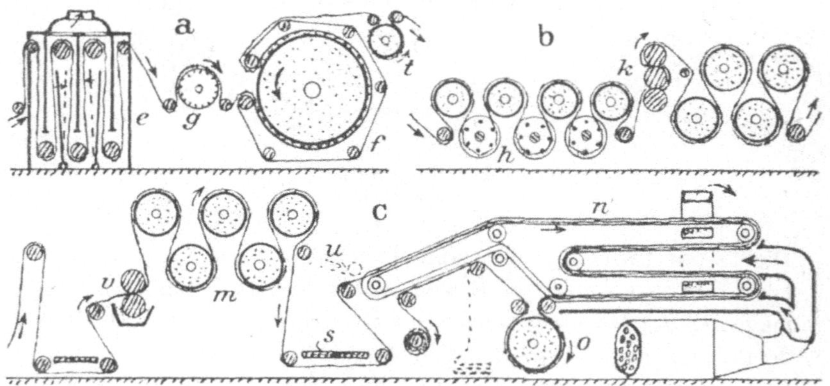

Fig. 150. Verbundtrockenmaschinen.

durch stufenweises Vorgehen den Warenangriff schonender zu machen, anderenteils die Leistungsfähigkeit durch Arbeitsteilung zu steigern. Fig. 150 gibt drei Beispiele solcher Zusammenstellungen.

Der Trockner des Bildes *a* ist eine Vereinigung eines Lufttrockners *e* mit einem Berührungstrockner *f* mit Zwischenschaltung eines Breitspanners *g*. Der Lufttrockner hat in Leitkammern senkrecht ab- und aufsteigenden Gewebelauf und können die Kammerzwischenwände *i* pendeln, um die Warmluft in Bewegung gegen die Ware zu setzen. Die Luft tritt unten zu und nach dem Gewebedurchtrieb oben aus der Kammer. An dem Eintrommeltrockner mit Mitlauftuch ist noch eine kleine Dampftrommel *t* zum Nachtrocknen der Ware vorhanden.

Der Trockner des Bildes *b* besitzt nur Trommeln in einseitiger und beidseitiger Warenberührung mit zwischengeschaltetem, die beim Vortrocknen etwa krumpfende Ware wieder glättendem Kalander *k*. Beim Vortrocknen wird das Gewebe zwischen den Heiztrommeln über offene Haspeltrommeln *h* geführt, so daß die Anwärmung absatzweise erfolgt und dazwischen eine freie Dunstabgabe stattfindet.

Beim Verbundtrockner des Bildes *c* ist ein Trommeltrockner *m* mit einer Spann-, Rahm- und Lufttrockenmaschine *n* vereinigt, an welche sich eine Trommel *o* zum Nachtrocknen anschließt. Vor der Maschine befindet sich eine Tränk- oder Stärkvorrichtung *v*, und bei Vorhandensein eines selbsttätigen Gewebeführers kann das Gewebe, wie punktiert bei *u* angegeben ist, auch sofort vom Trommeltrockner in das Breitspannfeld übergehen, der Bedienungsstand *s* also umgangen werden.

Wie schon im Bilde *c* und in Fig. 140 und 145 bei *f* gezeigt ist, werden die Trockner auch mit Tränkwerken, also Naßbehandlungsmaschinen verbunden und eine solche Verbindung erfolgt auch mit den Waschmaschinen. Dies ist bei Trocknern für loses Gut in laufender Schicht und bei flachbahniger Ware der Fall und es gibt dann vielfach zusammengesetzte, aber auch weniger übersichtlich werdende Maschinen, bei denen die von der Behandlungsdauer bestimmte Durchgangsgeschwindigkeit der einzelnen Abteilungen die gleiche sein muß, was sich selbst bei entsprechender Ausgestaltung nicht immer erreichen läßt. In einzelnen Fällen ist diese Anstellung der Trockner an die selbst wieder als Verbundmaschine sich zeigende Naßbehandlung Zwang, beispielsweise beim Zeugdruck, wo die Stellen der aufgedruckten Farbe gegen Verwischen sofort einzutrocknen sind. Die Druckmaschinen, Fig. 123 und 124, erhalten also Trockenkammern nach Fig. 146 *b* angestellt und zwar für die bedruckte Ware und die Unter- oder Schutztücher getrennt, letztere ohne strahlende Wärmkörper.

Vierter Teil.

Die Trockenbehandlung von Garn.

Die gefärbten und gebleichten Garne, wie auch Rohgarn, bedürfen für ihre Verarbeitung und den Handel einer trockenen Ausrüstungsbehandlung, deren Zweck hauptsächlich die Glätte und der Glanz des Fadens und die Erhöhung seiner Geschmeidigkeit ist. Diese Behandlung erfolgt sowohl in Strähnform, als in ununterbrochenem Lauf.

1. Strähnbehandlung.

a) Bürsten. Die Bearbeitung des Fadens mit Streichbürsten hat die an diesem abstehenden Faserenden in die Fadenlängsrichtung zu legen, also den Faden glatt zu streichen. Dies erfolgt absatzweise durch auf die Fadenlagen sich legende, an diesen entlang bewegte Bürstleisten oder Bürstentrommeln. Die erstere Einrichtung zeigt das Bild *a* der Fig. 151. Die sich auf die Seiten des über Walzen gespannten langsam fortlaufenden Garnsträhnes legenden Bürsten *l* werden von Schiebkurbeln hin- und herbewegt und dabei durch von unrunden Scheiben *o* der Hauptwelle bewegten Lenkern *k* beim Rückgang ausgehoben. Bei der Bürstentrommel werden nach dem Bilde *b* die Strähne über zwei Walzen gespannt und so gegen den Anstrich der mit Leisten besetzten Bürstentrommel gehalten.

b) Dämpfen. Dieses erfolgt in angespanntem Zustande der Fäden und hat z. B. bei Seide den Glanz zu wecken bezw. zu erhöhen, bei Wollgarnen die Faserlagen zu festigen durch Wecken der Krumpfkraft. Die Strähne werden dabei in eine Kammer mit Dampf oder auch Heißlufteinleitung, bei der Einzelbehandlung zum Strecken während der Dampfwirkung auf Walzen, von denen nach dem Bilde *c* die untere durch Spannschraube angezogen wird, gelegt und bleiben einige Zeit der Wirkung ausgesetzt, wobei der Strähn auch umlaufen kann.

c) Mangeln. Das abrollende oder abwälzende Pressen hat dem harten Faden Geschmeidigkeit zu geben und bei Gegenwart von Wärme auch glänzend zu machen. Nach dem Bilde *d* wird der Strähn über zwei laufende Walzen gespannt und legt sich auf die obere, gegebenenfalls heizbare Walze, durch Fußtritt betätigt, eine Druckwalze, die den laufenden Strähn abrollt.

Das Mangeln findet nach dem Bilde *e* auch zwischen drei Walzen statt und die Strähntragwalze liegt dann auf zwei festen, gegebenenfalls heizungsmöglichen Unterwalzen und wird gegen diese mit Gewichtsbelastung gepreßt.

d) Brechen. Gestärktes, geschlichtetes oder sonstwie durch Tränkung steif gewordenes Garn bedarf zum Geschmeidigmachen

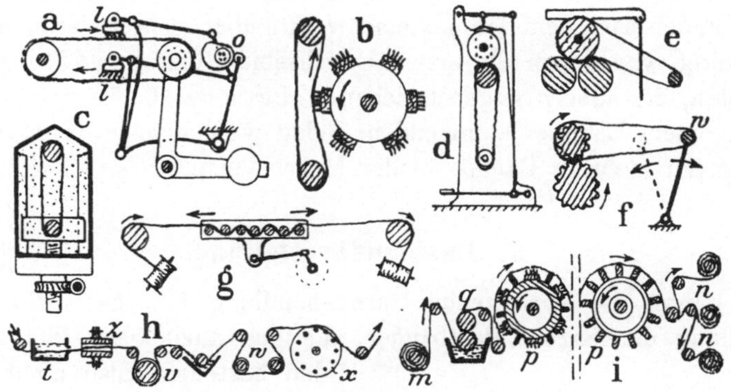

Fig. 151. Bürsten, Dämpfen, Mangeln und Brechen von Garnsträhnen und Glätten von laufenden Fäden.

des Brechens und Schlagens. Hierzu wird nach dem Bilde *f* der Strähn durch ein Riffwalzenpaar gezogen und dabei durch das Ausschwingen der Spannwalze *w* wiederholt in der Länge ausgeschlagen.

2. Behandlung im Fadenlauf.

Diese erfolgt für mehrere laufende Fäden, die von Einzelspulen oder gewickelten (gescherten) Bäumen kommen, gemeinschaftlich, und spricht man dementsprechend von einer Behandlung von Spule zu Spule (Bild *g*) und von Baum zu Baum (Bild *i*). Die Behandlung hat das Fadenglätten zum Zweck, wobei die Faserenden verklebt werden, was bei Näh- und Bindfaden der Fall ist. Bei Seidenfäden genügt ein einfaches Abreiben und werden nach dem Bilde *g* die Fäden durch einen hin- und hergehenden Rechen oder ein Stabgitter im Schlangenweg geführt.

Einrichtungen zum Glätten oder Polieren der Fäden mit vorheriger Tränkung zeigen die Bilder *h* und *i*, ersteres für Bastfaserbindfäden, letzteres für baumwollene Nähzwirne. Bei *h* wird der Faden durch einen Kleistertrog *t* gezogen und der aufgenommene Kleister zwischen gegenseitig schiebenden Brettern *z* eingerieben. Der Faden geht dann etwas gleitend über eine filzbelegte Trommel *v*, zur nochmaligen Tränkung durch einen Trog und zum Glattstreichen über Filzwalzen *w* und eine gegenlaufende Holzstabtrommel *x*. Bei der Maschine des Bildes *i* werden die Fäden nach dem Tränkquetschwerk *q* über mehrere Trommeln *r* geleitet, von denen die erste abwechselnd Bürsten und Holzrundleisten, die andern gegenstreichende Hartholzstäbe besitzen. Die von einem Baum *m* kommenden Fäden werden nach der Behandlung auf mehrere Bäume *n* oder Mehrfadenspulen gewickelt.

3. Bastbandherstellung.

Unter die vorliegende Garnbehandlung fällt auch die Herstellung der sogen. Bastbänder, die aus aneinander klebenden Fäden bestehen, also nicht mit Schußfaden gewebt sind. Es gilt dabei eine dichte Aneinanderlage der laufenden Fäden zu erzielen, die sich mit einfachem Doppeln nicht erzielen läßt. Wie in Fig. 152 veranschaulicht ist, werden kegelförmige und schräggestellte Haspel benützt, auf denen die in Weitstellung auflaufenden Fäden nach und nach aneinanderrutschen, so daß ein enger Ablauf der Fäden erfolgt, welche dann durch einen Kleistertrog und über Trockentrommeln geführt werden um ein haltbares Bändchen, das naturgemäß nur schmal (5 mm) sein, aber dabei Firmenaufdruck usw. erhalten kann. Die Bändchen werden an Stelle von Hanfbindfäden benutzt.

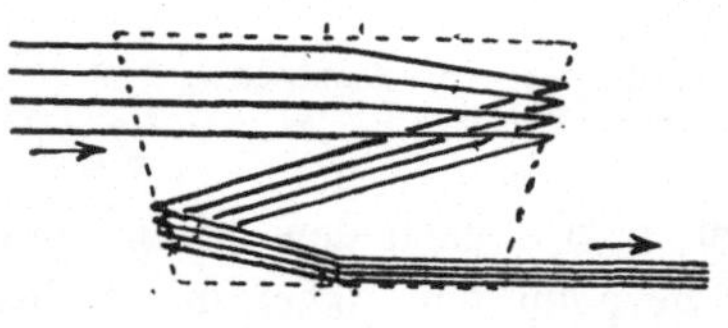

Fig. 152. Haspeln von Fäden zur Bastbandherstellung.

Fünfter Teil.

Die Trockenbehandlung von Geweben und der anderen flachbahnigen Waren.

1. Das Rauhen.

A. Vorbemerkung.

Die Bildung der Haardecke erfolgt durch ein Auszupfen der Faserenden aus den in der Ware gebundenen Fäden und in einem Zerreißen von ausgezogenen Faserschleifen. Das gute Erfassen der Fasern für das Zupfen verlangt ein hakenartiges Werkzeug, wie dies in den Bildern *a* und *b* der Fig. 153 veran-

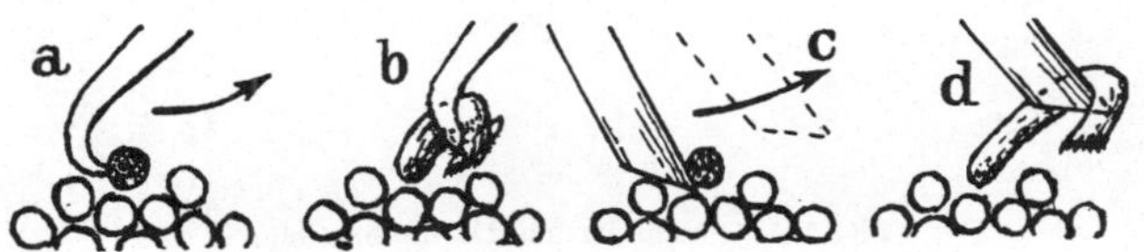

Fig. 153. Arbeitsvorgang des Rauhens.

schaulicht ist. Bei *a* faßt der Haken z. B. unter eine außen am Faden liegende Faser, der im teilweisen Querschnitt gezeichnet ist, und nach *b* wird durch die gebogene Form der Spitze ein Abspringen beim Hochgehen des Hakens verhindert. Wenn nach den Bildern *c* und *d* der Haken durch einen schräg abgeschnittenen Draht ersetzt wird, wie es bei den Kratzwalzen der Fall ist, so wird wohl bei der mehr über den Faden streichenden Bewegung die Faser gefaßt, aber mehr aus ihrer Lage geschoben, ehe ein Anziehen erfolgt, wobei die Faser von der Drahtspitze leicht abgleiten kann. Letztere müßte also etwas hakenartig umgebogen sein, was z. T. auch befolgt wird.

Zur Ausführung dieses Arbeitsvorganges stehen neben den umlaufenden Kratzenwalzen noch die gewachsenen distel- und stechapfelartigen Früchte einer besonderen heimischen Pflanze zur Verfügung, welche Früchte oder Stachelköpfe man ihrem Verwendungszwecke gemäß Rauhkarden nennt. Dieselben haben eine verschieden lange eiförmige Gestalt, besitzen aber an ihren Stacheln hakenförmige Spitzen, die das Faserauszupfen richtig sichern. Die Rauhkarden müssen nun für ihre Benutzung gefaßt d. h. in Fassungen gehalten werden, und sind hierzu verschiedene Arten im Gebrauch, die in Fig. 154 verdeutlicht sind. Zunächst werden die Kardenköpfe zu Stäben zusammengesetzt, indem nach dem Bilde *a* dieselben in Gestellen aneinander gerückt werden, so daß die Stiele zwischen zwei Flacheisen, die Köpfe an einem Hohleisen ihre Fassung finden. Die so erhaltenen Rauhstäbe werden auf Trommeln geschnallt, und stehen die Haken der Karden dann gewissermaßen in deren Umlaufrichtung.

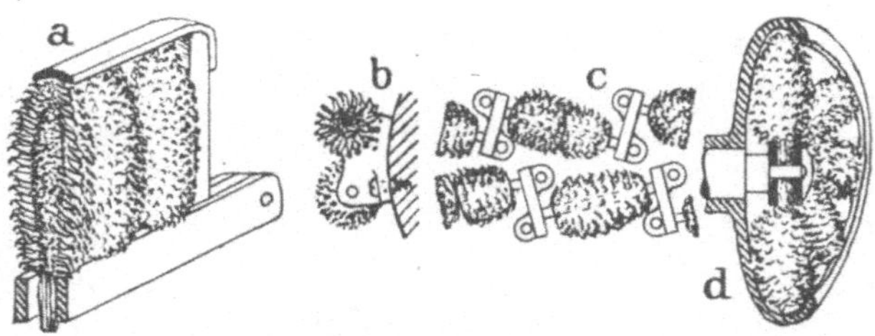

Fig. 154. Fassungsarten der Rauhkarden.

Weiter werden nach Draufsicht und Seitenansicht in den Bildern *b* und *c* die Karden im Kern durchbohrt und auf Spindeln gesteckt, die in Lagern laufen und frei beweglich sind. Diese sog. „rotierenden“ oder rollenden Karden werden mit ihren Lagern auf dem Trommelumfang in schräg zu deren Drehachse stehender Spindelstellung befestigt. Beim Antreffen an die Warenfläche wälzen sich die Karden an dieser ab, wobei durch die Schrägstellung die Häkchen der Karden einen seitlichen Angriff auf die Gewebefläche ausüben. Während also der Rauhstab beim Hinwegführen über das Gewebe in dessen Längsrichtung die Schußfäden angreift, erfolgt dieser Angriff mit den Rollkarden auch auf die Kettfäden.

Schließlich werden die Karden nach dem Bilde *d* auf Tellern oder in Schüsseln sternförmig gesetzt, so daß mit den erhaltenen Rauhscheiben bei deren Drehung die antreffende Gewebefläche nach Fig. 24 einen kreisenden Angriff nach beiden bemerkten

Richtungen erfährt. Neben diesen Kardenformen bestehen als Rauhwerkzeuge noch die Kratzenwalzen, einfach und in Trommelanordnung (vergl. Fig. 21 bei *b* und *c*) und Kratzenleisten (Fig. 28) sowie endlos laufende Kratzentücher (Fig. 30).

B. Rauhmaschinen für Stückware.

Als solche Stückware sind an der Außenfläche aufzurauhen Strümpfe, Handschuhe, andere gestrickte Waren, Kopfkappen usw. Diese auf Formen zu spannenden Stücke werden Rauhtrommeln mit Karden oder Kratzen und Rauhscheiben dargeboten und zeigt eine bezügliche Einrichtung Fig. 155. Der auf harte, besser auf biegsame Form aufgezogene und angespannte Strumpf wird von einem Walzenpaar *a* an die Rauhtrommel *r* geführt und an dieser durch eine rauhe Walze gegen den Angriff der ersteren gehalten. Die Stücke können auch ohne Aufspannung frei an die Rauhtrommel unter Gegenwalzen *c*, wie rechts ersichtlich ist, angeführt und zurückgezogen werden, was wiederholt erfolgt.

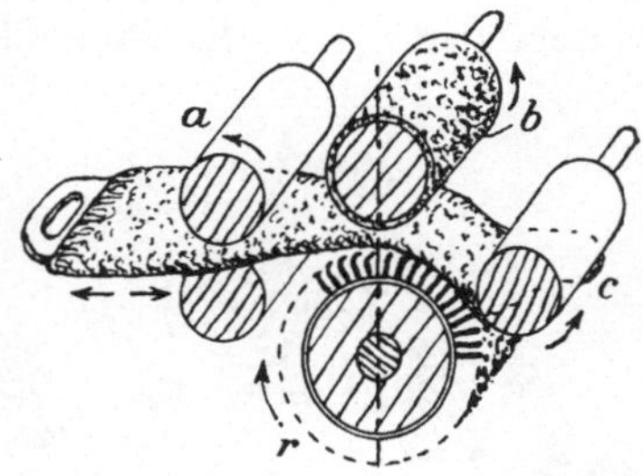

Fig. 155. Rauhvorrichtung für Stückware.

C. Rauhmaschinen mit Zupfwirkung.

Die Zupfwirkung ist absetzend und ergibt einen kräftigen Angriff, welcher die Fäserchen gut aus der Warendecke herausholt. Mit schwingender Kratzenleiste ausgeführt, benutzt diese die im Bild *a* der Fig. 156 dargestellte Rauhmaschine, welche den Warengang zeigt. Das Gewebe geht zuerst zur Anwärmung über eine Dampftrommel *d* und wird dann von einer Wassertrogwalze *w* angenäßt, weil Wärme und Feuchtigkeit die Lockerung und das Lösen der Fasern unterstützen. Auf einem federnd unterstützten hohlen Tische *i* bearbeitet dann die hin- und herschwingende und beim Gang gegen die Ware in diese etwas einstechende, dann hochgehende, beim Rückgang ausgehobene Kratzenleiste *l*, und darauf erfolgt über Spannwalzen die Aufwickelung des gerauhten Gewebes, das langsam unter dem Angriff der Kratzenleiste fortschreitet. Ist dabei die Gewebegeschwindigkeit nur klein, so ist dagegen der rauhende Angriff stark und wird somit die Leistuug des leichten Angriffes bei schnellem Warengang doch erreicht.

Der absetzende Angriff wird nach dem Bilde *b* auch mit Kratzenleistentrommeln durch Anstreichen an dem entgegen und gespannt laufenden Gewebe in gewisser Weise erzielt, wobei durch die Stellung des Gewebelaufes gegen die Trommel der Angriff geregelt wird. Dieser Angriff wirkt, wie schon bemerkt, zupfend auf die Schußfäden, zum Angriff auf die Kettenfäden ist ein seitlicher Angriff auf das laufende Gewebe, das Querrauhen nötig. Bei der Maschine des Bildes *b* erfolgt dies nach dem Längsrauhen mit der Trommel *t*, nachdem das Gewebe über eine Breithalterwalze *o* (vgl. Fig. 26) geführt ist, durch von unrund laufenden

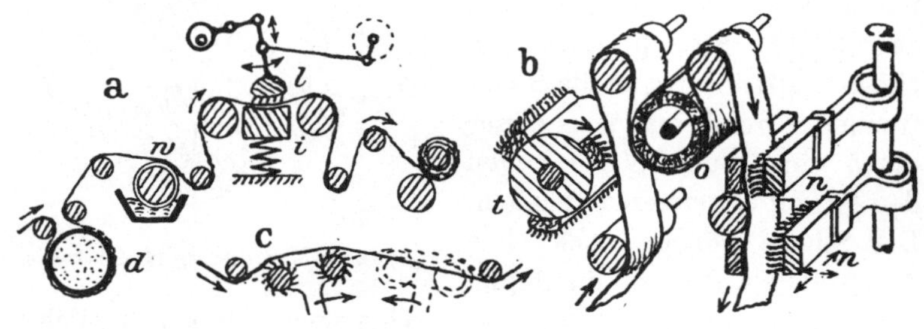

Fig. 156. Rauhmaschinen mit absetzender und Zupfwirkung.

oder Kurbelscheiben in kreisende Bewegung versetzten Kratzenleisten *n*, gegen deren Angriff das Gewebe von hohlen Andruckleisten gehalten wird.

Eine absetzende, aber mehr verstreichende Wirkung üben auch längs der Ware bewegte Kratzenleisten aus, die nach dem Bilde *c* durch Kratzenwalzen *k* gebildet werden. Eine oder zwei dieser Walzen lagern in schwingenden Hebeln und werden bei der Schwingung gegen das langsam laufende Gewebe gegen Drehung festgehalten, so daß die Kratzenzähne das Gewebe in den Schußfäden stark angreifen. Beim Rückgang sind die Kratzenwalzen leicht drehbar und rollen sich an dem Gewebe ab. Es werden aber auch die beiden Kratzenwalzen mit verschieden gerichteten Kratzen beschlagen, so daß auch beim Rückschwingen eine Walze kräftig angreift, beide Walzen also abwechselnd tätig sind.

D. Kardenrauhmaschinen.

In diesen Maschinen ist das tätige Werkzeug eine mit oder gegen den Warengang umlaufende mit Kardenstäben oder Dreh- oder Rollkarden besetzte Trommel, für die es verschiedene Zusammenstellungen mit dem Warengang gibt, die im wesentlichen in Fig. 157 dargestellt sind. Die einfachste Anordnung gibt das Bild *a*. Zwischen zwei Wickelbäumen *u* und *v* liegt in der Senkrechten die mit Kardenstäben oder Rollkarden besetzte Rauhtrommel, und das Gewebe wird abwechselnd von den Bäumen

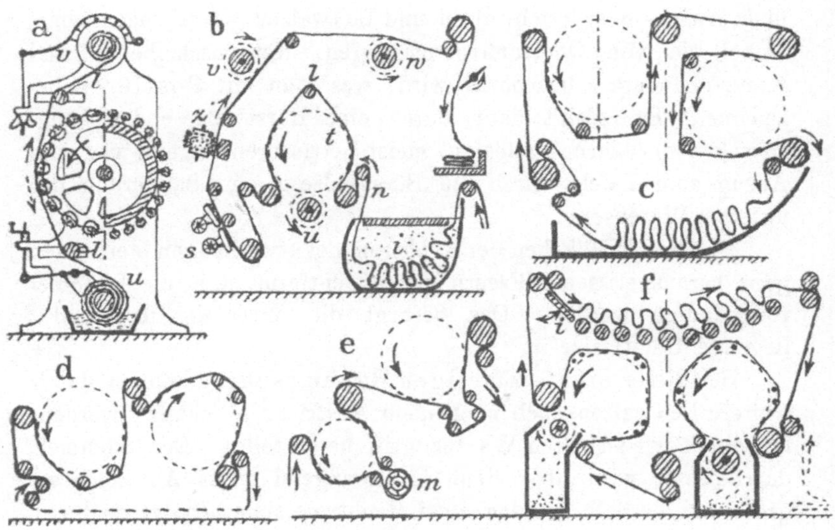

Fig. 157. Einfache und Doppelrauhmaschinen mit Karden.

auf- und abgewickelt, wobei dasselbe, von Leitwalzen *l* gehalten, in Berührung mit den umlaufenden Kardenhäkchen kommt. Das Gewebe wird von der Rauhtrommel angestrichen und die Weite dieses Anstriches oder der vom Gewebe umspannte Teil an der Trommel wird durch die wagrechte Verstellung der Leitwalzen *l* geregelt. Bei dem wechselnden Gewebelauf findet ein Angriff nach gleicher oder entgegengesetzter Richtung statt, was als Rauhen mit und gegen den Strich bezeichnet wird. Bei einer Kardenstabtrommel, die nur ein Längsrauhen ergibt, spricht man deshalb auch von einer Verstreichmaschine. Beim wechselnden Warenabzug wird zur Erzielung der richtigen Warenspannung der vom Antrieb gelöste Baum entsprechend gebremst und für das Naßrauhen liegt der untere Baum in einem Wassertrog zum Nässen des Gewebes.

Diese einfache Rauhmaschine besitzt nur eine Warenangriffstelle, d. h. einen Anstrich, das Gewebe wird aber auch so um die Trommel geleitet, daß mehr Anstriche entstehen. So zeigt das Bild *b* eine Maschine mit zwei Anstrichen. Die Ware geht erst zu genügender Sättigung in loser Faltung durch einen Dampfkasten *i* und über die Anzugwalze *n* an der Rauhtrommel *t* über eine darüber liegende Leitwalze *l* zum zweiten Anstrich nach unten über Anzug- oder Triebwalzen und Leitwalzen wieder nach oben, wobei sie von Querrauhvorrichtungen, Kardenscheiben *s* und Kratzenbändern *z* bearbeitet wird, was man mit Postieren bezeichnet. Es erfolgt dann durch eine Bürstwalze *v* das Längstreichen der hierbei gelösten, meist Kettfaserenden und vor dem Abzug zum Täfeln durch die Bürstwalze *w* eine Säuberung der unteren Warenseite.

Die an den Häkchen der Rauhtrommel etwa hängen bleibenden ganz herausgerissenen Fasern müssen entfernt, d. h. die Trommel reingehalten werden. Das besorgt die unter der Trommel *t* liegende Bürstwalze *u*.

Bei dieser eintrommeligen Rauhmaschine können durch weitere Leitwalzen auch noch mehr Anstriche geschaffen werden, um einen wiederholten Warenangriff herzustellen. Der Trommeldurchmesser wird aber dann für genügend weite Anstriche zu groß und deshalb werden zwei Rauhtrommeln benutzt und auf diesen die erforderlichen Anstriche verteilt. Einen solchen Warengang an einer zweitrommeligen oder Doppelrauhmaschine zeigt das Bild *c* an der ersten Trommel mit zwei senkrecht liegenden und durch wagrechte Verstellung von zwei unteren Leitwalzen regelbaren Anstrichen, an der zweiten Trommel mit zwei wagrechten und einem senkrechten Anstrich. Auch beim Rauhen wird zur wiederholten Bearbeitung die Ware endlos gemacht und lagert sich nach dem Durchgang faltig in einer Mulde, wie bei den Waschmaschinen (Fig. 82 und 86). Die Rauhtrommeln laufen in gleicher oder verschiedener Richtung.

Um auf einer solchen Maschine beide Warenseiten im Durchgang zu rauhen, wird das Gewebe nach dem Bilde *d* entsprechend auf der Unter- und Oberseite der Trommeln geleitet und, wenn man die Rauhtrommeln übersichtlicher haben will, werden nach *e* dieselben stufenartig übereinander angeordnet. Um das beim Rauhen sich etwa faltig ziehende Gewebe wieder glatt zu bringen, werden auch zwischen den Anstrichen Breithalterwalzen *m* angeordnet, wie auch zur Veränderung der Anstrichlänge die Leitwalzen selbst verschieden zusammengestellt werden, so daß zwischen festen Walzen die stellbaren zu liegen kommen.

Bei den bisher betrachteten Arbeitsbildern der Doppelrauhmaschine ist zu beachten, daß sich lösende Fasern innerhalb des Warenganges verbleiben, auf den Warenrücklauf auch abfallen, und unterhalb die Rauhtrommeln zur Anbringung der Reinhaltungs-bürste, von der die Fasern frei abzufallen haben, bezw. auszuwerfen sind, nicht freiliegen. Deshalb werden Anordnungen nach dem Bilde *f* getroffen. Die Trommeln besitzen hier vier Anstriche und je eine in einem Fangkasten umlaufende Reinigungsbürstwalze. Der Warenrückgang findet oberhalb der Rauhtrommeln über Laufwalzen statt, auf welche das Gewebe durch eine schwingende Tafel *i* gefaltet wird.

E. Kratzenrauhmaschinen.

Die rauhende Wirkung der Kratzenwalzen ist schon früher bei Fig. 126 beschrieben. Die Walzen werden trommelartig bis zu 36 Stück in zwei Scheiben gelagert und bildet die Lagerung selbst einen Gegenstand bildenden Schaffens. Die Walzentrommel wird von dem Gewebelauf umspannt, früher anstrichweise, wie in Fig. 158 links unten dargestellt ist, oder mit Unterbrechung durch Schleifenführung über Breithalterwalzen, wie links oben gezeigt ist, neuerdings allgemeiner in voller Umführung, so daß an der Trommel an der unten offen gelassenen Umfangstelle nur Platz für Bürsten *a* und *b* zur Reinhaltung der Kratzenwalzen bleibt. Das Gewebe wird bei Einleitung in die Maschine von einer Dampftrommel *t* angewärmt und von der Abzugwalze *w* an der anderen Trommelseite in die Höhe und zur abfallenden Faltung geleitet. Der Gewebelauf wird unterstützt durch die Rauhtrommel, die mit demselben gleichgerichtet umläuft.

Die Arbeit der Kratzenwalzen wird durch Abrollung an umspannende Bänder und Riemen *c* und *d* oder Reibungshohlscheiben von Scheiben auf denselben, die in Fig. 158 aber der Verdeutlichung wegen von verschiedenem Durchmesser gezeichnet sind, geregelt, indem diese Abrollflächen selbst eine Bewegung erhalten, so daß die Kratzenwalzen bei ihrem Umlauf eine vor- oder nacheilende Geschwindigkeit annehmen. Der Angriff der Kratzenzähne auf die Fasern wird also hart oder sanft gestellt. Dies bezieht sich auf die Walzen, deren Zähne die Gewebefläche gewissermaßen anreißen und die mit dem Strich arbeiten, weshalb man diese auch Strichwalzen nennt und die anderen Walzen mit abstehenden Kratzenzähnen Gegenstrichwalzen, die gewöhnlich mit ersteren abwechseln und deren Zähne sich dem

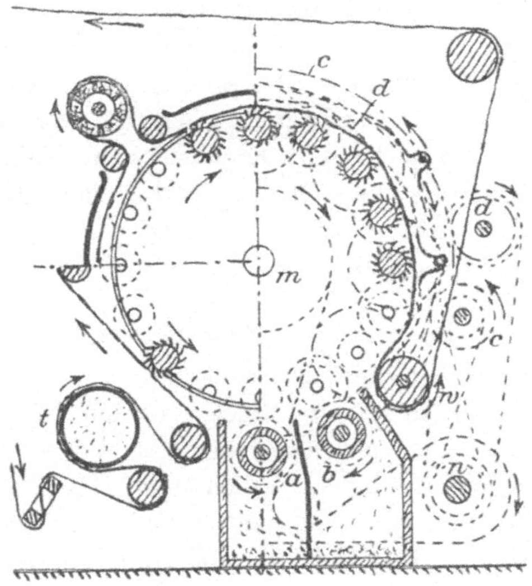

Fig. 158. Kratzenwalzenrauhmaschine.

Gewebelauf entgegenstellen, wobei die Abrollung der Walzen gegen das Gewebe durch ihre bewegliche oder veränderliche Rückhaltung diesen Angriff regelt. Der Trieb der Abrollflächen der in Fig. 158 gezeichneten Bänder erfolgt von der Trommelachse m auf Vorgelegewellen n und von diesen mit Stufenscheiben oder Riemenkegeln und somit für die verschiedenen Unterschiede gegen die Gewebegeschwindigkeit einstellbar auf die Triebräder c und d von Radkränzen, welche die Riemen mitnehmen. Dabei ist die Warengeschwindigkeit selbst durch den veränderlichen Trieb der Walze w verschieden einzustellen.

Die Kratzenwalzen rauhen nur längs und ein seitlicher Angriff auf die Kettfädenlagen würde durch seitliches Hin- und Herschieben der Walzen oder der ganzen Trommel, was versucht wird, stattfinden.

Der vielfache Angriff bei den mit einer großen Zahl Walzen arbeitenden Maschinen gibt durch Abreißen von Fäserchen Staub, weshalb die ganze Trommel über dem Gewebelauf abgedeckt und der Staub aus dem gebildeten Gehäuse abgesaugt wird.

Die Wirkung der Karden und Kratzen für das Rauhen ist eine verschiedene; sie in einer Maschine zu verbinden, wird ausgeführt, indem bei einer Doppelrauhmaschine nach Fig. 157 die erste Trommel mit Kratzenwalzen, die zweite, welche den Endstrich zu geben hat, mit Kardenstäben besetzt wird.

F. Rauhmaschinen mit stillstehenden Werkzeugen.

Bei den bisher betrachteten Rauhmaschinen ist das Werkzeug bewegend tätig. Es gibt aber auch Rauhmaschinen, wo dem Gewebelauf allein die Bewegungsarbeit überlassen ist, wo das Werkzeug, die Karden oder Kratzen, stillstehen. Ein Beispiel hierfür gibt Fig. 159, wo über an festen Tafeln stehende Rollkarden *k* das Gewebe hinweg geführt wird. Das Bild zeigt nur einen der mehrfach hintereinander folgenden Schleifenwege der Ware, welche dabei durch Leistenwalzen *t* bereitgehalten wird. Es findet durch die schrägstehenden Karden ein stark seitliches Rauhen oder Postieren statt.

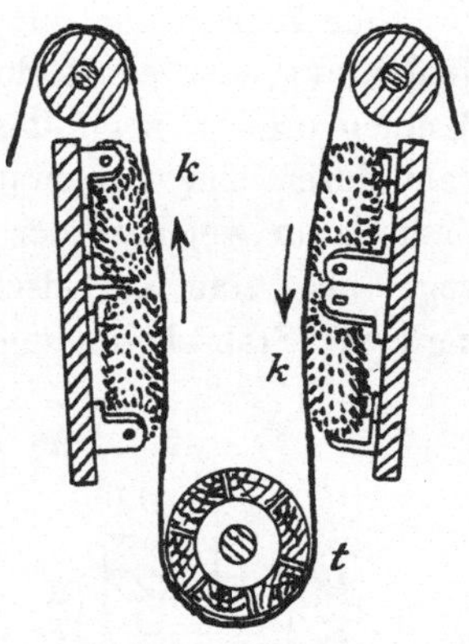

Fig. 159. Rauhmaschine mit feststehenden Rollkarden.

2. Das Klopfen.

Für die Lockerung und Lösung der Faserenden der durch Rauhen erzeugten Haardecke ist bei naß gerauhten wollenen Waren und langfaseriger Haardecke ein Klopfen oder Schlagen nötig, welches auf der anderen Seite des Gewebes stattfindet und durch dessen Erschütterung die Faserenden zum Abstreben bringt.

Das Klopfen findet auch sonst zur Warenreinigung nach dem Sengen, zum Austreiben von Faserstaub nach dem Rauhen, zur Beseitigung von Walkquetschfalten usw. statt und bei senkrechtem oder wagerechtem Warenlauf. Ersteres zeigt das Bild *a* von Fig. 160, wo eine Reihe schwingender Stäbe *s* nacheinander bei ihrem Niedergang an das Gewebe trifft. Die Stäbe sind an beiden Geweberandseiten angeordnet und wird das Gewebe nach dem Klopfen beidseitig durch Walzen *u* abgebürstet.

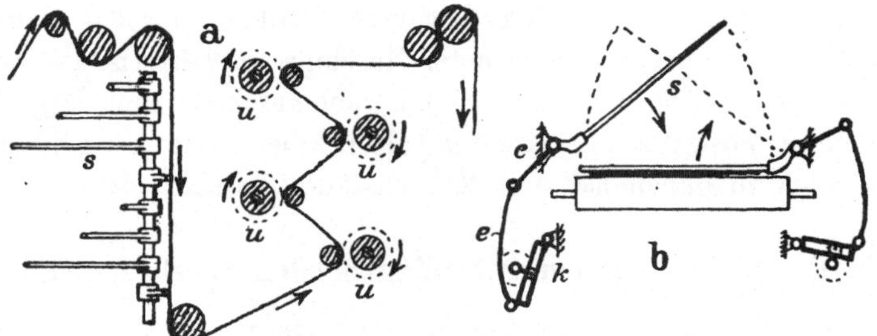

Fig. 160. Gewebe-Klopf- oder Schlagmaschinen.

Eine Einrichtung zur zwangsweisen Bewegung der Stäbe zum Niedergang, der sonst durch Federn nach dem Ausheben durch Daumen erfolgt, zeigt das Bild *b*. Der Gegenarm *c* des Stabes *s* steht durch eine Lenkstange *e* mit einem Schlitzhebel *k* in Verbindung, in welchem der Gleitklotz eines Kurbelzapfens sich bewegt, also eine Kurbelschleife gebildet wird, welche die nötige ungleiche Stabschwingung bewirkt.

3. Das Flocken (Ratinieren).

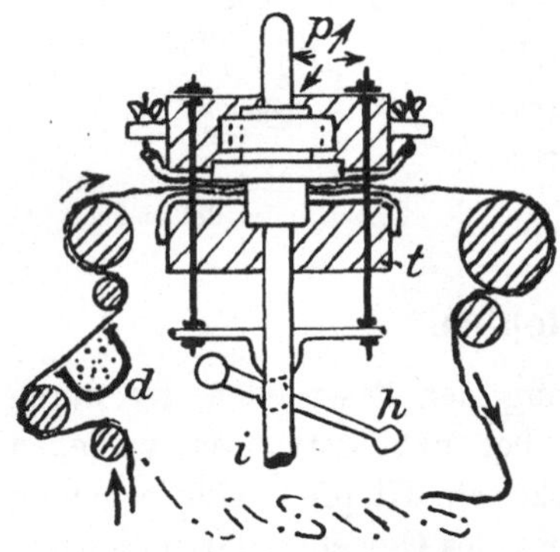

Fig. 161. Maschine zum Flocken der Haardecke von Geweben.

Das Stauchen der Haardecke zur Erzeugung des flockigen Aussehens wird durch eine Bearbeitung mit allseitig bewegter rauher Platte hervorgebracht. Diese Platte *p* (Fig. 161) erhält für die Auflage an der Haardecke des Gewebes einen Bezug aufgespannt, an dem die Fasern haften, und wird bei freier Lage von unrunden Scheiben auf stehenden Wellen *i*, die von Bügeln an den Stirnseiten der Platte umfaßt werden, hin und her und vor und zurück, also ungleich kreisend bewegt. Das erzeugte Muster hängt von der Größe und dem Zusammenwirken der zwei Bewegungsrichtungen, von der Warengeschwindigkeit, wie auch von der Art des Bezuges der Reibplatte ab. Die Ware wird vor der Bearbeitung über einer Dampfrinne *d* angefeuchtet und angewärmt und das Ausheben der Platte *p* von dem festen Untertisch *t* durch den Handhebel *h* bewirkt.

4. Das Schleifen.

Beim Rauhen wird die Haardecke durch das Herauszupfen der Faserenden und ein Zerreißen von angezogenen Fasern erzielt, beim Schleifen werden die an der Gewebefläche, also außen

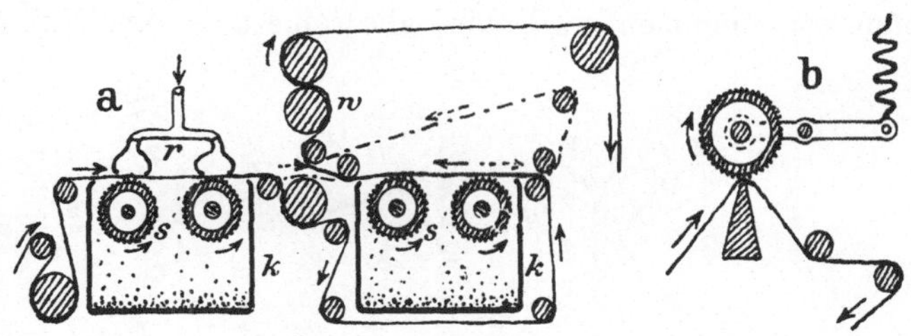

Fig. 162. Gewebeschleifmaschinen mit Walzenbearbeitung.

liegenden Fasern durchschnitten, so daß kurze Faserenden entstehen und die Haardecke keinen Strich, vielmehr ein wirres wirrfaseriges, wolliges Aussehen erhält. Das Fäserchendurchschneiden vermitteln Walzen, die mit feinen Glassplittern, Schmirgel (daher die Bezeichnung „Schleifen“) u. dergl. besetzt sind und an welchen das Gewebe vorbei geführt wird, wobei aber nur eine leichte Berührung, kein fester Andruck durch Umfassung stattfinden darf. Eine Schleifmaschine mit mehreren Walzen für ein- und beidseitige Gewebeflächenbearbeitung zeigt das Bild *a* der Fig. 162. Das Gewebe wird über die in zwei Staubkästen *k* umlaufenden Schleifwalzen *s* entweder in einem geraden Durchzug für einseitige Bearbeitung, oder für doppelseitige um den zweiten Kasten *k* herum und zurück zu der in der Mitte liegenden Abzugwalze *w* geführt.

Die losere und nachgibigere Anlage des Gewebes an den Schleifwalzen, welche auch seitlich hin- und hergehen, wird auch durch Preßluftgegenkissen in Rinnen *r* vermittelt, andererseits durch federnden Ausgleich des Gewichtes der Schleifwalze, was das Bild *b* veranschaulicht, wobei die Ware zur scharfen Darbietung über eine Leistenkante geführt wird.

Es gibt nun auch Gewebeschleifmaschinen mit flachen Schmirgeltellern nach Fig. 29, bei denen durch das allseitige d. h. nach allen Richtungen erfolgende Faserzerschneiden das wollige Aussehen der erzeugten Haardecke noch erhöht werden kann, und findet sich diese Schleifart mit der andern auch in einer Maschine vereinigt.

5. Das Bürsten.

Diese Arbeit, die, wie gezeigt, schon beim Rauhen und Klopfen vorgenommen wird, wird aber einesteils zum Glattlegen

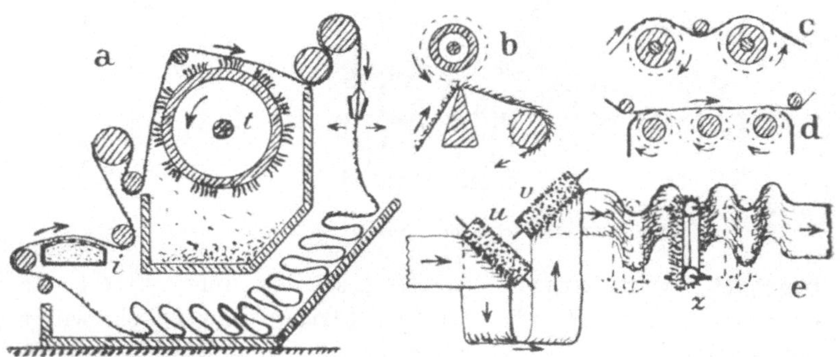

Fig. 163. Gewebebürstmaschinen für Strich- und Samtware.

der Fäserchen der Haardecke, anderenteils zum Aufrichten derselben für das Scheren auf besonderen Maschinen vorgenommen, deren allgemeine Einrichtungen durch Fig. 163 veranschaulicht werden. Diejenige einer einfachen Verstreich-, also nur längs des Gewebelaufes arbeitenden Maschine zeigt das Bild *a*. Die Ware wird zur Unterstützung des Aufrichtens der Fasern zuerst über einen sogen. Dämpftisch, d. h. einen Kasten *i* mit gelochter Decke, in den feuchter Dampf eintritt, geführt, ehe sie an die Bürsttrommel *t* kommt, die mit zwei Anstrichen und in einem Staubfangkasten arbeitet, worauf die Ware zum wiederholten Bürsten zum Eingang in bekannter Weise zurückgeht.

Bei Waren mit aus Kettfäden geschnittener Haardecke, d. i. Plüsch, ist zu deren Verstreichen ein scharfer Angriff nötig, weshalb die Ware dann der Bürstwalze, die mitunter auch Drahtborsten erhält, über einer kantigen Leiste dargeboten wird, was auch sonst zum tieferen Eingreifen der Borsten also zu kräftigerem Warenangriff nötig wird, wie das Bild *b* der Fig. 160 zeigt. Die Anwendung wiederholten Angriffes durch mehrere Walzen wird nach dem Bilde *c* mit einfach umspannten oder zwei Anstriche gebenden Bürstwalzen ausgeführt, und zum leichten Angriff bei loserer Haardecke wird nach *d* die Ware über mehreren Bürstwalzen in schwache Berührung gebracht.

Zum Aufbürsten von aus Schußfäden geschnittener Haardecke d. i. Schußsamt, ist ein seitlicher Angriff durch Bürsten erforderlich, der auch halbseitig, d. h. schräg über die Warenfläche durch Walzen erfolgt. Für eine solche Samtbürstmaschine zeigt den Warengang mit den Bürstenwerkzeugen das Bild *e*. Der Warenlauf wird zuerst über eine schräge Leiste abgelenkt und über der Ablenkung arbeitet eine Bürstenwalze *u*, nach Tief- und Wagerechtführung erfolgt wieder Ablenkung mit Arbeit der Bürstwalze *v* und nachdem durch die entgegengesetzten Ablenkungen die Ware wieder in geraden Lauf gekommen ist, wird dieselbe von beiden Rändern aus durch endlos laufende Bürstbänder *z* quer bearbeitet, wozu die Ware im Schlangenweg über Walzen geleitet wird, auf deren oberen das Querbürsten stattfindet.

6. Das Scheren.

Zum Vergleichmäßigen der aufgerauhten und aufgeschnittenen Haardecke wird das Gewebe mit derselben den schon in Fig. 23 *c* dargestellten Schneidzeugen dargeboten in zweierlei Richtung.

a) Langschermaschinen.

Hier wird das Gewebe in seinem Lauf unter dem Schneidzeug hinweggeführt und es findet folglich ununterbrochener Arbeitsgang statt. Das ankommende Gewebe unterliegt nach Fig. 164 zuerst einer Reinigung der Unterseite durch die Bürstwalze *h*, um einen ungestörten gleichen Lauf über den sogen. Tisch *t* des Schneidzeuges *s* zu sichern, dann einem Zustreichen der Haardecke durch die Bürstwalze *i*. Der Tisch *t*, der zum Straffscheren als kantige Leiste gebildet ist, ist zwischen zwei Leisten verschiebbar, um bei der verschieden breiten Ware gegen den gewöhnlich stärkeren Rand derselben, die sogen. Leiste eingestellt zu werden, so daß die Leiste auf einer Seite, am Tischende herunterhängend, auf der anderen Seite über das Schneidzeugende ausragend, nicht mit geschert wird. Nach dem Scheren wird das Gewebe von Fäserchenabschnitten, den sogen. Scherhaaren, durch die Bürstwalze *k* gereinigt und von den Abzugwalzen auf einen schrägen Leistenboden in Falten gelegt, auf den das Gewebe abrutscht und von einer Walze *m* mit pendelnder Leitwalze angezogen zu neuer Bearbeitung zurückkehrt.

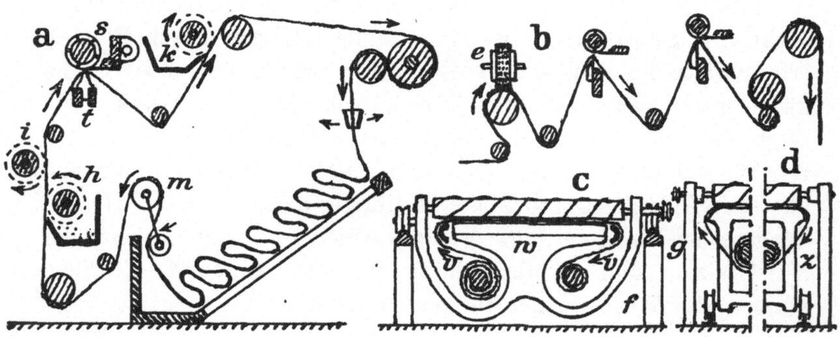

Fig. 164. Längs- und Quirschermaschinen.

Diese wiederholte Bearbeitung findet nach dem Bilde *b* auch in einem Warenlauf durch zwei und mehr Schneidzeuge statt, und zum Aufbürsten der Haardecke werden auch querlaufende Bürstbänder *e* benutzt.

b) Querschermaschinen.

Hier findet, da das Schneidzeug nur für begrenzte Arbeitsbreite ausgeführt werden kann, bei dem Warendurchgang unter dem Schneidzeug ein absetzendes Scheren statt. Es bestehen dabei zwei Bauarten:

1. Das Schneidzeug wird über die ruhende Ware hinweggeführt.

Nach dem Bilde *c* lagert das Schneidzeug in einem Wagen *w*, welcher, die Warenwickelbäume umfassend, auch den festen Untertisch desselben trägt. Das Gewebe wird der Schneidzeugbreite entsprechend von einem Baum ab über die festen Leisten *v*, zwischen denen das Gewebe gespannt dem Schneidzeug geboten wird, auf den anderen Baum gewickelt. Das Schneidzeug geht nach dem Hingang über die Ware immer untätig zurück.

2. Das Schneidzeug liegt fest und unter diesem wird die Ware weggeführt.

Nach dem Bilde *d* wird das Schneidzeug von einem Gestell *g* getragen und unter der so gebildeten Brücke läuft der Wagen *z* mit den Warenwickelbäumen und dem festen Untertisch.

7. Haardeckenmusterung.

Die beschriebene Art der Erzeugung und Behandlung der Haardecke gestattet deren Musterung d. h. nur der teil- und stellenweisen Herausarbeitung. Dies ist beim Rauhen, Bürsten und Scheren der Fall, wenn zwischen dem Gewebe und dem bearbeitenden Werkzeug eine das erstere teilweise abdeckende Musterschablone mitläuft, die aus einem durchbrochenen Blech besteht, das wegen der Musterwiederholung endlos gemacht ist. Dieses Blech drückt die Gewebefläche teilweise nieder, so daß diese an den durchbrochenen Stellen desto mehr hervortritt und dort gerauht, aufgebürstet und ausgeschoren wird.

8. Das Scheuern.

Das die Warenfläche zum besseren Glanz vollkommen säubernde und schabende Scheuern soll möglichst nach allen Richtungen durch bewegte Messer erfolgen, weshalb dazu auch umlaufende Messerscheiben benutzt werden. Allgemeiner ist aber die Arbeit mit längs und quer über das (meist Seiden-) Gewebe bewegten Schabemessern, wie das Fig. 165 veranschaulicht. Die Messer müssen in schräger Stellung über die Warenfläche streichen und für das Längsscheuern sitzen zwei derselben an

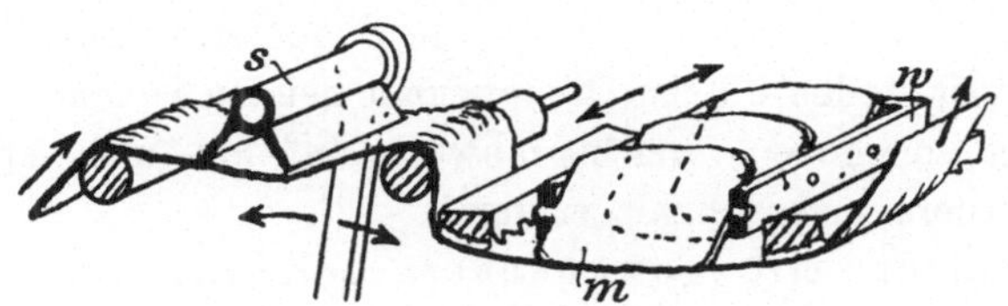

Fig. 165. Scheuermaschine für Seidengewebe u. dgl.

einer Schiene *s* von schwingenden Hebeln, so daß die Messer abwechselnd beim Hin- und Hergang tätig sind.

Zum Querscheuern sitzen die Messer *m* an einem über dem durch Breithalterleisten straff gehaltenen Warengang hin- und hergehenden Wagen *w* und sind zur Umwechselung der Schabekanten doppelseitig und sonst in der Mitte drehbar, so daß sie zum richtigen Schrägstellungsangriff durch entsprechende absetzende Hin- und Herdrehung gebracht werden.

9. Das Brechen.

Zum Geschmeidigmachen durch die eingetrocknete Tränkung zu steif gewordener Gewebe werden drei Mittel benutzt.

1. Knörpelwalzen. Es sind dies mit Knollen beulenartig besetzte Walzen (vgl. Fig. 22), über welche das angespannte Gewebe hinweggeführt wird, das dabei dauernd wechselnd ein- oder durchgedrückt wird. Nach dem Bilde *a* der Fig. 166 werden die Walzen so angeordnet, daß das Gewebe im Schlangenweg über dieselben läuft, und findet, wie links gezeigt ist, die Anordnung der Walzenreihen wagrecht oder nach der rechtseitigen Darstellung zur Platzersparnis in Bogenform statt. Hier ist auch die weit stellbare Leiste *l* zum zunehmenden Spannen des Gewebelaufes angegeben, welcher abwechselnd hin- und hergehend nach Erfordern mehreremale erfolgt.

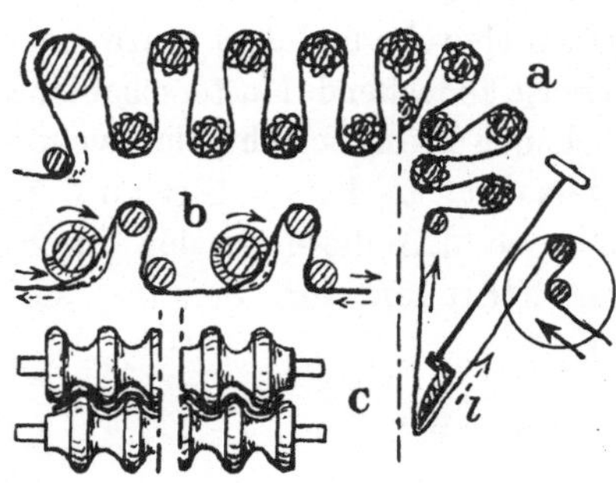

Fig. 166. Brechmaschinen zum Weichmachen steifer Gewebe.

2. Walzen mit gewundenen Leisten. Auch solche (vgl. Fig. 23b) setzen beim Überlauf des Gewebes dasselbe einem veränderlichen stellenweisen Durchdrücken aus. Die Walzen werden nach dem Bilde *b* mehrfach hintereinander angeordnet und umschließt dabei, durch Leitwalzen vermittelt, das Gewebe die Brechwalzen im Viertelkreis.

3. Riffelwalzen. Diese zwingen im Durchgang zwischen Paaren derselben das Gewebe aus der geraden Lage und werden für Längs- und Querbrechung angeordnet. Letzteres zeigt das Bild *c*.

10. Das Anfeuchten.

Das Anfeuchten der Gewebe, das in einem Besprühen mit Wasserstaub besteht, dient auch zum Geschmeidigmachen für das nachfolgende Pressen, Mangeln u. dergl. und wird oft auf Maschinen für andere Arbeitszwecke, also z. B. beim Aufrollen, Aufbäumen oder Wickelbilden vorgenommen. Eine bezügliche Maschine zeigt das Bild *a* der Fig. 167. Das Gewebe wird nach kräftiger Anspannung und Breitstreichen durch Führung über entsprechende Leisten (Fig. 27) durch einen Kasten *k* geleitet, in dem durch Auftreffen von Wasserstrahlen aus Spritzrohren auf dem Boden Wasserstaub erzeugt wird, den das Gewebe ansaugt.

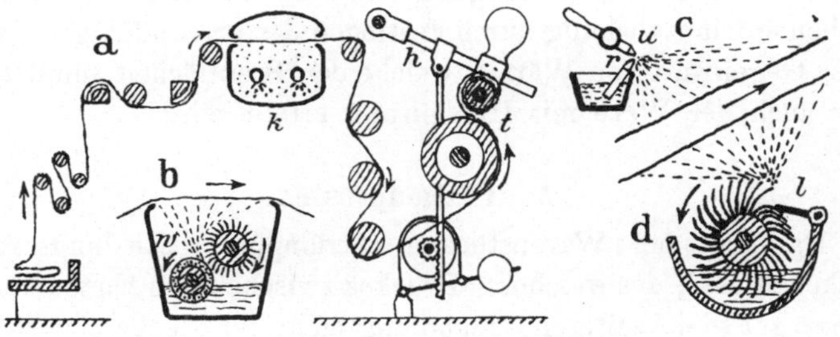

Fig. 167. Anfeuchtvorrichtungen (Wasserzerstäuber) für Gewebe.

Dasselbe läuft dann über Leitwalzen nochmals gespannt auf die Trommel *t*, auf welcher der in seinen stellbaren Lagern an drehbaren Hebeln *h* gehaltene Wickelbaum sich legt. Die Hebel *h* werden für eine starke Andruckauflage des Wickels am Hochgehen gebremst, indem anhängende Zahnstangen eine mit Bandbremse versehene Welle in Drehung bringen wollen.

Für kräftigere Anfeuchtung wird der Gewebelauf angespritzt. Dies erfolgt nach dem Bilde *b* durch eine Tauchwalze *w*, von welcher eine schnellaufende Bürstwalze die Wasserschicht aufnimmt und an das darüber laufende Gewebe ausschleudert.

Die Besprühung erfolgt auch durch Wasserzerstäuber mit Streudüsen, wie dies das Bild *c* zeigt. Die abstellbaren Preßluftdüsen *u* zerstäuben das in Rohren *r* des Wassertroges angesaugte Wasser und werfen den erzeugten Wasserstaub, welcher natürlich tropfenrein sein muß, über das Gewebe aus.

Nach dem Bilde *d* taucht auch eine mit besonders weichen langen Borsten versehene Walze in den Wassertrog und bringt durch Abschnappen der Borsten an einer Gegenleiste *l* das aufgenommene Wasser zum staubförmigen Anschleudern an die Ware.

11. Das Pressen und Glätten.

Wie schon auseinandergesetzt wurde, erfolgt diese Arbeit mit Platten und mit Walzen und man hat darnach ein Flach- und ein Rundpressen. Ersteres setzt die flachbahnige Ware rauhend voraus und ergibt also eine Stückbehandlung, letzteres den ununterbrochenen Warengang. Das Pressen erfolgt zur Glanzerhöhung, zur Erzeugung sog. Hochglanzes, und für bleibende Glanzwirkung durch Festlegen der krumpffähigen Fasern unter Gegenwart von Wärme, welche den Preßflächen unmittelbar, aber auch der Ware mit Hilfsmitteln erteilt wird.

A. Plattenpressen.

Da man bei Warenstücken (Strümpfen, Kleidungssachen, Deckchen usf.), des weicheren Druckes zwischen den harten Platten halber, zur gleichzeitigen Behandlung mehrerer Stücke eine Schichtung derselben vornehmen muß, so geschieht dies auch mit Gewebestücken, die dazu in Schichten gefaltet werden. Da das glättende Pressen eine glatte Druckfläche erfordert, wird diese zwischen den Schichten durch das Einlegen von Platten, den sog. Preßspänen vermittelt, die gewöhnlich aus polierter Hartpappe bestehen. Da bei Benutzung die Oberfläche derselben rauh wird, müssen sie zeitweilig nachgeglättet werden, was auf einem Hohltisch durch einen am Schwinghebel sitzenden Polierstein erfolgt, was auch eine Hilfsmaschine der Ausrüstung darstellt. Beim Zusammenpressen der geschichteten Ware mit den dazwischen liegenden Preßspänen wird die erforderliche Hitze durch ein zeitweiliges Einlegen von Wärmplatten erteilt, wie dies das Bild *c* der Fig. 168 veranschaulicht. Diese Platten *l* werden in besonderen Dampfkammer- oder Feueröfen angewärmt und kommen zwischen besonderen Deckspänen zur Einlage, durch welche und die anderen Späne sich die Wärme an die Ware übertragen muß.

Der auf diese Weise außerhalb der Presse herzustellende Warenballen wird auf einen fahrbaren Tisch *t* (Bild *a*) gesetzt und darauf durch eine mit Handzugschrauben *s* anspannbare Decke schon fest zusammengedrückt. Der Tisch wird dann auf den Tisch *i* der Plattenpresse gefahren, welche meist mit Preßwasser und nach oben, gegen die an Säulen *n* gehaltene Gegenplatte gerichtetem Druck arbeitet. Die bewegliche Preßplatte *i* sitzt auf dem Kolben eines Preßwasserzylinders *y*. Die Pressung hält bei den erkaltenden Wärmplatten, also auch im kalten Druck, an, doch kann auch gegebenenfalls eine bleibende Erwärmung

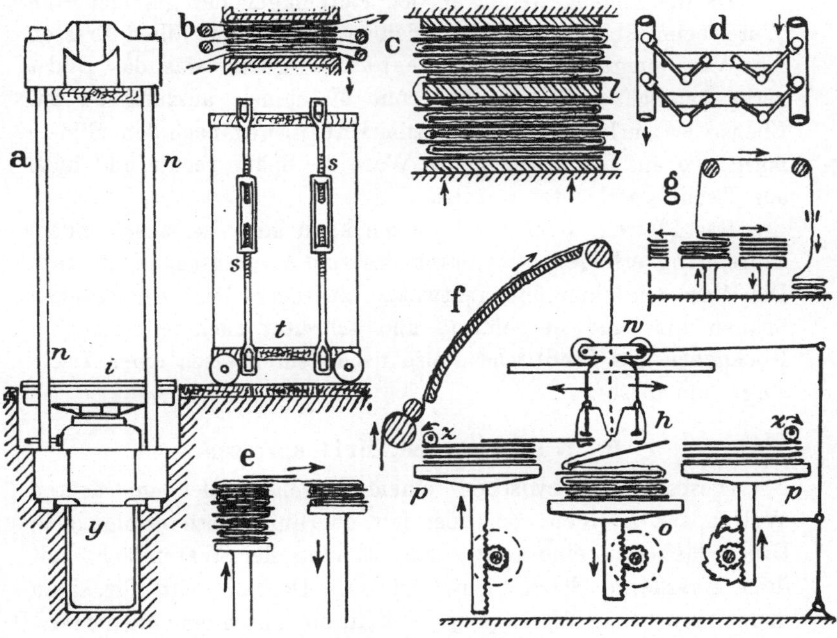

Fig. 168. Plattenpresse mit einschiebbarem Warenblock und Preßwasserdruck, Heizung der Preßplatten, Einspänmaschinen und Vorrichtungen zum Um- und Entspänen.

dieser eingelegten Platten durch Dampf stattfinden, indem durch Hohlkanäle in denselben, durch welche nach dem Bilde *d* der Dampf mit Gelenkrohren ein- und ausgeleitet wird oder durch elektrischen Strom, welcher in der geteilten Platte eingebettete Widerstandsdrähte zum Glühen bringt.

Die Plattenpresse bedarf einer persönlichen Bedienung, die Arbeit des Einlegens der Preßspäne wird dagegen auch mit Maschinen, den Einspänmaschinen, vorgenommen, deren Arbeitsweise durch das Bild *f* veranschaulicht wird. Über einem senkbaren Tisch *o* läuft der auf Schienen hin- und herrollende Wagen *w*, welcher das Gewebe täfelt, wobei Greifer *h* abwechselnd aus den auf hebenden Tischen *p* befindlichen Preßspanschichten den obersten Span wegnehmen und in die Gewebefalte einschieben. Zum leichten Greifen werden die obersten Späne durch unrunde Scheiben *z* erst etwas vorgeschoben, und die senkrechten Tischbewegungen werden durch Sperrgetriebe vermittelt. Das vorkommende Gewebe wird über eine Halbbogenbrücke geführt.

Da die Umbiegestellen an den Faltenlagen der geschichteten Ware beim Pressen drucklos bleiben, muß zum vollen Pressen die Ware umgelegt oder umgespänt werden, was das Bild *e* veranschaulicht und was auch mit Maschinen auszuführen ist. Ebenso ist auch eine Maschine zum Entspänen nach dem Bilde *g* nötig, wo aus der abgezogenen Ware die Späne rechts und links auf Tische geschichtet werden.

Das Platten- oder Flachpressen kann auch bei absetzendem Warengang erfolgen, was durch das Bild *b* veranschaulicht wird. Die Ware wird hier über Leitwalzen zwischen den festgehaltenen Spänen hin- und hergeführt, und schreitet nach jedesmaligem Hochgehen des Preßtisches, also nach dem Pressen einer Tischlänge, um diese vor.

B. Walzenpressen, Muldenpressen.

Dieses kann zwischen einem gegeneinander gedrückten Walzenpaar erfolgen, bei dem nur querlinienweise erfolgendem Druck läßt sich eine Glätte und Ebnung der Warenfläche mit ihrer Haardecke dabei nicht erzielen. Deshalb wird für einen ununterbrochenen Warengang die Führung durch eine Mitnehmerwalze über eine angepreßte glättende Fläche ausgeführt. Dies gibt die Muldenpressen, deren verschiedene Bauarten durch Fig. 169 veranschaulicht werden.

Nach dem Bilde *a* wird die an Gewichtshebeln hängende Walze *w* in die festliegende Mulde gepreßt, welche mit einem blanken Blech, dem Preßspan, der am Eingang bei *f* angehängt ist, ausgelegt wird. Die zur Reinhaltung an der Glanzseite vorgebürstete Ware wird über dem Preßspan unter starkem Andruck und Erwärmung durch die als Dampfkammer ausgebildete Mulde geführt, und fällt dann über einem Abrutschtisch, auf dem ein Abkühlen stattfindet, nach unten.

Für den Durchgang von Verbindungsnahtstellen und sonstige Fälle ist eine schnelle Druckentlastung nötig. Dazu greift die Verbindungstange *i* des oberen Druckhebels mit dem unteren doppelten Gewichtshebel *g* an einer Scheibe mit versetztem Drehpunkt an, so daß bei Verdrehung derselben mit einem Handhebel und Zahnrädern, vom Drehpunkt des Hebels *g* aus, die Preßwalze bei festgehaltenem Hebel *g* ausgehoben wird.

An Stelle des Hebeldruckes wird auch Preßwasserdruck angewendet, der nach dem Bilde *b* durch einen Kolben frei von unten auf die Mulde *m* wirkt und diese gegen die festgelagerte Walze *w* preßt. Diese Walze erhält auch an Stelle des sonst benutzten Schlauchüberzuges ein endloses Mitläufertuch.

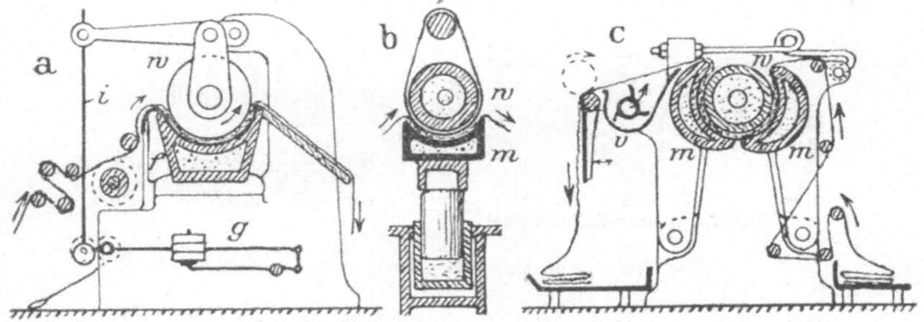

Fig. 169. Muldenpressen.

Die senkrechte Anordnung von Walze und Mulde wird zur Vergrößerung der Preßfläche nach dem Bilde *c* auch wagrecht mit zwei gegeneinander an die Walze *w* drückenden Dampfmulden *m* getroffen, deren geteilte Preßfläche durch den eingelegten glättenden Preßspan verbunden ist. Die Ware wird nach dem Warenpressen, wozu auch die Walze *w* mit Dampf geheizt wird, durch den in einer Rinne umlaufenden Windflügel *v* gekühlt und kommt entweder zur Aufrollung oder täfelnden Faltung.

Die Muldenpressen lassen sich auch für Gewebestücke, Lappen u. dergl. und für schlauchförmige, also doppelt liegende Wirkware benutzen.

C. Andere Pressen für laufende Ware.

Für ununterbrochene Behandlung gibt es auch anders arbeitende Pressen, von denen die wesentlichsten in Fig. 170 zusammengestellt sind.

Für langandauernde leichtere Pressung wird die Ware beim Lauf über Dampftrommeln durch einen Mitläufer-Preßspan angedrückt. Es sind nach dem Bilde *a* zwei dieser Dampftrommeln vorhanden, über welche der endlose metallene Preßspan gelegt ist, in dessen Umlauf der Ab- und Aufwickelbaum der Ware zu liegen kommen.

Zur wiederholten Pressung, also zur Arbeitsteilung, werden nach dem Bilde *b* mehrere einfache Muldenpressen aneinandergestellt, welche die Ware nacheinander durchläuft. Die Ware, welche auch Stücke bilden und feucht sein kann, und beim pressenden Glätten in dieser Mehrmuldenpresse also getrocknet wird, wird mit Hilfe eines endlosen Einführtuches in die Maschine gefahrloser eingeleitet.

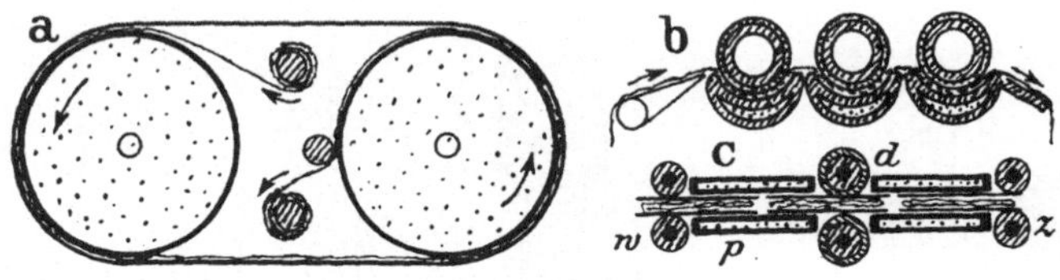

Fig. 170. Span-, Mehrmulden- und Verbundpresse.

Das Bild *c* zeigt eine Verbund-Walzen- und Plattenpresse für Warenstücke (Strümpfe usf.). Diese werden zwischen Preßspäne gelegt und gehen so von dem Walzenpaar *w* eingeführt unter Druck zwischen die Dampfplatten *p*, dann zwischen Preßwalzen *d* und von den Abführwalzen *z* gezogen wieder zwischen Dampfpreßplatten durch.

D. Kalander.

Die Kalander kennzeichnen sich als eine wegen des Andruckes in der Senkrechten erfolgende Zusammenstellung mehrerer Walzen, zwischen deren Berührungstellen das Gewebe beim Walzenumlauf hindurchgeht und dabei eine querlinienmäßige Pressung erleidet, die sich wiederholt und bei gleicher Walzenumfanggeschwindigkeit nur abwälzend wirkt, was als Mattkalandern bezeichnet wird. Zur Glanzerteilung ist ein Gleiten der Preßflächen gegeneinander oder ein Gleiten einer die Glättung vollziehenden polierten Stahlwalze, welche dazu durch Dampf oder Gas geheizt wird, gegen die das Gewebe dagegen haltende Weichwalze nötig. In den mehrwalzigen Kalandern wechselt in den wiederholten Pressungen Matt- und Glanzpressung miteinander ab, in der Walzenreihe wechseln daher Weich- und Glatt- oder Hartwalzen nach Erfordern ab, was zu vielfach verschiedenen Walzenzusammenstellungen führt, von denen einige in Fig. 171 gezeigt sind.

Die hauptsächlichste Zusammenstellung eines Kalanders ist die nach dem Bilde *a* mit drei Walzen, zwei Weichwalzen mit dazwischen liegender Hartwalze, welche die von einem Wickel abgezogene Ware umschlingt, die dann nach Umschlingung der obersten Walze zur Aufrollung gelangt oder auch von Abzugwalzen ab getäfelt wird. Die Ware kann auch zu einmaliger Pressung nur durch die unteren zwei Walzen gehen und nach

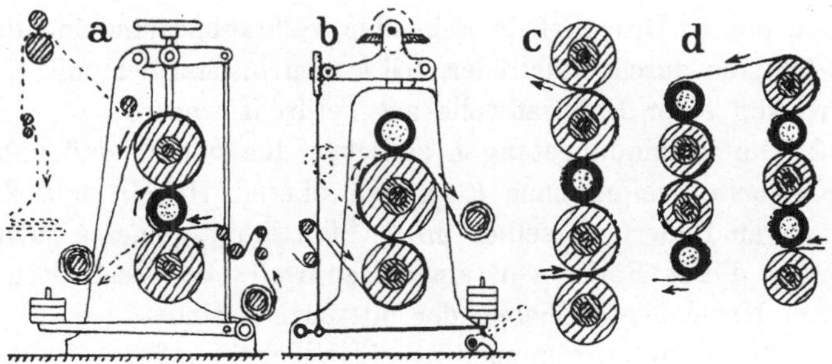

Fig. 171. Kalander mit verschiedenen Walzenzusammenstellungen und Gestellbauarten.

dem Bilde *b* findet durch oberste Lagerung der Hartwalze nach einer vorbereitenden Mattpressung das Glänzen statt. Da sich beim Pressen das Gewebe mitunter etwas längt, wird zwischen den Druckstellen dasselbe auch über stellbare nachgiebig gehaltene Leitwalzen, wie im Bilde *b* punktiert angegeben ist, geleitet.

Die Bilder *c* und *d* zeigen weitere Zusammenstellungen, das erstere einen fünfwalzigen Gleitkalander mit mittlerer Hartwalze, so daß nach der Glättpressung nochmals eine Mattpressung stattfindet. Für Hochglanz liegt zwischen den Weichwalzen, wie auf der rechten Seite des Bildes *d* gezeigt ist, je eine Hartwalze und in diesem Bild ist auch gezeigt, wie durch Aneinderfügung von Walzenreihen und von unten nach oben wechselndem Durchgang derselben die Ware auch beidseitig geglättet wird.

Es gibt nun auch Matt- oder Rollkalander, welche nur, und dann kleinere, Weichwalzen besitzen, von denen bis zu neun

Stück übereinander angeordnet werden, wie es für die Walzenzusammenstellung überhaupt keine Regel gibt und diese der Warenart und dem Ausrüstungszweck entsprechend zu treffen ist.

Die beiden Bilder *a* und *b* zeigen die beiden Arten des Kalandergestelles mit einseitiger, aber zugänglicher Befestigung der Lager an Böcken und mit Gleitlagern in einem Schlitzgestell, wo der Walzendruck also gleichseitig vom Gestell aufgenommen wird. Der Walzenandruck wird durch Gewichte mit doppelter Hebelübersetzung vermittelt. Die nötige schnelle Druckentlastung wird dabei auf verschiedene Weise hervorgebracht, wie andererseits auch die Walzenzusammenstellung bei der wechselnden Gewebedicke:

1. Die Lager der obersten Walzen hängen an, durch Muttern an den oberen Druckhebeln gehenden, Schraubenspindeln, die bei *a* je für sich durch Handräder, bei *b* gemeinschaftlich mit Kegelrädern von einer Handradwelle aus verdreht werden.

2. Die Verbindungstangen zwischen den oberen und unteren Druckhebeln greifen nach *b* an den oberen Hebeln mit Zahnstangen an Rädern derselben an, so daß durch gemeinschaftliche Drehung dieser Räder von einer Handwelle bei Festhalten der unteren Hebel ein Ausheben der oberen stattfindet.

3. Durch untergreifende von Handhebeln oder mit Rädervorgelegen gedrehte Daumen werden bei *b* die Druckgewichte, die zur Regelung aus Scheiben zusammengesetzt werden, ausgehoben.

Für stärkere Pressung wird der Walzendruck auch mit Preßwasser vermittelt, welche Einrichtung bei einem zweiwalzigen Kalander das Bild *a* der Fig. 172 veranschaulicht. Dieser Druck wird dann gewöhnlich auf die Lager der untersten Walze ausgeübt, indem diese von den Kolben von Preßwasserzylindern, die gleich im Kalandergestell eingegossen sind, gestützt werden. Es findet sich aber auch diese Druckeinrichtung auf die obersten Walzenzapfen.

Der Preßwasserdruck wird erzeugt durch eine zeitweilig von Hand bediente oder angetriebene Kolbenpumpe *p*, welche das Wasser aus einem angebauten Behälter entnimmt und nach den Zylindern im Kalandergestell drückt. Um dabei die Preßpumpe dauernd arbeiten zu lassen und die durch Warenungleichheiten und sonstwie entstehenden Druckschwankungen auszugleichen, wird in die Druckwasserleitung ein Druckkraftsammler (Akkumulator) eingeschaltet. Dieser besteht aus einem Zylinder *e* mit langem dünnem Kolben, welcher durch eine über den Zylinder greifende mit Gewichtscheiben *g* beschwerte senkrecht geführte Glocke *o* belastet wird. Diese Glocke wird bei erreichtem Druck im Kalander durch das Weiterarbeiten der Pumpe hoch gedrückt, und zur Begrenzung des Hochganges im Führungsgestell trifft dieselbe in der Hochstellung an einen Hebel *i*, welcher die Druckleitung durch einen Hahn absperrt, während sich gleichzeitig an der Pumpe ein Sicherheitsventil öffnet.

Die Walzen der Kalander sind zylindrisch, so daß das Pressen und Glätten in einer geraden Querlinie stattfindet. Bei dreiwalzigen, aber auch möglich bei mehrwalzigen Glättkalandern

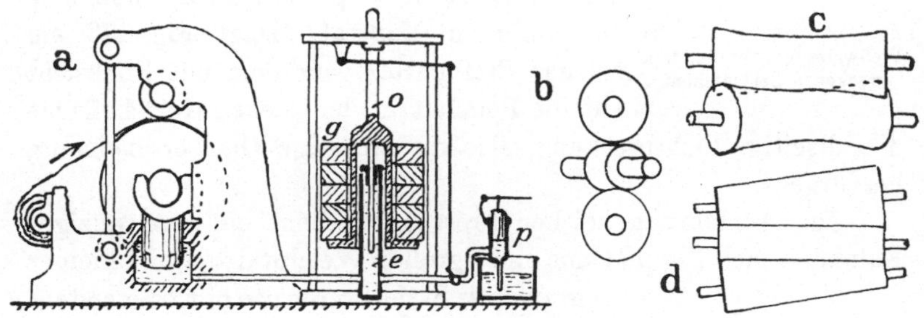

Fig. 172. Preßwasserdruckerteilung bei Kalandern u. dgl. und verschiedene Gestaltung der Kalanderwalzen.

lassen sich nun zur Änderung dieser Wirkung die gleichgerichtete Stellung der Walzen und deren gerade zylindrische Umfangsform anders gestalten, was die Bilder *b* bis *d*, wenn auch zur Verdeutlichung in grobem Maßstab, zeigen.

1. Die Walzenachsen kommen durch eine seitlich wagerechte Verstellung ihrer Lager schräg gegeneinander zu stehen. Gewöhnlich wird dazu die mittlere Hartwalze, wie das Bild *b* zeigt, schräg gestellt;

2. die Walzen erhalten nach dem Bilde *c* hyperbolische Form;

3. die Walzen werden schwach kegelförmig ausgeführt, indem nach dem Bilde *d* auf der zylindrischen Hartwalze gegeneinander gerichtete Kegel-Weichwalzen zur Anlage kommen.

Alle diese Maßnahmen bringen durch die in der Breite entstehenden Geschwindigkeits- uud Druckunterschiede eine Veränderung der Gleitwirkung hervor, die sich in einem eigentümlichen dauerhaften Glanz äußert.

E. Das trockene Seidenfeinen (Schreinern).

Diese Arbeit ist ein Walzenpressen von Baumwollgeweben, welches aber nicht glättet, sondern die Gewebeoberfläche in besonderer Weise einpreßt, so daß das auffallende Licht gebrochen wird und die Widerspiegelung den Glanz vortäuscht. Es werden einfache und Kreuzriffelungen der Walzenoberfläche eingepreßt, die aber so fein sind, daß zehn und mehr Spuren auf 1 mm kommen. In größerem Maßstabe zeigt Fig. 173 ein solches Preßmuster, aus dem mit Rücksicht auf die Feinheit in der ebenen Gewebefläche die allseitige Lichtbrechung, also die allseitige Glanzerscheinung, hervorgeht.

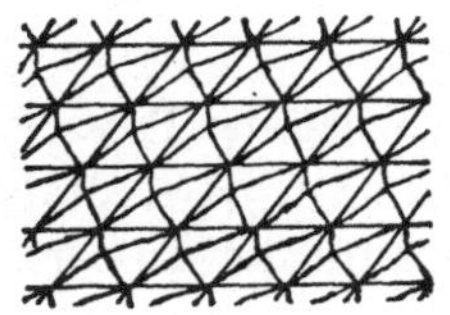

Fig. 173. Muster für die Preßwalzengravierung zum trockenen Seidenfeinen.

Zur Ausführung solcher Pressungen dient ein zweiwalziger Kalander nach Fig. 174 mit einer großen Weichwalze u und kleiner gravierter Stahl-Preßwalze p, wobei erstere mit Preßwasser gegen die festgelagerte letztere Walze gedrückt wird. Da es für das Einpressen ganz verschiedene Muster gibt und diese auch mitunter nach einander zum Einpressen kommen, so werden, um den zeitraubenden Walzenwechsel zu umgehen, gleich mehrere Preßwalzen in einem drehbaren Gestell untergebracht, was Fig. 174 zeigt, wo in zwei im Kalandergestell gemeinschaftlich drehbaren Scheiben s vier Preßwalzen r lagern können, die durch Drehung der Scheiben jeweils zur Tätigkeit kommen.

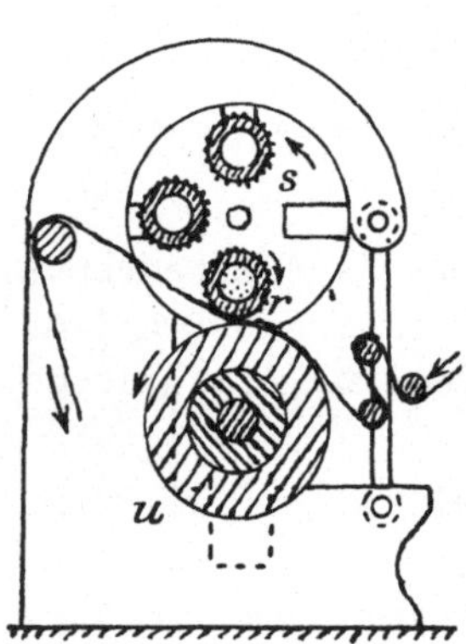

Fig. 174. Kalander zum Seidenfeinen mit Preßwalzenwechselung.

F. Das Mangeln.

Diese Arbeit setzt das rollende Pressen mehrerer Warenlagen voraus, weshalb man auch von einem Rollen spricht. Durch die Verschiebung der aneinanderliegenden Gewebeflächen, die sich durch Aufwickelung des Gewebes auf einer Walze, hier Docke oder Kaule genannt, gegeben ist, findet ebenfalls ein reibendes Glätten der Flächen statt, das neben dem Geschmeidigmachen des Gewebes demselben, weil auch kalt erzeugt, einen haltbaren matten eigentümlichen Glanz gibt.

1. Kasten- oder Plattenmangeln.

Der flache Druck auf die bewickelte Kaule zwischen zwei ebenen Flächen gibt die beste Mangelwirkung und wird, als zwar älteste derselben, doch heute noch viel gehandhabt. Das Abrollen der Kaulen erfolgt dabei zwischen Platten, und diese Einrichtung findet sich, weil auch einen langen Abrollweg gebend, zunächst in der Kastenmangel, Fig. 175. Auf einen Stein- oder sonstigen

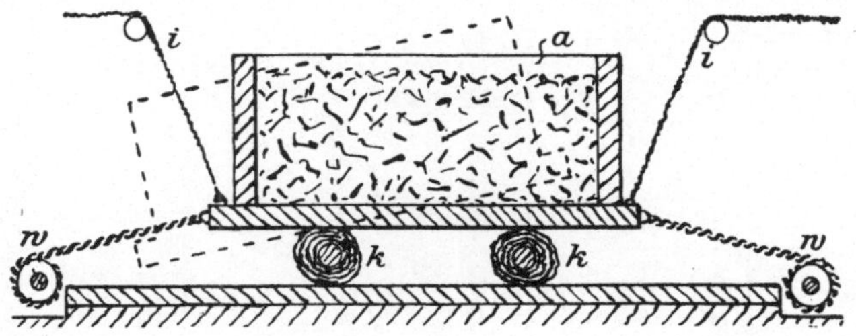

Fig. 175. Kastenmangel.

Hartboden kommen die Keulen *k* zu liegen, auf denen der mit Steinen u. dergl. beschwerte Kasten *a* mit Zugketten von absetzend angetriebenen Aufwickelwalzen *w* hin- und hergezogen wird. Zum Herausnehmen einer Kaule wird der Kasten um die andere einseitig in die Höhe gekippt, wie punktiert angedeutet ist, indem die am hebenden Rand angehängte Kette *i* von einer Trommel angewunden wird. Der Kasten selbst rollt ohne seitliche Führung frei hin und her.

Die gleiche Mangelwirkung gibt die im Bilde *d* von Fig. 176 dargestellte Einrichtung. Gegen die von einer Kurbelscheibe aus in Hin- und Hergang versetzte von Gegenwalzen gestützte Platte *p* wird mit Zwischenlage einer Kaule *k* der feste Tisch *t*, der von gegenseitig sich stützenden Hebeln gehalten wird, durch einen Preßwasserkolben *o* gedrückt. Es findet also ebenfalls ein hin- und hergehendes Rollen der bewickelten Kaule statt.

2. Walzenmangeln.

Für die Mangelarbeit ist auch der Gleitkalander zu benutzen, wenn eine mehrfache Warenlage zwischen den Walzen durchgeht. Die Ware wird hierzu nach dem Bilde *a* von Fig. 176 im Spiralgang über einen Leitwalzenvorbau, den man auch „chasing“-Einrichtung nennt, durch die Walzen geführt und bei *u* ab- und bei *v* aufgewickelt. Man nennt einen solchen Mangel-Kalander wenig zutreffend auch „beetle“-Kalander.

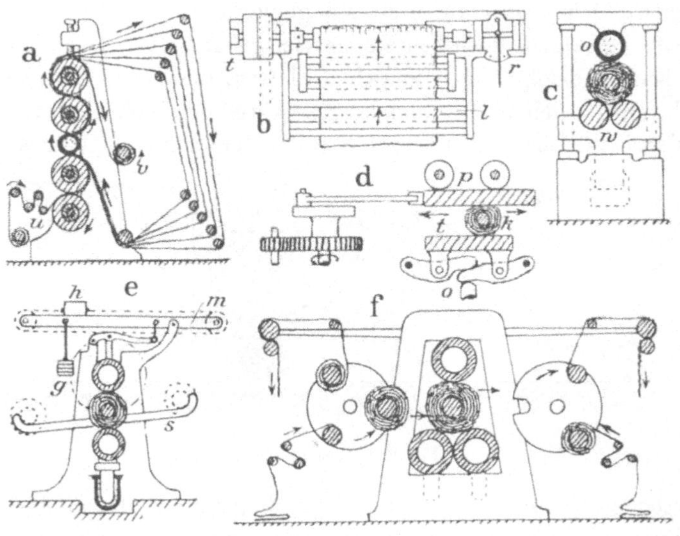

Fig. 176. Walzenmangeln, Mangelkalander, Tischmangel und Dockgestell.

Die abrollende Bewegung der Kaulen an geraden Flächen wird durch ein Abrollen zwischen Walzen ersetzt, was die Bilder *c*, *e* und *f* zeigen. Bei *c* werden gegen eine festgelagerte Oberwalze *o*, die gegebenenfalls auch geheizt wird, zwei Unterwalzen *w* von Preßwasserkolben gedrückt, und so die Kaule zwischen drei Anlagestellen zum Rollen gebracht, das abwechselnd hin und her erfolgt.

Bei *e* liegt die Kaule zwischen zwei Hartwalzen, von denen die untere mit Preßwasserkolben nach oben und die obere mit Gewichtsbelastung nach unten gegen die umlaufende Kaule gedrückt wird. Der obere Hebel *m* der doppelten Hebelübersetzung mit dem angehängten Belastungsgewicht *g* hat ein mit Kette verschiebbares Gewicht *h*, durch welches der Druck geregelt und bei dessen Rechtsverschiebung bis ans Ende auch zur Herausnahme der Kaulen aufgehoben wird. Die Kaulen liegen auf kippbaren Schienen *s*, oder einem um die Oberwalze drehbaren Gestell, so daß beim Herausrollen der bearbeiteten Kaule eine frische von der anderen Seite einrollt.

Zum Mangeln ist ein festes Aufwickeln der Docken oder Kaulen nötig, wozu besondere Dockstühle in Benutzung sind. Durch das Grundrißbild *b* wird deren Einrichtung verdeutlicht. Die Kaule wird wie bei einer Drehbank zwischen Triebstock *t* und Reitstock *r* durch einen Handhebel eingespannt und die Ware zur Erzielung der nötigen Spannung im Schlangenwege über feste Leitwalzen *l* geführt.

Das Docken und Abrollen der Kaulen wird auch von der Walzenmangel selbst vorgenommen, was das Bild *f* veranschaulicht. Zu beiden Seiten der hier vorhandenen Rollwalzen, von denen die unteren durch getrennte Preßwasserkolben hoch gedrückt werden, liegen Drehgestelle, welche die Kaulen aufnehmen, so daß immer eine der drei für die Einführung zwischen den Rollwalzen bereit liegt, während die neueren gedockt und abgerollt werden. Es läßt sich also ein ununterbrochener Betrieb durchführen, der ähnlich bei der Mangel des Bildes *e* auch durch Verbindung einer Aufroll- und Aufwickelvorrichtung mit dem Kaulen-Drehgestell um die obere Rollwalze zu erzielen ist.

G. Stampfkalander.

Bei Flachschlagen, Hämmern und Stampfen der Warenfläche findet auch ein das Warengefüge verdichtendes Pressen statt, das die laufende Walzenpressung übertrifft und für gewisse Waren erforderlich ist. Diese Warenbearbeitung nach Fig. 35 *b* wird ebenfalls als Kalandern bezeichnet und Fig. 177 gibt die Darstellung der arbeitenden Teile des Stampfkalanders in zwei Ausführungen. Auf der oberen Seite der die Ware

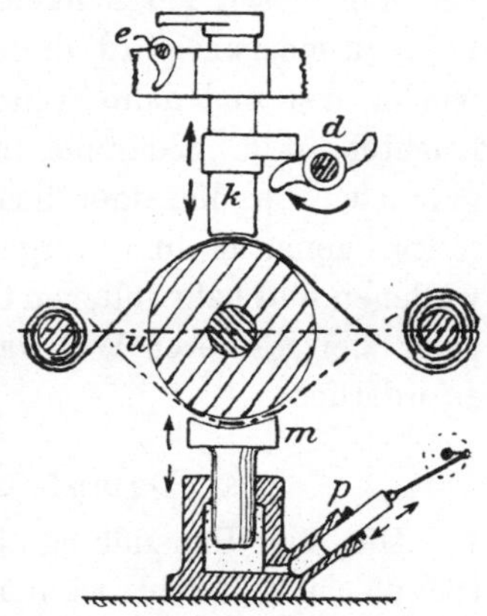

Fig. 177. Stampfkalander mit frei fallenden und Preßlufthämmern.

stützenden Walze *w* sind Freifallhämmer *h* vorhanden, welche von durchlaufenden Daumen *x* ausgehoben werden und dann niederfallen. In der längs der Walze tätigen Hammerreihe fallen die Hämmer nicht gleichzeitig, sondern durch Versetzen der Hebedaumen nach einander. Zum Einführen der Ware werden alle Hämmer gemeinschaftlich mit den Daumen *c* abgehoben.

Auf der unteren Seite arbeiten gegen die, dann unten um die Walze geführte Ware Hämmer *m*, die durch Preßluft angeschlagen werden. Die Preßluftzylinder stehen mit Plungerpumpen *p* in Verbindung, welche von versetzten Kurbeln bewegt, die Luft aus dem Zylinder zum Rückfall der Hämmer absaugen und dann zum Anschlagen zurückdrücken.

12. Das Krumpfen und Warenfertigmachen, Dekatieren und Bügeln.

Durch das heiße plattende Pressen sind das Warengefüge und dessen Fasern in eine Zwangslage gebracht und die der Faser innewohnende, namentlich bei Wollwaren sich zeigende Krumpfkraft ist in der trockenen Ware gebunden. Beim Ankommen von Feuchtigkeit und damit verbundener Wärme wird diese Krumpfkraft aber wieder frei und wenn dieser Warenangriff stellenweise erfolgt, so gibt dies im Aussehen der Ware Flecken. Dies entsteht z. B. beim stellenweisen Bügeln von Warenteilen nach dem Zerschneiden, wobei vorher ein Feuchtabreiben stattfindet. Um nun diesen Möglichkeiten vorzubeugen und die Ware bügelecht zu machen, wird dieselbe, um die gebundene Krumpfkraft wieder frei und dann weiter unäußernd zu machen, warm angefeuchtet, d. h. gedämpft, oder zum Krumpfen und Nachglätten gebracht, für die eigentliche Verwendung und Verarbeitung also fertig gemacht und vorgebügelt. Dies erfolgt bei leichteren wollenen und halbwollenen Geweben im ununterbrochenen Arbeitsgang, bei stärkeren Wollwaren ist dagegen eine Stückbehandlung erforderlich.

a) Dampf- und Bügelmaschinen.

Die zur Behandlung im laufenden Warengang dienenden Dämpf- und Nachtrocknungsmaschinen, die sogen. Bügelmaschinen, die auch als „finich“-Maschinen bezeichnet werden, veranschaulicht Fig. 178 in zwei Ausführungen. Bei dem Bilde *a* wird die Ware zuerst im Kasten *c* mit kaltem Wasser angesprüht, dann im Kasten *d* durch Dampf gezogen und dann auf der Dampftrommel *t* wieder getrocknet, wobei durch Trommelvorlauf ein Gleiten des heißen Umfanges auf der Warenfläche, also das Bügeln hervorgebracht wird.

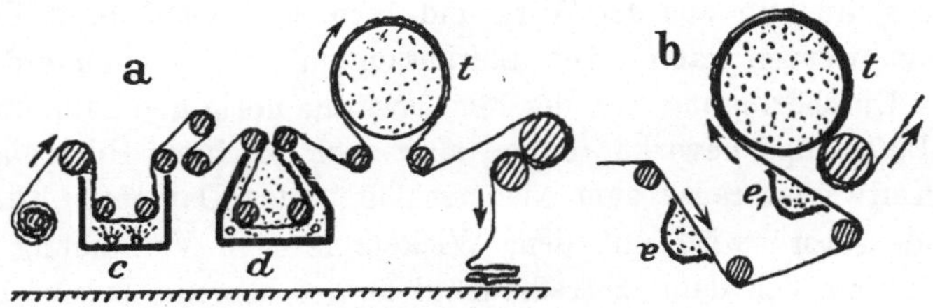

Fig. 178. Dämpf- und Bügelmaschinen für Gewebe.

Nach dem Bilde *b* wird die Ware zum Anfeuchten beider Seiten über die Dampfrinnen *e* und e_1 gezogen und dann ebenfalls wieder trocken gebügelt.

b) Warenwickel-Dämpfer.

Zur Stückbehandlung wird das Gewebe aufgewickelt und dann der Wickel in einer Dampfkammer untergebracht, weil beim Dämpfen, also Krumpfen, das Gewebe gerade liegen muß. Es

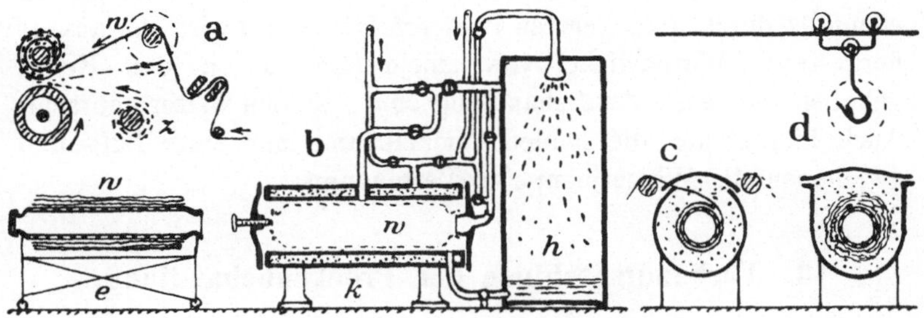

Fig. 179. Warenauf- und Abrollmaschine und Dampfkammern mit Entlüftung zum Dekatieren.

sind für diese Arbeit erst Aufwickelmaschinen für das Gewebe nötig, deren Einrichtung das Bild *a* von Fig. 179 zeigt. Die Ware *w* muß, wenn empfindlicher, für die Feuchtwärmewirkung mit Zwischenlage eines Schutztuches *z* aufgerollt werden, und erfolgt dies auf hohle gelochte Zylinder, die Dekatierbäume. Die auf einem Wagen *e* (vgl. das Bild *b*) gehobenen Warenwickel *w* werden dann in den liegenden zylindrischen Dämpfkessel *k* geschoben und darin mit dem Rohrstutzen der Endwand durch Aufschrauben von der Stirnwand, wie in den Fig. 65*i* und 68*a* ersichtlich ist, befestigt. Das Innere des vorn geschlossenen Wickelbaumes steht also mit einem Rohr in Verbindung, durch welches die Luft aus der Ware und auch der Dampf durch diese gesaugt werden kann. Die Luftabsaugung ist zu einer ordentlichen Durchdringung mit der Feuchtwärme nötig und kann durch eine Luftpumpe bewirkt werden, aber auch durch ein Hilfsgefäß *h* mit Kaltwasserbrause zum Niederschlagen des Dampfes. Dieser „Kondensator“ wird mit dem Wickelinnern in Verbindung gebracht und der dann zutretende niedergeschlagene Dampf gibt eine hohe den Übertritt der Luft aus der Ware in den Behälter *h* sichernde Entlüftung.

Der Kessel *k* hat einen Doppelmantel, der zur Überhitzung des Dampfes für die Ware geheizt, aber auch zur Kühlung und zur Dampfniederschlagung mit kaltem Wasser gespeist werden kann. Die Behandlung der Ware ist daher vielseitig möglich.

Die Bilder *c* und *d* zeigen andere Ausführungen der Dekatierkessel. Bei *c* liegt der wandgelochte Wickelbaum bleibend drehbar und triebfähig im Kessel und wird darin die Ware aufgewickelt und abgezogen, welch letzteres sonst in der Maschine des Bildes *a* ebenfalls durch umgekehrten Lauf erfolgt. Bei *d* wird der abseits hergestellte Warenwickel von einem Laufkran in den Kessel gehoben und nach der Behandlung zum Abrollen weiter gebracht. Auch hier stehen die hohlen Wickelbäume mit einer Luft- und gegebenenfalls Wasserpumpe in Verbindung.

13. Verbundmaschinen der Trockenbehandlung.

Wie bei der Naßbehandlung, vgl. den 5. Abschnitt des zweiten Teiles, erscheint auch die Vereinigung der verschiedenen Behandlungen in einer Maschine im laufenden Warengang möglich. Das Gewebe kann bei gleicher Laufgeschwindigkeit nacheinander z. B. gerauht, gebürstet und geschoren werden, doch werden solche Zusammenstellungen gewöhnlich nicht ausgeführt. Wie ersichtlich, hat meist eine Wiederholung der Arbeiten stattzufinden, die Arbeit muß geteilt werden und der Umfang der nächsten Arbeit läßt sich meist erst nach dem Wirkungsausfall der vorhergehenden beurteilen. Es werden aber am Ausgange der Trockenmaschinen einzelne Nachbehandlungen, wie Kalandern, Pressen usw. vorgenommen. Gescheuerte Seidenware wird z. B. nach dem Dämpfen mit Durchführung von Dampfkammern und Bespritzung mit Ausrüstungsmitteln in Warmluftkammern getrocknet, auf Dampftrommeln nachgeglättet und zwischen Walzen heiß gepreßt, in einem Lauf durch alle bezüglichen Vorrichtungen. Zur Entwollung u. dgl. werden bestickte Waren nach dem scharfen Trocknen einem Schlagen, Reiben und Bürsten ausgesetzt, um die Reste des Stickereigrundes zu zerpulvern und die Ware rein abzuliefern. Hier handelt es sich aber um keine allgemeinen, sondern Sonderbehandlungen, und bei der großen Warenverschiedenheit und der sich als nötig ergebenden verschiedenen Behandlung erscheint es vorteilhafter, die ganze trockene Ausrüstung in die getrennte Vornahme bei jeweils geeignetster Warengeschwindigkeit der einzelnen Arbeiten zu verlegen. Der Erfahrung und Kunst des Ausrüstungsleiters wird damit größerer Spielraum geboten.

Sechster Teil.

Die Zurichtung der ausgerüsteten Waren.

Eine solche erstreckt sich auf flachbahnige Waren, welche in die Handelsform zu bringen und in der sich nach der Ausrüstung ergebenden Länge festzustellen sind.

1. Das Halbfalten (Doublieren).

Die in größerer Breite hergestellten Waren bedürfen zu besonderer Handhabung ihrer Stücke einer Verschmälerung, die

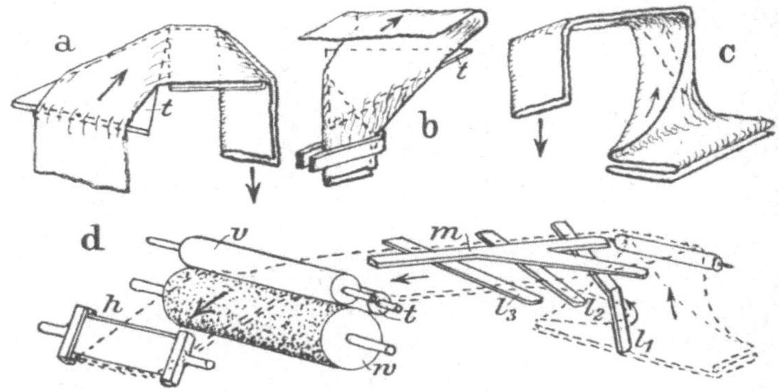

Fig. 180. Vorrichtungen zum Halbfalten von Geweben mit Meß- und Aufwickelanlage.

durch Einfalten auf die Hälfte erzielt wird. Das Gewebe muß also nach der Breite mit den Rändern zusammengelegt oder gedoppelt werden. Einige Wege zu dieser Halbfaltung im laufenden Gewebe zeigt Fig. 180. Nach dem Bilde *a* wird das Gewebe nach aufwärts über die Spitze eines Dreiecktisches *t* gezogen, läuft dann sattelförmig hängend gerade weiter und die entstehenden Gewebehälften werden dann durch Ablenkung nach unten eingeschlagen, so daß die auf dem Tisch sichtbare Oberseite der Ware, die rechte Seite, in die Falte zu liegen kommt.

Nach dem Bilde *b* wird die von oben kommende Ware gleich nach Umschlagen über den Dreiecktisch *t* durch einen Führungsleistenschlitz *s* zusammengefaltet, beim sichtbaren Warenzulauf kommt also die rechte Gewebeseite nach außen.

Nach *c* wird das Gewebe freilaufend in die Höhe genommen und dabei auf die Hälfte zusammengelegt, und nach dem Bilde *d* erfolgt das Einfalten im geraden Lauf durch, die untere Hälfte nach und nach hebende Leithölzer l_1 bis l_3, während die obere Hälfte von einem ähnlichen Sattelleitholz *m* gestützt wird.

Die gedoppelte Ware kann gleich auf derselben Maschine zum Messen und Aufwickeln kommen, was das Bild *d* mit zeigt.

2. Meß- und Wickelmaschinen.

In einfachster Weise erfolgt das Längenmessen durch ein im Warenlauf auf diesen gelegtes Meßrad (Fig. 181) oder eine für die gute Mitnahme mit kleinen Nadeln besetzte Rolle vom Umfang der Maßeinheit, deren Umdrehungen von einem Schneckenbetrieb auf den Zeiger eines Zifferblattes übertragen werden. Da die Länge aber von der richtigen Gewebespannung abhängig ist und diese beim Messen dauernd gleichmäßig sein muß, findet das Messen durch Zählung der Umdrehungen einer solchen im Umfang die Meßeinheit aufweisenden Walze statt. An diese Walze *w* wird nach dem Bilde *d* der Fig. 180 die Ware durch eine Walze *t* angeleitet und durch eine Schwerwalze *v* zur sicheren Mitnahme angedrückt.

Fig. 181.
Meßrad mit zeigendem Zifferblatt.

Die das ordentliche Messen bedingende Warenmitnahme der Meßwalze wird aber besser durch eine gutgespannte Umschließung bewirkt, wie dies das Bild *a* von Fig. 182 darstellt. Nach der Meßwalze *w* wird das von einer Walze angezogene Gewebe (die Meßwalze wird von diesem mitgeschleppt) auf eine Holztafel *h* gewickelt, wie dies auch das Bild *d* von Fig. 180 zeigt.

Bei dieser Meßwalzenumschlingung ist aber die Richtigkeit der gemessenen Länge von der Warendicke abhängig. Gezählt wird der Walzenumfang, während die ohnseitige Mittellinie der Ware bei deren Abbiegung um die Walze zu messen ist. Bei starken Geweben ergeben sich hier schon empfindlichere Unterschiede.

Deshalb wird das Messen auch durch Zählen der gleichbleibenden Faltlagen beim Täfeln ausgeführt. Nach dem Bilde *c* von Fig. 182 wird die Ware auf einem mit der Zunahme der Schichtung sich senkenden, geraden oder gewölbten Tisch *u* durch einen hin- und hergehenden Schwenktrichter *t* getäfelt, und die einzelnen Faltlagen werden beim Legen durch schwingende Klemmleisten *l* festgehalten. Die Ware wird über eine Bogenbrücke zugeleitet. Es ist aber auch hier die Genauigkeit des Messens durch die Abbiegung der Falten von der Warendicke beeinflußt.

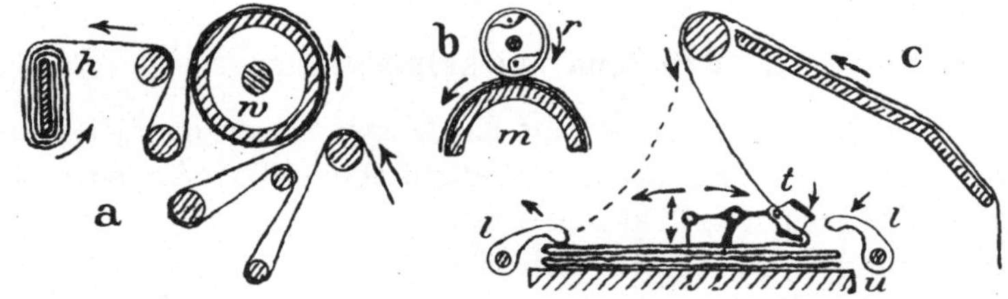

Fig. 182. Gewebemessen mit Walzen, Ziffernaufdruck und durch schichtendes Täfeln.

Zur Angabe der verbleibenden Warenlänge beim Abschneiden eines Teiles von einem gewickelten Stück wird in das gefaltete Gewebe ein Maßband eingelegt oder das Längenmaß aufgedruckt. Wie das Bild *b* zeigt, läuft mit der Meßwalze *m* durch das Gewebe mitgenommen oder angetrieben ein Rad *r* mit eingebauten Zifferhebeln, welche im richtigen Augenblick niederschlagen.

3. Das Warenbeschauen.

Vor der Ablieferung der Ware aus der Ausrüstungsanstalt ist ein Beschauen derselben im Verlaufe ihres Aussehens vielfach notwendig, ähnlich wie bei der Vorprüfung der Rohware (Fig. 48). Es gibt auch hierzu maschinenartige Vorrichtungen, welche in zwei Ausführungen Fig. 183 zeigt. Nach dem Bilde *a* wird die Ware über einen Pulttisch *t* gezogen, wobei die Anzugwalze *m* auch gleich die Meßwalze sein kann, und dann aufgetäfelt. Zur fadenscheinigen Durchsicht wird die Tischplatte auch von Glas gemacht und durch eine Bogenlampe von unten erleuchtet. Zum gleichzeitigen Beschauen beider Warenseiten wird das Gewebe nach dem Bilde *b*, den eingelegten Stappel der Ware nach dem ersten Tischlauf nach unten umfassend, für die andere Seite nach oben laufend geführt. Auch von diesen Schauvorrichtungen weg kann die Ware auf Brettchen gewickelt werden.

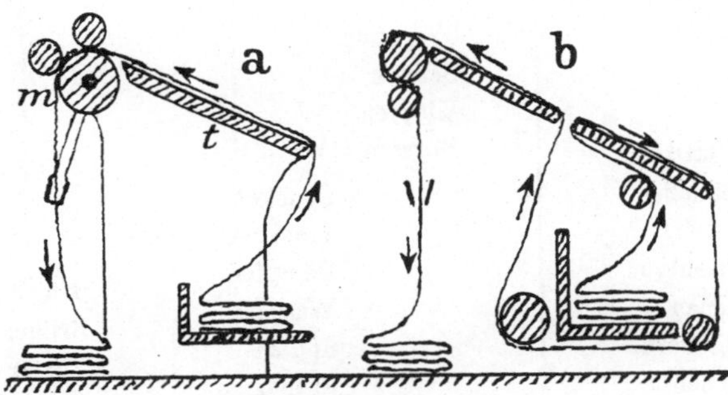

Fig. 183. Warenbeschautische für ein- und beidseitige Beobachtung.

Schlußbemerkung. Arbeitspläne.

Ohne daß es bei den einzelnen Arbeiten besonders angeführt wurde, sei noch allgemein bemerkt, daß unter den flachbahnigen Waren neben den Fadenketten zum Verweben, zum Verstricken und Verflechten auch geflochtene und gestrickte und gewirkte Waren, wie Tüll und Vorhangstoffe, sog. Trikotschläuche und auch schmalbahnige Waren, wie Bänder, Geflechte, Spitzen usf. einbegriffen sind. Solche Schmalwaren laufen in den Ausrüstungsmaschinen mehrfach nebeneinander, doch sind die Maschinen für diese Waren selbst schmäler als für die sonstigen Gewebe ausgeführt.

Die technologische Darstellung kann nicht die Aufgabe haben, die besonderen Anweisungen und Vorschriften für die jeweils gebotene Anwendung der verschiedenen Arbeiten zu geben, weil der Ausrüstungszweck eine verschiedene Folge und auch Wiederholung derselben bedingt. Hier ergibt sich mit diesem wechselnden Zweck bei der großen Verschiedenheit der zu behandelnden Waren und der gebotenen Behandlungsarten eine so große Vielseitigkeit, daß auch ein Sonderhandbuch die Möglichkeiten kaum erschöpfen kann. Um für diese Vielseitigkeit eine Veran-

Arbeiten zur Behandlung rohweiß gewebter Waren.

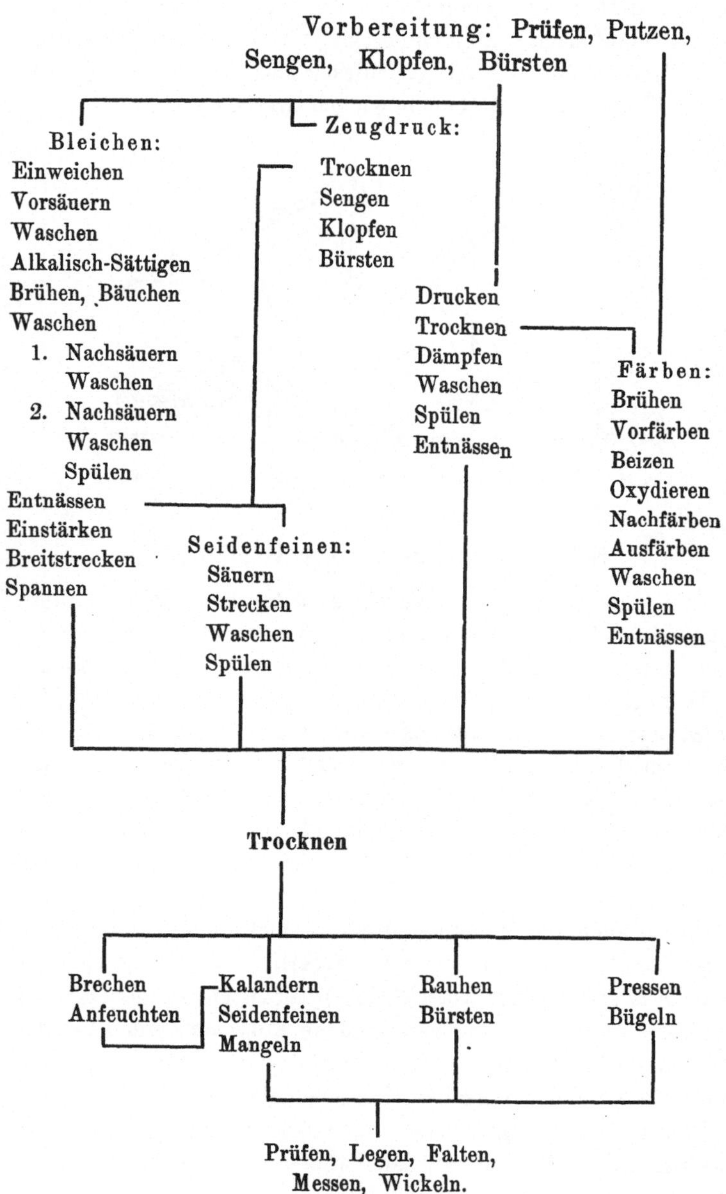

Ausrüstungsarbeiten bei der Herstellung strichwollener Gewebe.

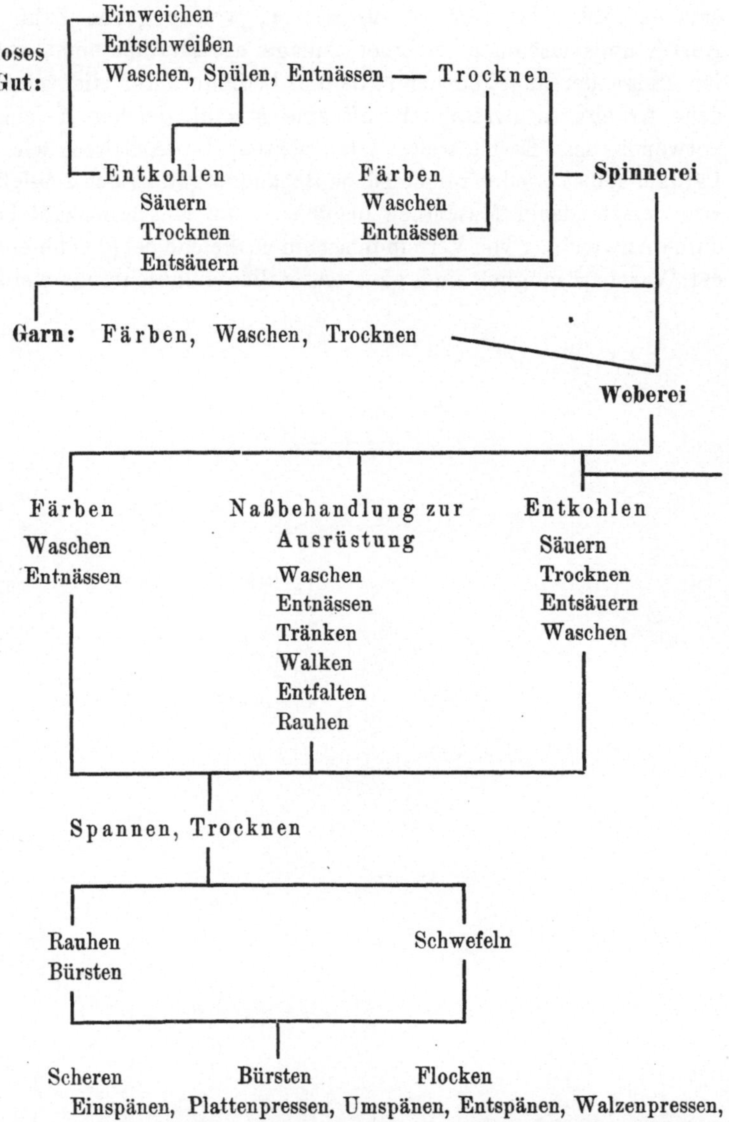

schaulichung zu geben, sind vorstehend zwei sogen. allgemeine Arbeitspläne für zwei Gewebearten gegeben, welche die verschieden anzuwendenden Arbeiten zusammenfassen, in einer Zusammenstellung, welche den Verlauf oder die Aufeinanderfolge der Arbeiten ersehen läßt. Es geht daraus hervor, welche große Zahl von Ausrüstungsmaschinen in einer Anlage erforderlich sind, wobei für einige der angegebenen Arbeiten, bedingt durch die verschiedene Arbeitsgeschwindigkeit, oft eine Anzahl gleicher Maschinen notwendig ist. Es ist weiter zu beachten, daß Arbeiten, wie das Färben, selbst wieder verschiedene Behandlungen in sich schließen, also verschiedener Maschinen bedürfen. Die Maschinenzahl kann durch Anwendung von Verbundmaschinen, welche bei gleichbleibender Warenart möglich sind, ganz wesentlich eingeschränkt werden.

Anhang.

Die Herstellung der textilen Waren ohne Fadenverbindung.

1. Vorbemerkung.

Die Dreiteilung der Arbeiten zur Erzeugung textiler Waren in Spinnerei oder Garnherstellung, Garnverarbeitung und Ausrüstung weist darauf hin, daß diese Waren aus Garn bestehen, das zu flachen, schneid- und nähfähigen, sowie fertig gearbeiteten geformten Stücken, in verschiedener Bindung von Fadenlagen verarbeitet ist. Das Kennzeichnen der textilen Endwaren ist also das Fadengefüge, das seine verschiedene Ausrüstung findet und das den Waren Halt in sich verleiht. Der Urstoff der Textilwaren, das Fasergut ist aber bei gewissen Arten bei entsprechender Ordnung und Behandlung an sich schon befähigt einen solchen Halt einzugehen, so daß die Herstellung gleich und ähnlich verwendungsfähiger textiler Waren zur Bekleidung und zu anderen Zwecken, wie der Garnwaren, auch ohne die Garnbildung möglich ist. Die Fasern des Rohgutes sind rauh und vielfach gebogen, gewellt und gekräuselt und geben dadurch in ihrer gegenseitigen losen Lage schon eine Verbindung untereinander, welche durch mechanische Behandlung bei Gegenwart von Hilfsmitteln gefestigt und gehärtet wird. Die so nur ein Fasergefüge besitzenden, auch als Textilwaren anzusehenden Waren, sind bei losem Zustande die Watten, bei festem Zustande des Gefüges der Filz. Die Watten oder Pelze sind flache zu Ein- oder Zwischenlagen bei Kleidungstücken und Gebrauchsgegenständen (Bettdecken u. dergl.) verarbeitete Stücke, die Filze ebensolche Stücke und flachbahnige Waren, die eine Verarbeitung gleich den Waren mit Fadengefüge zugelassen, und fertig geformte Stücke. Beide Arten Waren mit Fasergefüge finden auch eine anderweitige und technische Verwertung. Die Watten werden aus Fasergut verschiedenster Art, also pflanzlichen, tierischen und mineralischen Faserstoffen hergestellt. Zur Herstellung von Filzen, wo die Festigung des Gefüges die Fasern durch ihre Krumpfkraft, d. h. die Fähigkeit sich bei Feuchtigkeit und Wärme zu krümmen, so daß sie ineinandergeschoben sich verschlingen und einhaken, abzugeben haben, kann nur Fasergut, welches diese Eigenschaft aufweist, also nur tierische Faserstoffe, wenn auch mit anderem Fasergut etwas vermischt, Verwendung finden.

Das Fasergefüge der Watten und Filze ist nicht durchaus gleich, d. h. in der Schichtung der Fasern besteht nach dem Durchschnittsbilde *a* von Fig. 184 nicht nur eine Faserart, sondern es ist eine Schichtung verschiedener Faserarten, wie das Bild *b* veranschaulicht, vorhanden. Eine Mittelschicht, die gewöhnlich aus minderwertigerem Fasergut besteht, ist beidseitig durch Schichten aus besserem Gut abgedeckt, so daß man von gedeckten Watten und Filzen spricht.

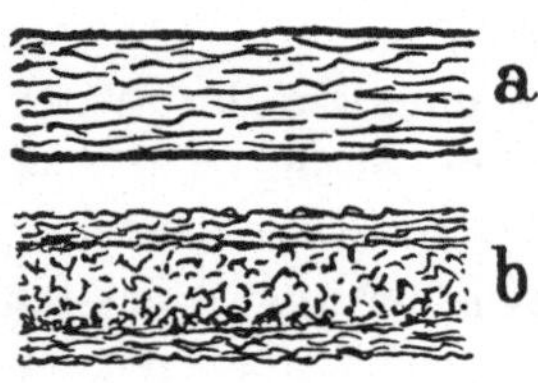

Fig. 184. Querschnitte des Fasergefüges der Watten und Filze.

Bei der Herstellung von Watten und Filzen ist das Fasergut ebenso wie für das Spinnen vorzubereiten, und für die Schichtbildung der Fasern wird, wie in der Spinnerei, die Krempel benutzt. Bezüglich der Faserbereitung, der Reinigung, Auflockerung und Mischung, wie der Arbeit der Krempel wird deshalb auf die Darstellung im „Spinnereibuch“, dem ersten Buche der ganzen technologischen Darstellung der Textilindustrie, verwiesen.

2. Die Wattenherstellung.

Diese ist eine Pelzbildung durch Schichtung des Flores, wie sie bei der Streichgarnspinnerei vorkommt. Diese Schichtung erfolgt für Wattenstücke auf einer nach Fig. 185 an die gewöhnlich eingerichtete Krempel angestellten Trommel *t*, deren Umfang die Stücklänge bestimmt. Die Trommel *t* erhält am Umfang aufklappbare Teile, durch welche der gebildete Pelz aufgetrennt wird, so daß bei Darbietung des einen Reißbartes desselben an die Walzen *l* das Wattenstück von diesen abgezogen und zum Zusammenschlagen auf einen Tisch geschoben oder gleich zusammengerollt wird. Die Wattenstückablieferung erfolgt also dauernd selbsttätig.

Die Breite der Pelzstücke bestimmt die Arbeitsbreite der Krempel. Da diese aber gewöhnlich größer ist, als der handlichen Stückgröße der Watten entspricht, so wird der vom Abnehmer abgekämmte Faserflor während der Überführung zur Pelztrommel *t* durch Scheibenmesser *s* in schmälere Streifen geteilt.

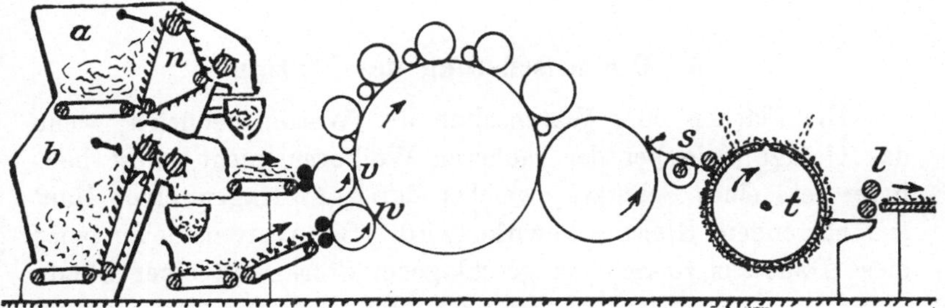

Fig. 185. Wattekrempel mit Doppelspeiser und Pelztrommel mit selbsttätiger Ablieferung gedeckter Watten.

Für die Herstellung der gedeckten Watten muß nacheinander besseres und minderes Fasergut aufgewickelt werden, wozu die Krempel mit zweierlei Fasergut nacheinander oder abwechselnd zu speisen ist. Dies erfolgt in den gegebenen Zeiträumen selbsttätig durch einen doppelten Vorleger oder Doppelspeiser auf einen gemeinschaftlichen Zuführtisch oder nach Fig. 185 auf zwei unabhängig für sich unterbrochen arbeitende Zuführungen. Der Speiser hat zwei Fasergut-Vorratsbehälter *a* und *b*, aus denen Nadeltücher *n* die gefaßten Faserflocken in Wagschalen abliefern, welche dieselben auf die Zuführtische der beiden Vorwalzen *v* und *w* ausschütten. Von einer Steuerwelle aus wird die abwechselnde Triebeinschaltung der Vorwalzen und das Brechen des Pelzes auf der Trommel *t* zwischen der Speisedauer des Deckgutes bewirkt.

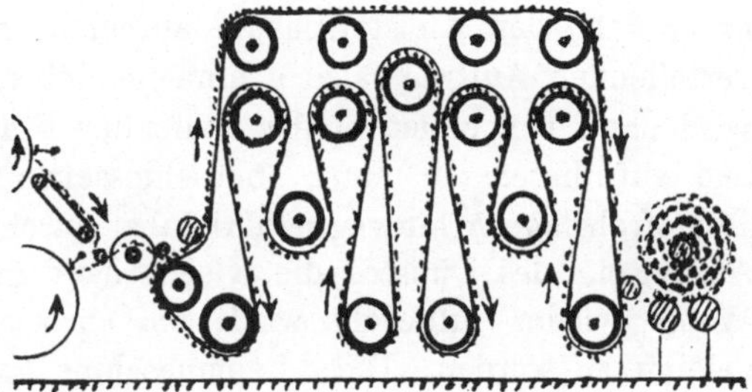

Fig. 186. Langpelzvorrichtung für Rollenwatte.

Für laufende Ware, also lange Wattenstücke, werden L a n gpelzvorrichtungen, kurz sog. Langpelze, nach Fig. 186 benutzt, bei denen das den Faserflor, (der auch doppelt von zwei Abnehmern der Krempel geliefert und durch Scheiben *s* geteilt wird) aufnehmende endlose Tuch über Walzen oder Trommeln von größerem Durchmesser auf- und absteigend geführt wird, um ein zu starkes Knicken der Faserschichtung durch kleinere Walzen, namentlich bei kurzfaserigem Gut, zu vermeiden.

3. Die Ausrüstung der Watten.

Die Flächen oder Warenseiten der Watten bedürfen, wenn das Gefüge, wie bei der rauheren Wollfaser, nicht selbst haltbarer ist, eines Schutzes, welcher durch Auftragen einer Haut aus härtendem Kleister bewirkt wird. Bei Wattenstücken wird diese Haut aus zu Schaum geschlagener Stärke mit einer Bürste

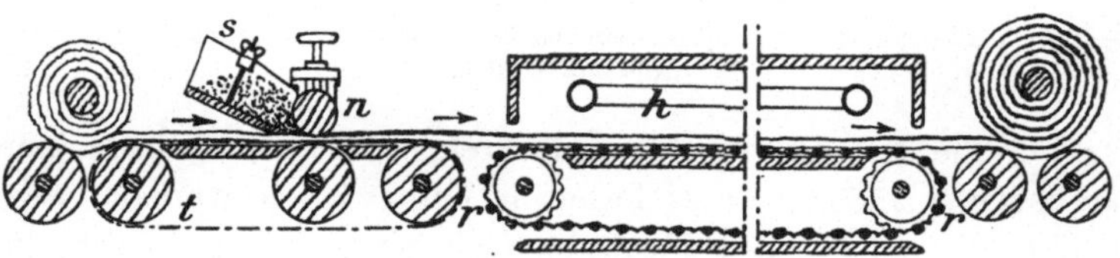

Fig. 187. Wattenleimmaschine.

von Hand aufgetragen und die auf der Oberseite genäßte Watte zum Trocknen auf einen Wärmtisch gelegt, für laufende Watte, die wegen ihrer Aufwickelung (vgl. Fig. 186) auch Rollenwatte genannt wird, dient eine besondere Leimmaschine zum Aufbringen der Schutzhaut. Nach der die arbeitenden Teile dieser Maschine zeigenden Fig. 187 wird die vom Wickel sich abrollende Watte von einem endlosen Tuche *t* aufgenommen und von diesem unter dem, den Kleisterschaum aufnehmenden Kasten *s* mit der verteilenden Auftragwalze *n* hinweggeführt. Die genäßte Watte wird dann von einem endlos laufenden Stabrost *r* aufgenommen und auf diesem in einer abgeschlossenen Kammer unter einer Dampfrohrlage *h* hinweggeführt, also durch Wärmestrahlung mit Abführung des Dunstes die Kleisterhaut getrocknet, worauf die Watte wieder aufgerollt wird, um auch auf der anderen Seite geleimt zu werden. Diese Leimmaschine kann natürlich auch mit Warmlufttrocknung eingerichtet werden, und bei der Führung der Watte dabei ist zu berücksichtigen, daß die klebende Seite nicht zur Anlage an Walzen kommt. Für die Beförderung und Aufbewahrung wird die Watte auch einfach durch rauhe Walzen unter starkem Druck zu bleibender Warenlage zusammengepreßt.

Zur Handelszurichtung werden die Wattenstücke aufgerollt oder zusammengewickelt und laufende Watte auch auf besonderen Schneidmaschinen in einzelne handlichere Stücke geschnitten.

4. Die Herstellung der Filze.

Die für das Filzen oder die Filzerei zur Verfügung stehenden tierischen Fasern sind zweierlei Art: stärker, steifer und wenig gekräuselt d. s. Kuh- und Kälber-, Ziegen- und Pferdehaare und die feinere stark gekräuselte Schafwolle. Das erstere Fasergut, die Tierhaare lassen sich unvermischt mit langfaseriger Wolle und ohne starke Schmelzung, die aber das Filzen beeinträchtigt, nicht krempeln und die Herstellung der Faserpelze, mit deren Verdichtung und Härtung der Filz erzeugt wird, muß daher auf Maschinen mit groben und weitgestellten Zahnbeschlägen erfolgen. Deshalb besteht auch mit Rücksicht auf die Filzbarkeit, da die steifen Tierhaare nur in stärkerer Schicht einen haltbaren Filz abgeben, ein Unterschied in der Herstellung der Haar- und Woll-Filze.

A. Die Herstellung der Haarfilze.

Diese gliedert sich in zwei Arbeiten, die Herstellung der losen Faserpelze und die eigentliche Verfilzung, das Filzen und Walken derselben.

1. Die Haarpelzherstellung.

Für das gute Verfilzen ist eine möglichst wirre Lage der Haare durcheinander erforderlich, welche durch das „Fachen", die Bearbeitung auf Wolf-artigen Maschinen, erzielt wird. Es werden wie bei den Watten Pelzstücke bestimmter Länge und Breite und laufende Pelze hergestellt.

Die Anlage zur Herstellung gefachter Pelzstücke zeigt Fig. 188. Der dazu benutzte Fachwolf hat an seiner nach oben von den Zuführzylindern weg laufenden Stifttrommel *t* eine Gegen-Stiftwalze *g*, welche etwaige Faserballen zerteilt oder auf den Zuführtisch, der von Hand bedient wird, zurückwirft. Die nach oben von der Trommel *t* ausgeworfenen Haare werden von einem Stabflügel *f* durcheinandergewirbelt und fallen dann in einen Schacht, unter dessen unterem Austritt ein trogähnlicher Kasten *k* in stets wechselnder Richtung hin- und hergefahren wird, so daß sich die abfallenden Haare auch in wechselnder Lage gleichmäßig schichten. In den Kasten *k* wird vor dem Haareeinfall ein leinenes Tuch gelegt, dessen Ränder nach der Aufnahme einer bestimmten Gewichtsmenge von Haaren, welche bei der gegebenen Fläche die Stärke oder Dicke des Filzstückes bestimmt, umgeschlagen werden, so daß der Faserpelz durch Einhüllung geschützt weiter befördert werden kann. Hier befinden sich Speisung und Pelzbildung in verschiedenen Stockwerken der Fabrik.

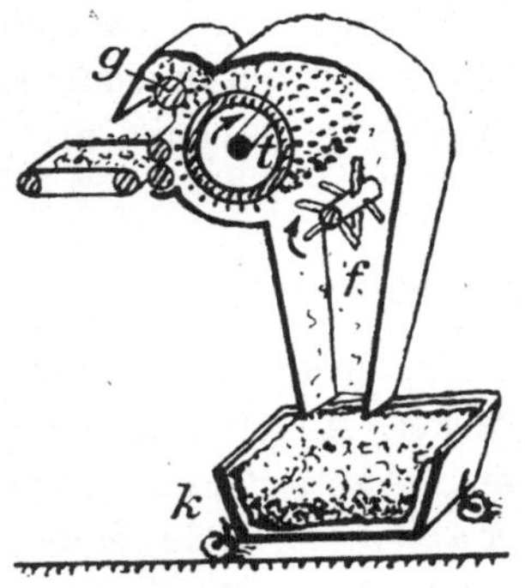

Fig. 188. Fachwolf mit Abwurfschacht für Haarpelzstücke.

Eine der verschiedenen Bauarten von Fachmaschinen für laufenden Pelz zeigt Fig. 189. Die Gegenwalze *g* der Stifttrommel *t*

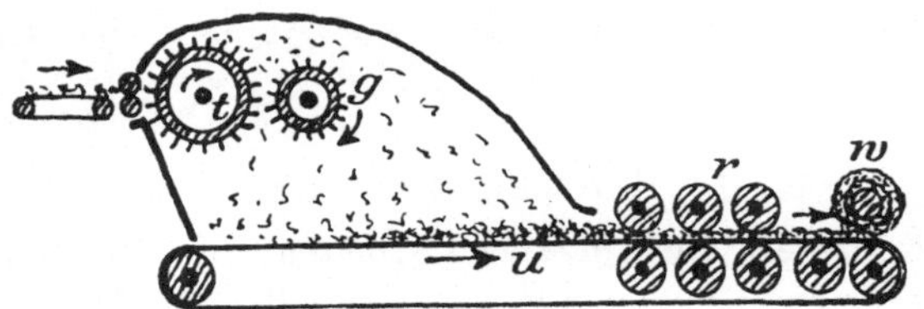

Fig. 189. Fachmaschine für laufenden oder Rollenpelz.

liegt hier wagerecht hinter dieser und die teilweise zwischen beiden durchgehenden, meist aber nach oben ausgewirbelten Haare fallen auf das endlos laufende Tuch *u*, um von diesem bei gleichmäßiger Speisung des Wolfes in gleichmäßiger Schicht aus der Fachkammer ausgeführt zu werden. Auf dem Tuche *u* wird der Haarpelz durch Druckwalzen *r* verdichtet und wenn dieselben quer gerillt und in ihrer Längsrichtung kurz hin- und herbewegt d. h. gerüttelt werden, erfolgt auch ein gewisses Vorfilzen, welches die Getrennthaltung der Schichten beim Aufrollen des Pelzes zum Wickel *w* sichert.

2. Das Filzen der Haarpelze.

Die weichen Haarpelze mit dem losen Faserzusammenhang, der für schwächere Filze durch Beimischung von gekräuselteren groben Wollfasern unterstützt werden muß, bedürfen zuerst einer schwächer angreifenden mechanischen Bearbeitung bei Feuchtwärme, ehe das kräftigere, das Filzen bewirkende Walken vorgenommen werden kann, was in der sogen. Plattenfilzmaschine oder der Rüttel erfolgt, deren Arbeitsweise durch Fig. 190 veranschaulicht wird. Das mit dem Leintuch eingeschlagene Haarpelzstück *p* kommt zwischen zwei in den zugekehrten Flächen mit gelochter Wandung versehene Dampfkasten *a* und *b*, welche von der Kurbelscheibe *e* aus durch eine Schwinghebelübertragung in gegenseitige kurze Hin- und Herbewegung versetzt oder ge-

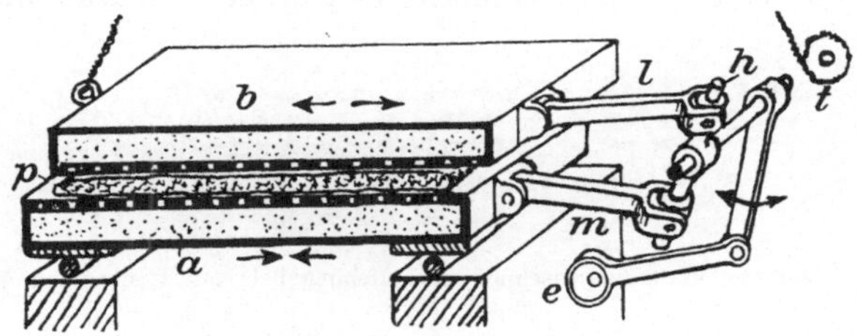

Fig. 190. Plattenfilzmaschine zur Stückbehandlung.

rüttelt werden, wobei der untere Kasten auf dem Untergestell rollt, während der obere Kasten, mit seinem Gewicht auf das Pelzstück sich legend, dasselbe knetet, wobei der zutretende Dampf die nötige Wärme und Feuchtigkeit zur Bindung der Fasern abgibt. Die Größe der Rüttelung der beiden Dampfplatten, woher der Name Plattenfilzmaschine, kann durch Verstellung der Angriffzapfen der Lenker *l* und *m* an dem Schwing-Doppelhebel *h* je unabhängig für sich geregelt werden, und zum Einlegen des Pelzstückes und Herausnehmen nach der Filzung wird die Oberplatte *b* durch einen Kettenzug mit Windetrommel *t* aufgekippt.

Für laufenden Pelz wird diese Maschine mit absetzendem Warengang eingerichtet. Nach Fig. 191 wird der Pelz *p* beim Abrollen von einem endlos laufenden tragenden Untertuch *u* aus Leinen aufgenommen und dann in ein vom Wickel *o* sich abrollendes etwas leichteres Deck- oder Obertuch auf den Pelz gelegt, so daß derselbe geschützt zwischen die beiden Dampfplatten *a* und *b* gelangt, die eine Rüttelbewegung, wie in Fig. 190, aber quer zur Pelzaufrichtung erhalten. Nachdem ein Längenstück des Pelzes von der Länge der Platten zur entsprechenden Verdichtung eine gegebene Zeit lang bearbeitet ist, wird die Oberplatte *b* durch Unterfassung von Schrauben oder Hebeln gehoben, und das Untertuch schreitet um die Plattenlänge vor, um ein neues Bearbeitungsstück unter die Platten zu bringen. Das Untertuch *u* wird vor dem Platteneingang durch einen Wassertrog *t* zur Sättigung gezogen und die ganze Regelung der aufeinanderfolgenden An- und Abstellung der Plattenrüttelung und des Abhebens und Warenfortschreitens vollzieht sich von einer Steuerwelle mit unrunden Scheiben aus selbsttätig, weshalb man vom selbsttätigem Plattenfilzer spricht.

Die von den Plattenfilzern kommenden verdichteten Pelzstücke werden nun einer Walkbehandlung in Kurbel- oder Hammerwalken

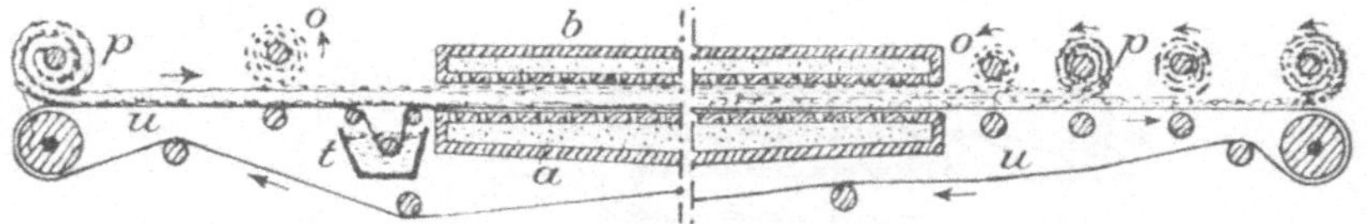

Fig. 191. Selbsttätige Plattenfilzmaschine für laufenden Pelz mit absetzendem Warengang.

ausgesetzt, wobei die Stücke um Holzstecken gewickelt und die langen Pelze gerollt mit Schutztucheinlage in die Walktröge (vgl. Fig. 109 *a* und *c*) eingelegt und mit angesäuertem Wasser genäßt werden.

B. Die Herstellung der Wollfilze.

Hier werden weniger Pelzstücke, als vielmehr laufende Faserpelze für das Filzen hergestellt.

1. Die Herstellung von Wollpelzen zur Filzerei.

Diese erfolgt wie für Watten auf der Krempel und genügt für Pelze aus gröberen Wollen die Bearbeitung des Fasergutes nach dessen Vorbereitung auf einer Krempel, die gegebenenfalls mit einem Doppelspeiser für Deckpelze ausgerüstet wird. Für bessere und dünnere, zum Ersatz von Geweben für Kleidungstücke dienende Pelze ist aber die Aufarbeitung der Wolle auf einem Zwei- und Drei-Krempelsatz erforderlich, denn der Pelz muß durchaus gleichmäßig sein, was nur durch eine Flor-Doppelung und Kreuzung in der Krempelei zu erreichen ist, also eine Schichtung mit Breitenausgleichung durch Querspeisung der zweiten Krempel. Einen bezüglichen Filzkrempelsatz zeigt Fig. 192. Da der Filz zur Bemessung seiner Dicke ein bestimmtes Gewicht an Fasergut auf seine Fläche verteilt erhalten muß, wird nach Verarbeitung dieses Gewichtes zur Abnahme des Pelzes der Krempelsatz ausgerückt, und die erste Krempel erhält einen selbsttätigen Vorleger ohne Wage, da die größere Fasergutmenge als der Vorratsraum desselben fassen kann, in Körben vorgewogen wird. Die erste Krempel besitzt Doppelabnehmer und das abgezogene Längsfaserband wird nach Übertragung quer auf dem Zuführtisch

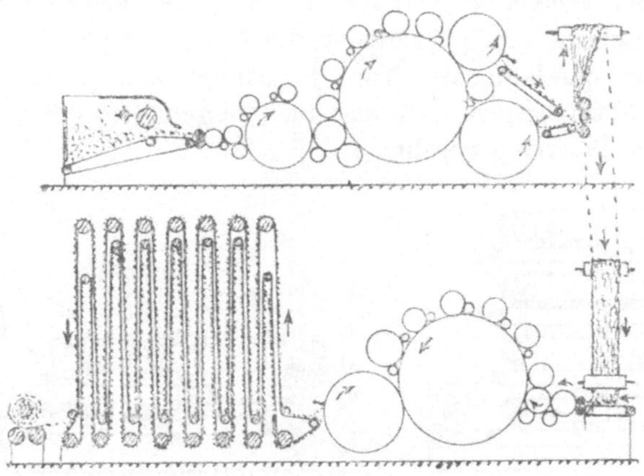

Fig. 192. Zweikrempelsatz zur Filzerei mit Bandübertragung und Langpelz.

der zweiten Krempel vorgelegt, da eine möglichst wirre und weniger gestreckte Faserlage im Flor erzielt werden soll.

Der Krempelflor wird auf einem auf- und ablaufenden endlosen Tuch, das bis zu 60 m und mehr Länge ausgeführt wird, zum entsprechenden dünnen Pelze geschichtet.

Da der Pelz bei der freien, senkrechten Auf- und Abführung bei schlichterer Wolle nicht halten würde, wird dann ein Langpelz mit wagrechtlaufenden Tuch nach Fig. 193 benutzt. Unter die Unterläufe des Pelztuches werden dabei das Loslösen des Pelzes verhindernde Schutz- und Tragtücher *t* in den einzelnen Laufschleifen und unter dem untersten Lauf angebracht.

Bei den auf den Langpelzen mit laufendem Tuch gebildeten Pelzen kann man der Arbeitsrichtung der Krempel nach von Längsfaserpelzen sprechen. Querfaserpelze werden laufend auf den Querlegtischen durch hin- und hergehendes schuppenartiges Schichten des Flores erzielt. Der Querfaserpelz wird ebenfalls bei schlichterer und kurzfaseriger Wolle angewendet, und ergibt eine gute Verfilzung der Fasern, der Längsfaserpelz also ein glätteres Aussehen des Filzes. Deshalb wird zu gedeckten Filzen oder Filzen mit Einlage eine Bindung beider Arten Pelze vorgenommen. Für beidseitige Decke wird zwischen zwei Längspelze ein Querpelz eingelegt, indem von drei entsprechenden Pelzwickeln ein neuer Pelz gegebenenfalls mit Schutzzwischentuch gewickelt wird.

Diese Bildung eines gedeckten Pelzes wird auch gleich beim Legen des Querpelzes vorgenommen. Nach Fig. 194 wird auf den von einem Wickel *u* sich abrollenden Unter-Längsfaserpelz die Zwischenschicht durch Querlegen des Flores *f* einer Krempel auf dem dazu querlaufenden Tuch *t* gebildet und dann von dem Wickel *o* der Oberpelz aufgelegt und die gebildete Pelzschichtung dann zum Wickel *p* gerollt.

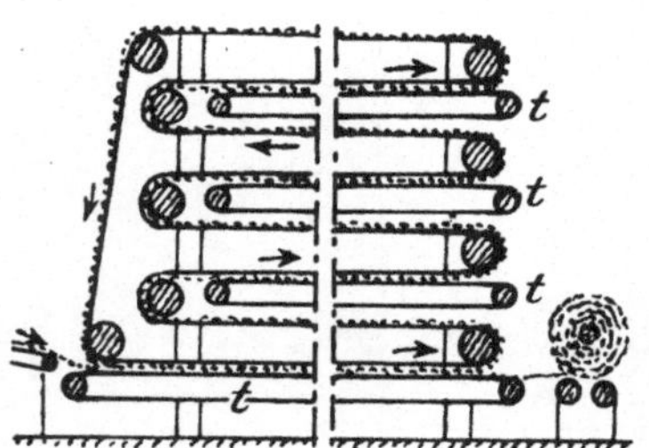

Fig. 193. Langpelz mit wagrechter Tuchführung.

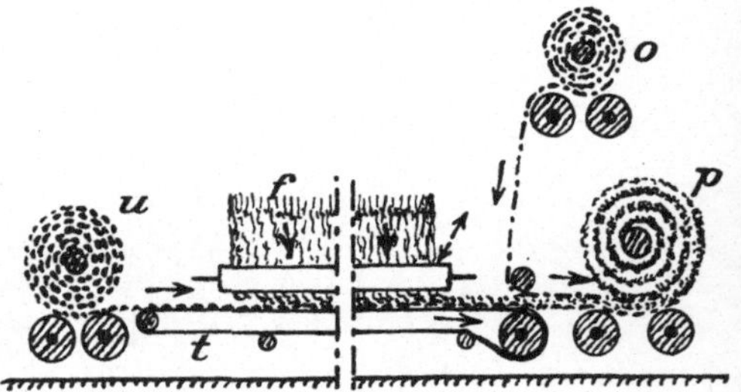

Fig. 194. Vorrichtung zur Herstellung von Pelzen mit Einlage oder Decke.

2. Das Filzen der Wollpelze.

Das vorbereitende Härten der Wollpelze findet auch auf der selbsttätigen Plattenfilzmaschine Fig. 191 statt, es werden nur, weil die Pelze dünner sind und leichter filzen, mehrere Pelze übereinanderliegend bearbeitet, wie dies in Fig. 191 rechtseitig dargestellt ist. Zwischen den Pelzen läuft dann immer ein Schutztuch mit und diese werden zwischen den gehärteten Pelzen beim Ausgang der Maschine aufgerollt.

Ehe nun die so gehärteten Pelze dem Walken ausgesetzt werden, findet auch ein vergleichmäßigendes Kneten statt, das in der Längs- und Querrichtung des Filzlaufes erfolgt. Die Maschine zur Ausführung der letzteren Arbeit, den Rollenfilzer, zeigt Fig. 195. Der vorbereitete Filz, bei Nichtvorhandensein einer Plattenfilzmaschine auch der Krempelpelz, wird vom Wickel *w* abrollend von dem endlosen Tragtuch *u*, gegebenenfalls mit einem deckenden Schutztuch vom Wickel *o*, im Schlangenweg zwischen zwei Reihen Walzen *r* durchgeführt, von denen die Walzen der oberen Reihe von längs der Maschine liegenden Kurbelwellen *k* schnell hin- und herbewegt werden und durch ihre Rüttelung den Filz bearbeiten, wobei durch ein Siebrohr *s* heißes Wasser aufgespritzt

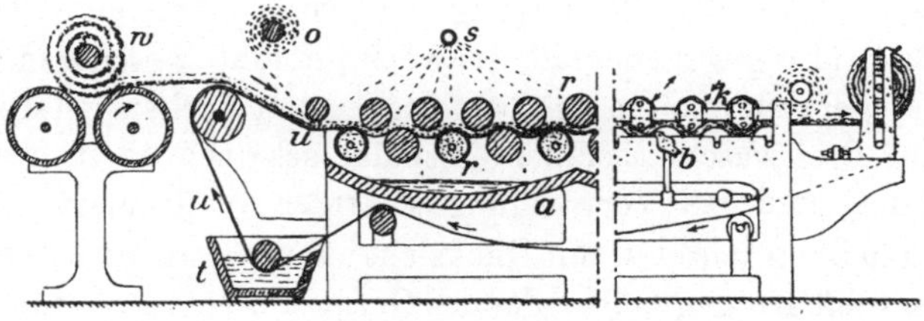

Fig. 195. Rollenfilzmaschine mit Querrüttelung.

wird. Von der unteren Reihe werden einige hohl ausgeführte Walzen, deren Hohlzapfen in Stopfbüchsen *b* laufen, mit Dampf geheizt und der Hub der Rüttelwalzen ist vom Eingang des Filzes mit etwa 9 mm aus abnehmend. Das Untertuch *u* wird zur Nässung wieder durch einen Wassertrog *t* geführt, unter der festen Walzenreihe ist ein Wasserauffangtrog *a* vorgesehen und Schutztuch und Filz werden am Ausgang aufgerollt.

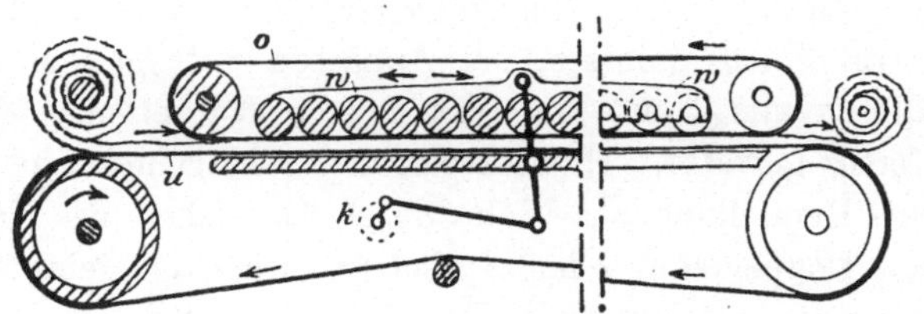

Fig. 196. Abrollfilzmaschine.

Die Maschine zur Längsknetung zeigt Fig. 196. Auf den von dem endlosen Untertuch *u* getragenen Filz legt sich das ebenfalls endlos mitlaufende Obertuch und innerhalb desselben liegt, den Filz drückend, ein aus Walzen bestehender Wagen *w*, der von der Kurbel *k* aus in Hin- und Hergang versetzt wird, so daß die Walzen die Filzlage abnudeln. Diese Abrollfilzmaschine wird bei Haarfilzen zum Ausgleichen und zur Nachfilzung nach der Plattenfilzmaschine angewendet.

Die so behandelten Filze kommen dann auf Kurbelwalken Fig. 110 *a* und Walzenwalken Fig. 111 zum Fertigfilzen.

C. Die Ausrüstung der Filze.

Die Filzplatten, also Haarfilze, unterliegen dem Färben und Pressen. Ersteres wird auf einer Reibemaschine Fig. 114 *a*, letzteres auf einer Plattenpresse mit Preßwasserdruck Fig. 168 vorgenommen. Die Filzstücke finden zu Schuhsohlen usw. Verwendung. Die schwächeren wollenen zur Bekleidung dienenden Filze werden im laufenden Warengang wie wollene gewalkte Gewebe behandelt, also gegebenenfalls schwach gerauht, geschoren, gebürstet und gepreßt und in den verschiedensten Farben gefärbt, darnach auf Breitwaschmaschinen gespült, schwach breit gespannt, getrocknet, und bei Verwendung klettiger Wolle auch entkohlt. Die Behandlung muß nur mit Rücksicht auf die geringere Festigkeit des Fasergefüges gegenüber der des Garngefüges, namentlich wenn dieses gewalkt ist, etwas schonender sein; die Ware ist breitliegend und mit geringerer Spannung zu behandeln.

D. Die Herstellung geformter Filzstücke.

Bisher ist nur die Herstellung flacher Filzstücke und flachbahniger laufender Filzwaren betrachtet. Es lassen sich aber auch körperliche und hohle Gegenstände aus Filz, also nur mit Fasergefüge, in Haaren und Wolle, herstellen, also ganze Schuhe und Stiefel, Schlauchstücke, Hutstumpen zur Bildung beliebiger Hut- und Mützenformen usw. Haarfilzgegenstände werden aus Pelzstücken von Hand geformt, bei Annässen mit heißem Wasser durch Kneten von Hand angefilzt und in Kurbel oder Stampfwalken fertig gewalkt. Hutstumpen und schlauchförmige Stücke werden bei Herstellung aus Wolle durch Aufwickeln des Krempelflores auf Doppelkegel oder Zylindern pelzartig gebildet, auf einer Plattenfilzmaschine mit Einlegen eines Schutztuches und äußeres Einschlagen in ein solches angefilzt und dann in Kurbelwalken festgewalkt. Bei leichten Haaren von Hasen u. dergl. werden die Haare an einen drehenden Körper oder Hohlkegel mit durchlochter Wandung, aus dessen Innern die Luft abgesaugt wird, aus einem Schlitz angeblasen, so daß sich eine Faserschicht ansetzt, der mit Dampfbesprühung und Abklopfen etwas Halt gegeben und die als Hohlkörper mit einem nassen Umschlagtuch abgenommen wird.

Die Weiterbearbeitung der geformten Filzstücke bildet ein besonderes Gewerbe, das nicht mehr zur Textilindustrie gerechnet wird.

Druck von E. Buchbinder (H. Duske), Neuruppin.

Färberei- und textilchemische Untersuchungen. Anleitung zur chemischen Untersuchung und Bewertung der Rohstoffe, Hilfsmittel und Erzeugnisse der Textilveredlungs-Industrie. Von Dr. **Paul Heermann**, Professor, ständiger Mitarbeiter und Leiter der textil-technischen Prüfungen am Kgl. Materialprüfungsamt der Technischen Hochschule Berlin. Vereinigte dritte Auflage der „Färbereichemischen Untersuchungen" und der „Koloristischen und textilchemischen Untersuchungen". Mit 7 Textabbildungen.

Preis gebunden M. 16,—.

***Mechanisch- und Physikalisch-technische Textil-Untersuchungen.** Mit besonderer Berücksichtigung amtlicher Prüfverfahren und Lieferungsbedingungen sowie des Deutschen Zolltarifs. Von Dr. **Paul Heermann**, Professor, ständiger Mitarbeiter und Leiter der textil-technischen Prüfungen am Königlichen Materialprüfungsamt der Technischen Hochschule Berlin. Mit 160 Textfiguren.

Preis gebunden M. 10,—.

***Über Waschechtheit, waschechte Färbungen und die Prüfung derselben.** Ergebnisse aus den Untersuchungen der Abteilung 3 des Königl. Materialprüfungsamtes für papier- und textiltechnische Prüfungen. Von Professor Dr. **Paul Heermann**.

Preis M. 1,—.

***Anlage, Ausbau und Einrichtungen von Färberei-, Bleicherei- und Appretur-Betrieben.** Von Dr. **Paul Heermann**, Professor, ständiger Mitarbeiter und Leiter der textil-technischen Prüfungen am Königl. Materialprüfungsamt der Technischen Hochschule Berlin. Mit 90 Textfiguren.

Preis M. 6,—; gebunden M. 7,—.

***Anleitung zur qualitativen Appretur- und Schlichte-Analyse.** Von Dr. **Wilhelm Massot**, Professor an der Färberei- und Appreturschule Krefeld. Zweite, erweiterte und verbesserte Auflage. Mit 42 Textfiguren und 1 Tabelle.

Preis M. 6,—; gebunden M. 7,—.

***Kenntnis der Wasch-, Bleich- und Appreturmittel.** Ein Lehr- und Hilfsbuch für technische Lehranstalten und für die Praxis von Ing.-Chem. **Heinrich Walland**, Professor an der k. k. Lehranstalt für Textilindustrie in Brünn. Mit 46 Textfiguren.

Preis gebunden M. 10,—.

*Hierzu Teuerungszuschlag